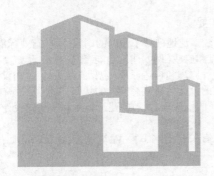

FANGWU JIANZHUXUE

房屋建筑学 （第3版）

主　编　唐海艳　李　奇
副主编　陈孝坚
主　审　李平诗

重庆大学出版社

内 容 提 要

本书系统地介绍了建筑的设计过程以及设计的依据,较广泛地列举了最新的国家标准、行业标准和设计参数等,并结合工程实例加以说明,在充分阐述建筑的特点和属性(例如建筑功能、建筑艺术、建筑文化、建筑技术、建筑经济和建筑环境)的基础上,系统阐述建筑的设计原理和构造原理(包括建筑设计、室内设计、场地设计和施工建造),并附有大量的设计实例,使读者对建筑的设计与建造有充分的认知,以便其在解决设计与建造过程中的问题时有明确的目的和尺度。书中突出了新的设计理念、新的建造技术和常用的设计手法,并具备实用性。

本教材适合除建筑学专业以外的,与基本建设和建筑有关的土木工程、建筑设备、建筑经济、工程管理、室内设计和风景园林等专业应用型人才培养的教学。

图书在版编目(CIP)数据

房屋建筑学/唐海艳,李奇主编.—3 版.—重庆:重庆大学出版社,2016.8(2022.8 重印)
高等教育土建类专业规划教材.应用技术型
ISBN 978-7-5624-9902-2

Ⅰ.①房… Ⅱ.①唐…②李… Ⅲ.①房屋建筑学—高等学校—教材 Ⅳ.①TU22

中国版本图书馆 CIP 数据核字(2016)第 135237 号

高等教育土建类专业规划教材·应用技术型

房屋建筑学

(第 3 版)

主 编 唐海艳 李 奇
副主编 陈孝坚
主 审 李平诗

责任编辑:王 婷 钟祖才 版式设计:王 婷
责任校对:关德强 责任印制:赵 晟

*

重庆大学出版社出版发行
出版人:饶帮华
社址:重庆市沙坪坝区大学城西路 21 号
邮编:401331
电话:(023) 88617190 88617185(中小学)
传真:(023) 88617186 88617166
网址:http://www.cqup.com.cn
邮箱:fxk@cqup.com.cn(营销中心)
全国新华书店经销
重庆升光电力印务有限公司印刷

*

开本:787mm×1092mm 1/16 印张:25.5 字数:605 千
2015 年 2 月第 1 版 2016 年 8 月第 3 版 2022 年 8 月第 6 次印刷
ISBN 978-7-5624-9902-2 定价:59.00 元

前言
（第3版）

第3版是在第2版的基础上，根据近3年的教学实践，特别是一年来新颁布和实行的一些国家标准，进行了修正。修订时保持了原教材精简理论分析、突出工程应用的特色，对知识点的诠释注重专业性与实用性，着力构建与应用型本科院校人才培养模式相适应的教学内容。

本书第3版中，最大修订之处是：

（1）根据新颁布和实行的国家标准，对部分内容适时进行了调整。例如，根据《建筑设计防火规范》（GB 50016—2014）对第2版中的建筑的分类、防火间距、安全疏散要求等参数，相应作出调整。同时，加入了一些新标准的内容，如《中国地震动参数区划图》（GB 50016—2014）及《中国地震动参数区划图》（GB 18306—2015）等，对建筑抗震部分内容作了调整。

（2）将建筑隔热、保温等内容进行了整合，将以前分别叙述的内容，改为系统、统一的叙述。例如，将原来分散于墙体、楼地面、屋面等各章的建筑保温构造，集中于《特殊构造》一章中作系统介绍，以便于系统掌握建筑保温构造及保温材料的知识，避免叙述中的重叠。

（3）对与教材配套的思考题和习题的内容及答案等进行了相应调整。

（4）根据教材内容，配备了精美的图片，制作成教学用PPT格式的课件，计约2 300张幻灯片。

在本书第3版中，还增加了一些必要的内容，例如：

（1）构造设计对选材的注意事项。

（2）历史上曾经采用过的、有绿色环保特色的墙体，如石笼墙、竹篾墙、土坯墙等墙体的简介。

（3）建筑场地内消防车道的要求。

本书正式出版以来，使用或阅读过本书的广大师生和读者们，先后提出过许多合理化的建议，使本书的修订工作获益匪浅，本次修订中一并予以采纳吸收，在此向他们致以衷心的感谢！特别感谢重庆大学继续教育学院陈孝坚老师,对第 8 章楼地面,以及第 9 章楼梯与电梯进行了详尽的修改,通过对原有内容的梳理和合并删减,进一步理顺了逻辑关系,使知识点的描述更加清晰、合理。

本书在编写和修订过程中,得到了重庆大学出版社的大力支持和帮助,在此深表感谢!

由于编写者学识水平有限,本书难免有疏漏或不当之处,恳请各位师生、读者及专家不吝赐教。

编　者

2016 年 3 月

前　言

　　本教材是应用型本科院校土木工程专业系列教材之一。书中第 1 章到第 4 章的主要内容包括建筑简介、建筑设计原理、建筑设计的范围和过程、建筑设计深度与设计表达要求、相关设计标准和设计依据、标准设计介绍等；第 5 章重点讲解构造基本原理和要求；第 6 章到第 12 章分别介绍建筑各组成部分及其各自的构造特点；第 13 章专门讲工业建筑的设计与相关构造内容；第 14 章讲解建筑场地内的配套设施的构造。

　　本教材加大了对新理念、新技术、新材料和新工艺的介绍力度，保证了成熟并被大量运用的建造技术在教材中占有较大的比重。这些内容的介绍力求言简意赅，图文并茂，易懂好记，注重实用。教材中引用的相关标准和技术参数，是至今仍然在使用的，有关图纸资料大多是基于这些标准而设计和绘制的。

　　一、教材力争突出以下特点

　　1. 建筑本质介绍的深入

　　争取能够较为全面地探讨建筑的本质，丰富读者对建筑属性的认知，从而加深其对建筑设计与构造的认识，利于今后的学习和工作。

　　2. 设计原理的完善

　　以对建筑属性的全面认知为基础，争取较为全面地阐述建筑设计原理和设计要点。

　　3. 工程技术的前瞻性

　　在叙述较为成熟的建造技术的基础上，增加新设计理念、新材料、新技术的介绍。

　　4. 设计依据的权威性

　　争取所有重要设计依据来源于仍在执行的国家标准和行业标准。重要的相关内容，争取仅引用中国建筑科学研究院的设计参考资料。

　　5. 设计参数的时效性

　　所有重要的设计参数，均引自现行的国家标准和行业标准，并明确标明出处，便于作业练习或设计时作为依据。同时，大力介绍建筑工程的标准设计等，以此提高学生在专业和工程技术方面的素养。

6. 工程实例的广泛性

建筑构造的部分增加了场地配套设施构造,以及部分室内设计与构造的内容,工程设计实例包括国内外的有代表性的建筑。

7. 构造技术的成熟与可行性

大多数构造设计实例,争取选用较新的标准设计作范例,主要包括国家建筑标准图集和西南地区建筑标准图集。因为这些设计,也是以较新的国家标准和行业标准为设计依据,并经过实际工程检验的。

8. 教材内容的实用性

争取文字的简练和篇幅的简短,力争叙述与结论的清楚和肯定,讲述内容的丰富和具备实用价值。

9. 学习对象的针对性

教学内容争取层次清楚,分为了解、熟悉和掌握3个层次,即让读者能了解现已少用的构造做法和最新的材料与技术;熟悉设计原理和构造原理;掌握目前大量运用的重要参数、建筑构造和成熟的建造技术。

本教材适用于大学专科和本科的相关专业,授课为 2~5 个学分的教学需要。与本教材配套使用的有 PPT 课件,700 道习题及答案,若干设计任务书和试卷等,放于重庆大学出版社教育资源网(http://www.cqup.net/edustrc),供读者免费下载。

因编写的篇幅、编写时间和作者的学识所限,定然存在不足,能够在《房屋建筑学》课程教学方面起到一定作用,并在教材编写方面收获抛砖引玉的效果,实为编写初衷。

二、参加编写人员

主审:李平诗

主编:唐海艳　李　奇

参编:杨龙龙　刘　飞　朱美蓉　张志伟　高麟腋　朱贵祥

三、各章的主要编写人员

第1章　李　奇　唐海艳　朱美蓉

第2章　李　奇　唐海艳

第3章　李　奇　唐海艳　杨龙龙

第4章　李　奇　杨龙龙

第5章　唐海艳 李奇

第6章和第7章　朱美蓉

第8章和第9章　刘　飞

第10章　李　奇　唐海艳

第11章　张志伟

第12章　朱贵祥　朱美蓉　张志伟

第13章　杨龙龙

第14章　高麟腋

部分图片资料　欧明英

编　者

2014 年 11 月

目　录

1

建筑概述

[本章导读]

通过本章学习,应较全面深刻地理解建筑的本质;了解建筑曾来自哪里,会去向何方;熟悉建筑的 6 个重要属性;掌握建筑的 6 种分类和分级;熟悉建筑的标准化,即建筑模数系列和建筑标准设计等,为后面内容的学习打下基础。

1.1 综 述

房屋建筑学是一门讲授建筑设计原理,以及建筑构造设计与施工建造相关内容的课程,旨在帮助相关专业的学生了解建筑设计的内容以及建造的目的和方法,获取有关的知识。建筑从设计到施工建造,是一个严谨的依法依规并按照程序办事的系统过程。建筑工程设计是建筑设计、建筑结构设计、建筑设备安装设计的总称,其中建筑设计是指由建筑师负责完成的工作。

建筑是建筑物和构筑物的统称。旨在为人们的生产、生活等提供室内空间与环境的建造物,属于建筑物,否则属于构筑物,例如各种水塔(图 1.5 至图 1.7)。室内外空间的区别在于有无房顶,例如拱桥(图 1.1)与廊桥(图 1.2),埃菲尔铁塔(图 1.3)与输电塔(图 1.4)的差别,前者属于建筑物,后者属于构筑物。有的建造物虽然没有供人使用的空间,但是为满足人们精神需求而建,有艺术风格和文化内涵,也属于建筑物,例如诸多的纪念碑、佛塔、经幢等。

图1.1　河北赵县安济桥

建筑物既是艺术创作的作品,也是工程建造的产物,同时还是文化产品和文化载体。通过建筑师、工程师、工程技术人员、管理人员和技术工人等的共同劳动,创造出了许多优良的建筑物及其内外部环境。在平时的交流中,建筑物常被简称为建筑。

图1.2　廊桥

图1.3　埃菲尔铁塔

图1.4　构筑物输电塔

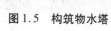

图1.5　构筑物水塔

图1.6　科威特的水塔

图1.7　利雅得的水塔

1.2 建筑的沿革

　　人类的建筑历史悠久,从古至今,建筑类型丰富并在不断创新,从中外建筑史可知大概。学习房屋建筑学之初,应对建筑及其发展有大致的了解。

1.2.1 中国古代建筑发展概况

　　古代中国建筑体系属于世界六大古老的建筑体系之一,其他有古埃及、古西亚、古印度、古爱琴海、古美洲建筑。中国古建筑的主要特点是以木构架为主,其主要演变过程见表1.1。

表 1.1 中国古代建筑发展简表

时代	远古	夏商 公元前 2076 年—公元前 1046 年	周朝等 公元前 1046 年—公元前 770 年	春秋战国 公元前 770 年—公元前 221 年	汉代(西汉 至东汉)等 公元前 202 年—公元 618 年	唐代等 618—960 年	宋、辽、金等 960— 1368 年	明清 1368— 1911 年
大致发展程度	穴居、巢居	茅茨土阶	瓦茨土阶	高台建筑	木构架初步形成	走向成熟阶段	更加精致化	达到炉火纯青的地步,高度成熟

　　中国古建筑主要类型有住宅、宫殿、坛庙、陵墓、宗教建筑、园林建筑等。有代表性的中国古典建筑或遗址,详见图1.8—图1.13。

图 1.8 偃师二里头宫殿遗址(夏商)

图 1.9 山西五台县南禅寺大殿(唐782 年)

图 1.10 应县木塔(辽 1056 年)

图 1.11 祈年殿(明 1420 年)

图 1.12　太和殿(清 1695 年重建)

图 1.13　颐和园(清 1750 年)

1.2.2　外国建筑发展概况

(1)非洲及欧洲等地的古代建筑

①古埃及建筑:代表作有太阳神庙、金字塔等(图 1.14)。

②古西亚建筑:位于幼发拉底河及底格里斯河流域,代表作有山岳台等(图 1.15)。

图 1.14　吉萨金字塔群

图 1.15　山岳台

③古希腊建筑:代表作有 3 种柱式(爱奥尼、多立克、科林斯)建筑,雅典卫城(公元前 5 世纪)建筑群及主要建筑帕提农神庙等(图 1.16)。

图 1.16　雅典卫城

④古罗马建筑:代表作有两种柱式(塔什干,混合式)建筑,与古希腊的 3 种柱式合称欧洲五柱式(图 1.17),还有斗兽场、凯旋门、万神庙(图 1.18)等。

⑤西方古典建筑:指的是古希腊、古罗马时期的柱式建筑。

(2)欧洲 5—15 世纪时期的中世纪建筑

拜占庭至文艺复兴时期,欧洲处于长达千年的黑暗的中世纪封建社会,盛行基督教。这一时期有代表性的建筑有:

①拜占庭建筑:圣索菲亚大教堂(532—537 年)等,见图 1.19。

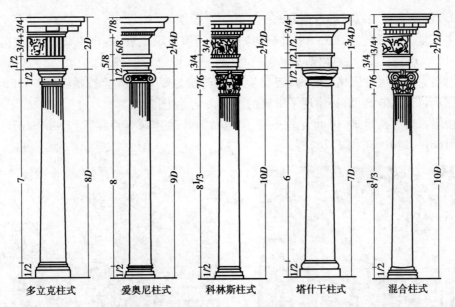

图 1.17　欧洲五柱式

图 1.18　罗马万神庙

图 1.19　圣索菲亚大教堂

②哥特式建筑:巴黎圣母院(1163—1345 年)等,见图 1.20。

图 1.20　巴黎圣母院

图 1.21　坦比哀多

（3）欧洲文艺复兴以后的古典建筑

①文艺复兴主义建筑（15—19世纪初）：代表建筑有坦比哀多（图1.21）、圣彼得大教堂（1506—1626年，图1.22）、威尼斯圣马可广场（14—16世纪，图1.23）。

②巴洛克和洛可可风格：第一座巴洛克风格建筑为罗马耶稣会教堂（1568—1584年，图1.24）；洛可可风格装饰风格，体现了贵族的沙龙文化，见图1.25。

③法国古典主义建筑（16世纪中—18世纪初）：代表建筑有卢浮宫（1546—1878年）、凡尔赛宫（1661—1701年，图1.26）等。

图1.22　圣彼得大教堂

图1.23　威尼斯圣马可广场

图1.24　罗马耶稣会教堂

图1.25　洛可可风格

图1.26　凡尔赛宫

1.2.3　工业革命对建筑发展的影响和现代主义建筑

(1)复古思潮建筑

①古典主义(18世纪60年代—19世纪末):美国国会大厦(1793—1866年,图1.27)。

②浪漫主义(18世纪中—19世纪下):英国国会大厦(1834—1870年,图1.28)。

③折中主义(19世纪上—20世纪初):巴黎歌剧院(1861—1875年,图1.29)。

图1.27　美国国会大厦　　图1.28　英国国会大厦　　图1.29　巴黎歌剧院

④对新材料、新结构的探索阶段:代表作有英国的水晶宫(1851年,图1.30)、法国的埃菲尔铁塔(1887—1889年,图1.31)、法国的机械馆(1889年,大跨度结构,图1.32)。

图1.30　水晶宫　　　　　　　　图1.31　埃菲尔铁塔

(2)现代主义建筑大师

①格罗皮乌斯(德国,1883—1969),代表作品为包豪斯校舍(1925—1926年,图1.33)。

图1.32　机械馆　　　　　　图1.33　包豪斯校舍

②密斯·凡·德·罗(瑞士,1886—1969年),代表作为巴塞罗那博览会德国馆(1929年,图1.34)。

③勒·柯布西耶(法国,1887—1965年),代表作有萨伏伊别墅(1928—1929年,图1.35)和朗香教堂(1950—1955年,图1.36)。

④弗兰克·劳埃德·赖特(美国,1867—1959年),代表作有流水别墅(1936—1939年,图1.37)。

⑤阿尔瓦·阿尔托(芬兰,1898—1976年),代表作有帕米欧肺结核疗养院(1929—1933年,图1.38)。

图1.34 巴塞罗那世博会德国馆

图1.35 萨伏伊别墅

图1.36 朗香教堂

图1.37 流水别墅

图1.38 帕米欧肺结核疗养院

图1.39 芝加哥西尔斯大厦

(3)超高层与大空间、多元化建筑思潮

①超高层建筑:芝加哥西尔斯大厦(1970—1974年,图1.39)、纽约世贸中心(1966—1973年)。

②大跨度建筑:日本的代代木国立综合体育馆(1961—1964年,图1.40)。

③多元化代表建筑:悉尼歌剧院(1957—1973年,图1.41)。

图1.40 代代木国立综合体育馆

图1.41 悉尼歌剧院

1.2.4 后现代主义建筑(20世纪60年代—90年代)

后现代主义是对现代主义的扬弃,其基本特征为:文脉、装饰、隐喻、双重译码、否定美学、哲学介入。

后现代主义代表建筑有:文丘里母亲住宅(1962年,图1.42)、美国电话电报公司大楼(1984年,图1.43)、斯图加特美术馆新馆(1984年)、盖蒂中心(1997年,图1.44)、鱼舞餐厅(1989年,图1.45)、契阿特·戴广告公司办公楼(1991年)、美国新奥尔良市意大利喷泉广场(1978年,图1.46)。

图1.42 文丘里母亲住宅

图1.43 美国电话电报公司大楼

图1.44 迈耶的盖蒂中心

图1.45 鱼舞餐厅

图1.46 美国新奥尔良市意大利喷泉广场

1.2.5 解构主义建筑

解构主义建筑是解构图之构。解构主义设计风格,是从逻辑上否定传统的基本设计原则(美学、力学、功能),用分解的观念,强调打碎、叠加、重组,重视个体、部件本身,反对总体统一而创造出支离破碎和不确定感。

①伯纳德·屈米(法国,1944 年):新卫城博物馆(2006 年,图 1.47)、莱特公园(1982—1988 年)。

②弗兰克·盖里(美国,1929 年):毕尔巴鄂古根汉姆博物馆(1991—1997 年,图 1.48)。

图 1.47 新卫城博物馆　　　　图 1.48 毕尔巴鄂古根汉姆博物馆

③雷姆·库哈斯(荷兰,1944 年):西雅图公共图书馆(2004 年,图 1.49)。

④扎哈·哈迪德(英国,1950 年):辛辛那提当代艺术中心(1998—2003 年,图 1.50)。

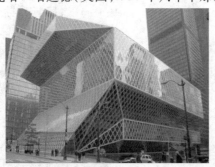

图 1.49 西雅图公共图书馆　　　　图 1.50 辛辛那提当代艺术中心

⑤彼得艾森曼(美国,1932 年):俄亥俄州立大学韦克斯纳视觉艺术中心(1983—1989 年,图 1.51)。

⑥丹尼尔里伯斯金(德国,1946 年):柏林犹太人博物馆(1989—1999 年,图 1.52)。

⑦蓝天组(奥地利):维也纳法尔克大街办公楼屋顶改建(1983—1988 年)。

图 1.51 俄亥俄州立大学韦克斯纳视觉艺术中心　　　　图 1.52 柏林犹太人博物馆

1.3 建筑的主要属性

建筑的主要属性有建筑功能、建筑艺术、建筑文化、建筑技术、建筑环境和建筑经济。建筑的设计与建造就是围绕打造好建筑的这些属性而作为的。

1.3.1 建筑功能

建筑功能是指建筑物设计和建造应在物质和精神方面满足人的使用要求,它是人们设计和建造建筑的主要目的,包括满足人体活动的尺度要求、满足人的生理要求、符合使用过程和特点,以及满足精神需求等。

1.3.2 建筑艺术

建筑艺术既是造型艺术也是空间艺术,它是人们改造大自然,建设心目中美好家园的设计建造手段及其创造的结果。例如极具特色的苏州园林(图1.53)、颐和园(图1.54)、印度的泰姬陵(图1.55)、法国的巴黎圣母院(图1.56)和俄国的伯拉仁内教堂等,都是公认的建筑艺术杰作。建筑的艺术性主要体现在创新性、唯一性、唯美性和时尚性方面。

图 1.53 苏州园林

图 1.54 颐和园万佛阁

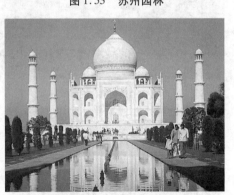

图 1.55 印度泰姬陵

图 1.56 法国巴黎圣母院

1.3.3 建筑文化

建筑文化主要体现在建筑的民族性、地域性和传统性方面,是人们的宇宙观、价值追求、生活方式、表达方式、风俗习惯和民族传统等在建筑上的反映。例如中国传统建筑之一的四合院(图1.57),就融入了中国特有的天人合一、风水、八卦、伦理等文化内涵;紫禁城建筑群,特别体现了中国封建社会的等级观念(图1.58);游牧民族的毡包,反映了他们的生活方式等,见图1.59。当代中国建筑的设计与建造,通过文化传承方式和借助现代建造技术,产生了诸多的优秀作品,例如贝聿铭设计的香山饭店(图1.60),以及北京亚运会体育场馆(图1.61)等。这些作品既适用、美观,又别具中国特色。

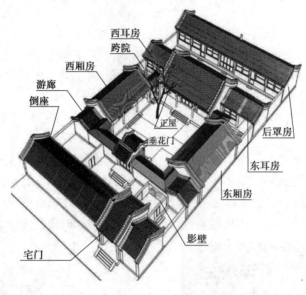

图1.57 四合院

图1.58 北京紫禁城

图1.59 毡包

图1.60 北京香山饭店

图1.61 北京亚运场馆

1.3.4 建筑技术

建筑技术主要是指建筑材料技术、结构技术、设备技术、施工技术，它们为实现建造的目的提供了可行的手段，并确保建筑的牢固和使用安全。

1.3.5 建筑环境

建筑环境包括建筑内部和外部环境。建筑的环境属性是指建筑具备适应环境、改造或塑造环境，甚至影响环境的特性。设计和建造时，应对其扬长避短。建筑是从大自然分隔出的一个人造的空间，自身也成为自然环境的组成部分。现代派建筑大师赖特认为，建筑应是"从环境中自然生长出来"的，他设计的流水别墅（图 1.37）就实现了这一点。再如中国的长城（图 1.62）、悬空寺（图1.63）和石宝寨（图 1.64）等，都是先选择环境并让建筑去适应，或先改造环境再建造建筑物，这说明建筑既受环境的影响，同时也影响环境。

图 1.62　长城局部　　　　图 1.63　山西大同恒山悬空寺　　　　图 1.64　忠县石宝寨

各地气候和自然条件的差异，也使得建筑呈现出不同的环境特点，如北方建筑的厚重（太原常家庄园，图 1.65）与南方建筑的轻巧（贵州千户苗寨，图 1.66），以及因地制宜的建造特点（黄土高原的窑洞，图 1.67）。另外，建筑不仅提供各式空间，更应为人们提供一个使用安全并有益身心健康的内部环境。

1.3.6 建筑经济

建造建筑时，需投入大量的人力、物力、财力，如果把握不当，损失不可估量。历史上不乏将大量人力物力投向错误的方向，或大兴土木而不加节制，从而导致严重后果的实例，如金字塔、阿房宫与长城、大兴城与大运河、复活节岛、颐和园、悉尼歌剧院等。能以较小的、合理的代价与投入，满足人们对建筑的各种需求，这样的建筑作品才是上乘的。

图 1.65　北方民居　　　　图 1.66　南方民居　　　　图 1.67　黄土高原的窑洞

1.4 建筑的分类和分级

为保证建筑设计与建造的科学性,也为便于围绕这些活动开展交流合作,人们对建筑进行了分类和分级。在我国,有建造规模、耐久性、建筑用途、建筑耐火等级、建筑的层数和高度等方面的分类和分级。

1.4.1 按照建造规模分类

(1)大量性建筑

大量性建筑是指量大面广、与人们生活密切相关的众多建筑,如住宅、学校、商店、写字楼和医院等,见图1.68。

(2)大型性建筑

大型性建筑是指规模宏大的建筑,如大型办公楼、大型体育馆、大型剧院、大型火车站等。这一类建筑耗资大,不可能大量修建,但在一个国家或一个地区往往具有代表性和标志性,对市容的影响也较大,如首都机场候机楼(图1.69)和中央电视台总部大楼(图1.70)。

图1.68 大量性建筑　　　　图1.69 首都机场候机楼　　　　图1.70 中央电视台总部大楼

1.4.2 按照建筑的设计使用年限分类

建筑物的使用寿命有赖于结构的牢固程度。设计使用年限是指设计规定的结构或结构构件不需进行大修即可按其预定目的使用的时间,按照《建筑结构可靠度设计统一标准》(GB 50153—2008)的规定分为4类,详见表1.2。

表1.2　建筑设计使用年限

类别	设计使用年限/年	示　例
1	5	临时性建筑
2	25	易于替换的结构
3	50	普通的建筑和构筑物
4	100	标志性建筑和特别重要的建筑

上述划分类别是以设计使用年限作为依据的,要求在设计和建造时,建筑的基础和主体结构(墙、柱、梁、板、屋架)、屋面构造、围护结构,以及防水、防腐、抗冻性所用的建筑材料或所采用的防护措施等,应与使用年限相符,并要求在建筑物使用期间,定期检查和采取防护维修

措施,确保建筑能够达到设计使用年限。

1.4.3 按照用途分类

建筑工程按照用途主要分为民用建筑和工业建筑。

1)民用建筑

民用建筑包括居住建筑和公共建筑。

(1)居住建筑

居住建筑是指供人们日常居住生活使用的建筑物,包括一般住宅、高级住宅(别墅)、公寓和集体宿舍等。

(2)公共建筑

公共建筑主要包括:

①办公建筑。

②旅馆酒店建筑:住宿接待行业对外营业的宾馆、度假村、招待所等。

③演出建筑:既可以作为音乐、电影等的演出场所,又可以作为会议集会场所的工程,如剧场、音乐厅、电影院、礼堂、会议中心等。

④展览建筑:供人们参观有关展览的建筑工程,如:博物馆、展览馆、美术馆、纪念馆等。

⑤商业建筑:百货商场、综合商厦、购物中心、会展中心、超市、菜市场、专业商店等。

⑥交通建筑:机场航站楼、汽车和火车车站的候车室、码头候船室等。

⑦体育建筑:体育馆、体育场、游泳馆、跳水馆等。

⑧医院建筑:医院、疗养院、妇幼保健院等。

⑨其他民用建筑:计算中心、文化宫、少年宫、宗教寺院、居民生活服务用房、殡仪馆、公共厕所、地下建筑等。

2)工业建筑

工业建筑包括工业厂房和工业配套建筑,以及工业附属建筑。

1.4.4 按建造规模分级

依据 2007 年试行的建设部《注册建造师执业工程规模标准(房屋建筑工程)》,建筑工程分为大型、中型和小型,见表 1.3。

表 1.3　建筑规模分级

工程类别	项目名称	单位	规　模			备　注
			大型	中型	小型	
一般房屋建筑工程	工业、民用与公共建筑	层	≥25	5～25	<5	建筑物层数
		m	≥100	15～100	<15	建筑物高度
		m	≥30	15～30	<15	单体跨度
		m²	≥30 000	3 000～30 000	<3 000	单体建筑面积
	住宅小区或建筑群体工程	m²	≥100 000	3 000～100 000	<3 000	群体建筑面积
	其他一般房屋建筑工程	万元	≥3 000	300～3 000	<300	单体工程合同额

这种分级的意义在于:建筑的类型不同,依据的相关标准不同,如安全标准、设计收费标准等。

1.4.5 按照高度分类

根据《民用建筑设计通则》(GB 50352—2005),建筑分为单层、多层、高层和超高层建筑(建筑高度超过 100 m)。

(1)单层及多层建筑

不超过 27 m 的住宅和不超过 24 m 的公共建筑,为单层或多层建筑。

(2)高层建筑

高度超过 27 m 的住宅和高度超过 24 m 的公共建筑,属于高层建筑。

(3)超高层建筑

建筑高度大于 100 m 的民用建筑,不论是居住建筑还是公共建筑,均为超高层建筑。

(4)建筑高度

平屋顶的建筑高度,为建筑物的室外设计地面到主要屋面面层的高度,如图 1.71 所示。

坡屋顶的建筑高度,是建筑物的室外设计地面到坡屋顶檐口与屋脊的平均高度,如图 1.72 所示。

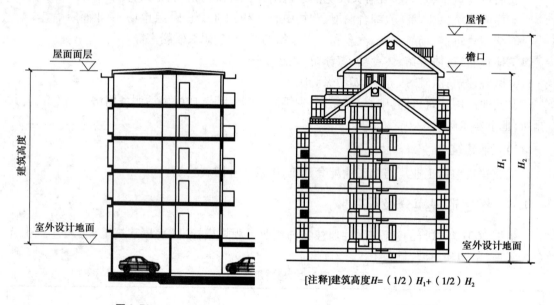

[注释]建筑高度 $H = (1/2) H_1 + (1/2) H_2$

图 1.71　　　　　　　　　　　　　图 1.72

高层建筑的分类详见表 1.4。

表 1.4　民用建筑的分类

名称	高层民用建筑		单、多层民用建筑
	一类	二类	
住宅建筑	建筑高度大于 54 m 的住宅建筑(包括设置商业服务网点的住宅建筑)	建筑高度大于 27 m,但不大于 54 m 的住宅建筑(包括设置商业服务网点的住宅建筑)	建筑高度不大于 27 m 的住宅建筑(包括设置商业服务网点的住宅建筑)

续表

名称	高层民用建筑		单、多层民用建筑
	一类	二类	
公共建筑	1. 建筑高度大于 50 m 的公共建筑 2. 任一楼层建筑面积大于 1 000 m² 的商店、展览、电信、邮政、财贸金融建筑和其他多种功能组合的建筑 3. 医疗建筑、重要公共建筑 4. 省级及以上的广播电视和防灾指挥调度建筑、网局级和省级电力调度建筑 5. 藏书超过 100 万册的图书馆、书库	除一类高层公共建筑外的其他高层公共建筑	1. 建筑高度大于 24 m 的单层公共建筑 2. 建筑高度不大于 24 m 的其他公共建筑

注:1. 表中未列入的建筑,其类别应根据本表类比确定。

2. 除本规范另有规定外,宿舍、公寓等非住宅类居住建筑的防火要求,应符合本规范有关公共建筑的规定,裙房的防火要求应符合本规范有关高层民用建筑的规定。

1.4.6 按照建筑物的防火性能分级

民用建筑按照耐火等级分为 4 级,详见表 1.5。

表 1.5 建筑物的耐火等级

耐火等级	最多允许层数	防火分区的最大允许建筑面积(m²)	备 注
一、二级	按本规范第 1.0.2 条规定	2 500	1. 体育馆、剧院的观众厅,展览建筑的展厅,其防火分区最大允许建筑面积可适当放宽; 2. 托儿所、幼儿园的儿童用房和儿童游乐厅等儿童活动场所不应超过 3 层或设置在 4 层及 4 层以上楼层或地下、半地下建筑(室)内
三级	5 层	1 200	1. 托儿所、幼儿园的儿童用房和儿童游乐厅等儿童活动场所、老年人建筑和医院、疗养院的住院部分不应超过 2 层或设置在 3 层及 3 层以上楼层或地下、半地下建筑(室)内; 2. 商店、学校、电影院、剧院、礼堂、食堂、菜市场不应超过 2 层或设置在 3 层及 3 层以上楼层
四级	2 层	600	学校、食堂、菜市场、托儿所、幼儿园、老年人建筑、医院等不应设置在 2 层
地下、半地下建筑(室)		500	—

注:摘自《建筑设计防火规范》(GB 50016—2006)。

高层民用建筑的耐火等级,一类高层建筑应为一级,二类高层建筑不低于二级。

这种分类的意义在于:建筑级别不同,相应的标准就不同,主要设计技术参数有差别。分级后便于在设计和建造时对应相关的标准,满足相应的要求。

1.5 建筑工业化和标准化

当今建筑的设计和建造,是由许多不同专业的人员,按照大量相关标准的要求进行的,由众多产业和厂商共同完成的。参与建筑设计和建造的主要专业技术人员,有注册建筑师、注册结构工程师、注册公用设备工程师、注册造价工程师和注册监理工程师等。与设计和建造有关的标准,有各种设计规范、与室内环境质量有关的标准、与建筑使用安全有关的标准、与构件生产、施工质量有关的标准等。这些标准有助于规范专业人员的工作、提高建筑设计和建造的质量与效率、降低建筑的建造成本。建筑工业化的基本特征表现在设计标准化、施工机械化、预制工厂化、组织管理科学化四个方面。

1.5.1 建筑模数协调统一标准

模数是一种度量单位,这个度量单位的数值扩展成一个系列就构成了模数系列。统一建筑模数,使建筑构件尺寸规格化,有利于工业化的生产。例如,预制构件只需少数规格型号,就能满足众多建筑的需要。

为协调建筑业及相关产业的生产,使各种产品能在建筑物中很好地安装与互换,我国制定了国家标准《建筑模数协调统一标准》(GBJ 2—86),以及《住宅建筑模数协调标准》(GB/T 50100—2001),规范了一个完整的尺度体系,作为确定建筑物、构配件、组合件等的尺度和位置时的依据。

1)建筑的基本模数

建筑的基本模数,定为 100 mm,其符号为 M,即 1M 等于 100 mm。整个建筑物和建筑物的各部分以及建筑组合件的模数化尺寸,应是基本模数的倍数,在此基础上产生导出模数。

按照国家标准,水平基本模数应用范围是 100 ~ 2 000 mm 的数列,竖向基本模数应用范围是 100 ~ 3 600 mm,主要用于较小的构件,见图 1.73,超出这个幅度,宜采用导出模数系列。

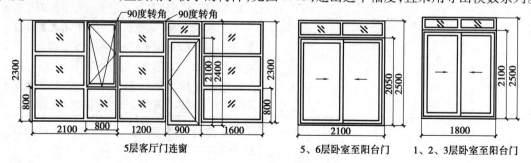

图 1.73　基本模数应用举例

2)导出模数

导出模数,是在基本模数上扩展出来的,包括了扩大模数和分模数。

(1)扩大模数

水平扩大模数有 6 个基数,即 3,6,12,15,30,60M,其相应尺寸分别是 300,600,1 200, 1 500,3 000,6 000 mm,主要用于建筑物的开间或柱距、进深或跨度、构配件尺寸和门窗洞口 等处,见图 1.74。

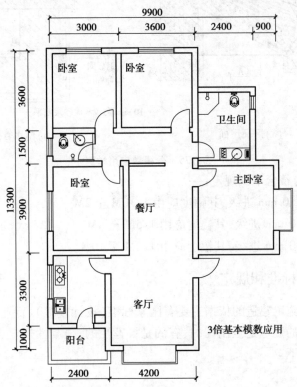

图 1.74　扩大模数的应用举例

水平扩大模数的应用幅度,应符合下列规定:

①3M 数列按 300 mm 进级,其幅度应由 3M 至 75M。

②6M 数列按 600 mm 进级,其幅度应由 6M 至 96M。

③12M 数列按 1200 mm 进级,其幅度应由 12M 至 120M。

④15M 数列按 1500 mm 进级,其幅度应由 15M 至 120M。

⑤30M 数列按 3000 mm 进级,其幅度应由 30M 至 360M。

⑥60M 数列按 6000 mm 进级,其幅度应由 60M 至 360M 等,必要时幅度不限制。

竖向扩大模数的基数为 3M 和 6M 两个,尺寸为 300 mm 和 600 mm,主要适用于建筑物的 高度、层高、门窗洞口尺寸。

竖向扩大模数的应用幅度,应符合下列规定:

①3M 数列按 300 mm 进级,幅度不限制。

②6M 数列按 600 mm 进级,幅度不限制。

（2）分模数

分模数有 3 个基数，即 1/10M、1/5M、1/2M，其相应尺寸分别是 10 mm、20 mm 和 50 mm，主要用于缝隙、构造节点、构配件截面等处，见图 1.75。

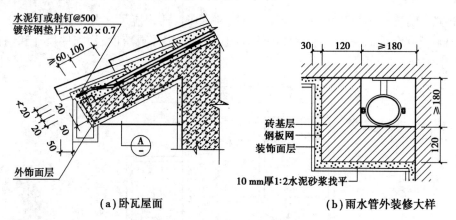

（a）卧瓦屋面　　　　　　　　（b）雨水管外装修大样

图 1.75　分模数应用举例

分模数的幅度，应符合下列规定：

①1/10M 数列按 10 mm 进级，其幅度应由 1/10M 至 2M。

②1/5M 数列按 20 mm 进级，其幅度应由 1/5M 至 4M。

③1/2M 数列按 50 mm 进级，其幅度应由 1/2M 至 10M。

1.5.2　有关规范、标准和规定

建筑工程设计和施工建造的依据主要有国家标准（设计规范）、行业标准，地方条例和规定等。国家标准中有的规定是强制性的，有的是推荐性的，强制性规定必须严格遵循。与建筑设计有关的标准如下：

（1）国家标准

国家标准是指由国家标准化主管机构批准发布的，对全国经济、技术发展有重大意义，且在全国范围内统一的标准。建筑工程设计的国家标准一般是设计规范的形式。建筑工程设计由建筑师、结构工程师和设备工程师等参与，他们必须按照城市规划规范、建筑设计规范、结构设计规范和设备设计规范等国家标准要求，分工合作完成设计任务，并共同对建筑工程设计的质量负责。国家标准系列统一冠以"GB"字母开头，如《住宅设计规范》（GB 50054—2011）。国家标准是最基本的标准，其他任何标准的要求只能高于国家标准。

（2）行业标准

行业标准是由我国各主管部、委（局）批准发布、在该部门范围内统一使用的标准，称为行业标准。行业标准对建筑物的质量等有较强的规范性和约束性，如建筑行业的 JG 和 JGJ 系列，具体如《实腹钢纱、门窗检验规则》（JG/T 18—1999）、《建筑施工升降设备设施检验标准》（JGJ 305—2013）等。一些成熟的行业标准后来会升级为国家标准。

（3）条例

条例是法的表现形式之一，一般只是对特定社会关系和特殊情况作出的规定。例如国务院 1998 年颁布的《电力设施保护条例》，对建筑与高压线的距离有明确的规定，建筑的设计与建造必须遵循。

（4）地方的相关规定

地方相关规定是指地方政府部门根据国家有关法律法规，结合本地的具体情况制定的、在本地范围有效的规定。例如，在重庆市从事当地建筑的设计工作，应当满足《重庆市城市规划管理技术规定》的要求等。

值得强调的是，上述国家和行业标准等，既是最重要、最权威的设计依据，又有着极强的时效性。随着社会不断进步和工程技术的不断发展，它们也会不断地丰富、改进和完善。在设计和建造时，必须依据最新的版本。

1.5.3　标准设计

标准设计的目的在于提高建筑设计、建筑构件生产和建筑建造的效率，降低成本和保证质量，促进建筑工业化。标准设计图是建筑工程领域重要的通用技术文件。至今，我国共编制了国家建筑标准设计近2 000项，全国有90%的建筑工程采用标准设计图集，标准设计工作量占到设计工作量的近60%。加上各地区为适应当地特点所做的工作，使得建筑的设计和建造与标准设计产生了密切的联系。

在我国，按照适用范围，标准设计分为以下类型：

①国家建筑标准设计图，如《国家建筑标准设计图集12J304：楼地面建筑构造》，见图1.76。以J系列为建筑专业设计的分类编号，在全国范围内适用，相关的还有建筑结构、设备等其他专业的标准设计。

②行政大区的建筑标准设计图，全国七大地理分区（华东地区、华南地区、华中地区、华北地区、西北地区、西南地区、东北地区）的建筑标准设计图，适用于本地区。例如原西南J建筑标准图系列，在西南地区通

图1.76　国家标准设计图

用。其他的如中南地区的ZJ建筑标准图系列、华北地区的BJ建筑标准图系列等，见图1.77。

③各省市自编的、适用于本省市的建筑标准设计图，如原吉林省的吉J建筑标准图系列、浙江省的浙J建筑标准图系列等。现在各地的图集均以DBJ为系列编号，意为地方建筑标准设计图，见图1.78。

图1.77　地区标准设计图

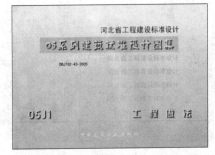

图1.78　各省市标准设计图

建筑标准设计图的内容以建筑的构造设计为主。标准设计鼓励建筑师和工程师在设计

时照搬和引用,以推动建筑设计与建造的工业化和标准化。因此,在施工图设计阶段和施工建造时,各有关单位和人员采用标准设计最多。各种建筑标准设计图也是本课程学习的重要参考资料。

因为标准设计要以国家规范和标准等为重要设计依据,所以也有着较强的时效性。

1.5.4 我国的建筑方针

新中国成立初期,我国曾提出"适用、经济、在可能条件下注意美观"的建筑方针。改革开放后,建设部总结了以往建设的实践经验,结合我国实际情况,制定了新的建筑技术政策,明确指出建筑业的主要任务是"全面贯彻适用、安全、经济、美观的方针"。

1.6 建筑的发展趋势

1.6.1 绿色生态低碳建筑

面对能源短缺、环境恶化等问题,生态低碳建筑、节能建筑应运而生,其特点是在设计与建造时遵循节地、节能、节水、节材、保证室内环境质量等原则。绿色生态低碳建筑是当代环境保护理念在建筑领域的实践,其主要内容包括:

①室外环境规划与生态建筑的绿化设计,注重自然通风、朝向、间距、布局和高度,代表性实例有芝柏文化中心(图1.79)、干城章嘉公寓大楼(图1.80)、波尔多法院(图1.81)。

②室内声、光、风、空气质量环境,如柏林新国会大厦改造工程。

③建筑节能专项设计,如通风采光与照明节能、可再生能源、水资源、建筑材料等。处理方法有延长建筑寿命、充分利用太阳能、光热、光电系统、水资源、中水处理及雨水回用技术,节水设计与节水设施、选择建筑材料等。有代表性的实例有梅纳拉大厦、法兰克福商业银行总部大厦(图1.82)、伦敦瑞士再保险总部大厦(图1.83)、柏林戴姆勒·克莱斯勒建筑群(图1.84)。

④节能建筑,如英国贝丁顿零能耗发展项目,以及上海世博中心的一些建筑。

图1.79 芝柏文化中心

图1.80 干城章嘉公寓大楼

图1.81　波尔多法院

图1.82　法兰克福商业银行总部

图1.83　伦敦瑞士再保险总部

图1.84　柏林戴姆勒·克莱斯勒建筑群

1.6.2　参数化设计与艺术创作

①参数化设计:由计算机自动生成方案,采用犀牛软件和计算机辅助工具 Revit、Archi-CAD、BIM 等软件。BIM 技术即建筑信息模型,代表建筑有北京银河 SOHO(图1.85)、梦露大厦(图1.86)和广州歌剧院(图1.87)。

②艺术技术形态、多元化、仿生学建筑。

图1.85　北京银河 SOHO

图1.86　梦露大厦

图1.87　广州歌剧院

1.6.3 轻质高强的大跨度结构、膜结构、幕墙材料

（1）大跨度结构

代表性的大跨度结构有卢浮宫的金字塔（图1.88）、西班牙巴伦西亚科学城（图1.89）、中国国家大剧院（图1.90）、杜勒斯机场候机楼（图1.91）等。

图1.88 卢浮宫的金字塔

图1.89 西班牙巴伦西亚科学城

图1.90 中国国家大剧院

图1.91 美国杜勒斯机场候机楼

（2）膜结构

膜结构是指由高强度的织物基材和聚合物涂层构成的复合材料，作为建筑的围护结构。膜结构多采用ETFE（聚四氟乙烯）、PVC和张拉膜等，常见形式有骨架式膜结构、张拉式膜结构、充气式膜结构等。建筑实例有北京奥运会体育场（图1.92）、水立方（图1.93）、北京奥林匹克公园、法国巴黎拉德芳斯巨门、迪拜伯瓷酒店（图1.94）、英国的"伊甸园"等。

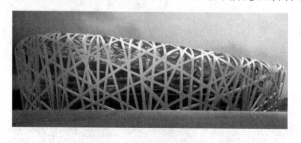

图1.92 北京奥运主场·鸟巢

图1.93 北京奥运游泳馆·水立方

（3）幕墙材料

以轻质材料作外墙，可以降低建筑自重、节省工程造价，因为多采取挂接的安装方法而被称为幕墙。常见的有玻璃幕墙、金属幕墙、膜材幕墙、复合板幕墙等。

1.6.4 能够大规模、低成本和快速建造的建筑

快速、应急、简易、建造、环保的建筑类型可满足如地震救灾、应急、会展等建筑的需求。目前常见的有充气膜、轻钢、木、竹、纸等结构,如上海世博会的西班牙馆(图1.95)、德国馆(图1.96)、阿联酋馆(图1.97)、日本馆(图1.98)、芝柏文化中心(图1.79)、"长城脚下的公社"竹屋、汉诺威建筑展日本馆(图1.99)、法国蓬皮杜中心新馆——"竹编帽子"等。

图1.94 迪拜伯瓷酒店

图1.95 西班牙馆

图1.96 德国馆

图1.97 上海世博会阿联酋馆

图1.98 上海世博会日本馆

图1.99 汉诺威建筑展日本馆

1.6.5 "个性化"——地方历史特色

体现地方历史特色的建筑有中国建筑大师王澍的宁波博物馆(图1.100)、安藤忠雄的代表作光之教堂(图1.101)、伊东丰雄的短暂建筑(短暂、脆弱、易变的外观建筑)、仙台媒体中心(图1.102)等。

图 1.100　宁波博物馆

图 1.101　日本光之教堂

图 1.102　日本仙台媒体中心

复习思考题

1. 建筑的艺术性含义是什么?
2. 建筑的文化性含义是什么?
3. 建筑的环境性含义是什么?
4. 建筑设计主要依据的标准有哪些大的类型?
5. 建筑模数制的意义是什么?
6. 建筑的发展趋势有哪些?

习　题

一、判断题

1. 古代人居住的茅草屋不美观,因为缺乏艺术性,不算建筑物。　　　　　　（　　）
2. 大多数桥梁属于构筑物。　　　　　　（　　）
3. 中国古代建筑以木结构为主。　　　　　　（　　）
4. 古代欧洲的公共建筑,以砖石结构居多。　　　　　　（　　）
5. 建筑的文化主要体现在民族性、地域性方面。　　　　　　（　　）
6. 大型的建筑就是规模大的建筑。　　　　　　（　　）
7. 工业建筑就是所有的厂房。　　　　　　（　　）
8. 建筑高度就是指从地面到屋顶的总高度。　　　　　　（　　）
9. 建筑模数的规定是绝对不能违背的。　　　　　　（　　）
10. 建筑设计规范主要是国家标准或行业标准,设计时应当严格遵循。　　　　　　（　　）
11. 埃菲尔铁塔比一般输电塔高,属于构筑物。　　　　　　（　　）
12. 将建筑分级和分类,是为了加以区别描述。　　　　　　（　　）
13. 超过 24 m 的居住建筑都属于高层建筑。　　　　　　（　　）
14. 流水别墅的设计师是莱特。　　　　　　（　　）
15. 建筑艺术是造型和色彩的艺术。　　　　　　（　　）

二、选择题

1. 我国采用的建筑基本模数 M 值为（　　　　）。

A. 80 mm   B. 100 mm   C. 120 mm   D. 200 mm

2. (   )是古代欧洲柱式建筑。

A. 太阳神庙   B. 圣索菲亚大教堂

C. 雅典卫城的帕提农神庙   D. 山岳台建筑

3. 民用建筑包括居住建筑和公共建筑,其中(   )属于居住建筑。

A. 托儿所   B. 宾馆   C. 公寓   D. 疗养院

4. 下列的(   )不属于建筑物。

A. 长途车站候车楼   B. 纪念碑   C. 围墙   D. 赵州桥

5. 建筑物的耐久年限主要是根据建筑物的(   )而定的。

A. 承重结构材料   B. 重要性   C. 层高   D. 质量标准

6. 建筑艺术区别于其他造型艺术(如绘画、雕刻等)的重要标志在于(   )。

A. 建筑艺术作品一般比较大   B. 建筑有使用功能的要求

C. 建筑有技术性的要求   D. 完成建筑作品投资较大

7. 关于民用建筑高度与层数的划分的叙述,(   )是错误的。

A. 10 层的住宅为高层建筑

B. 住宅超过 100 m 时为超高层建筑

C. 公共建筑不论层数,高度超过 22 m 者为高层建筑

D. 公共建筑超过 100 m 时为超高层建筑

8. 建筑物的耐久等级为 3 类时,其耐久年限为(   )年,适用于一般性建筑。

A. 50   B. 80   C. 30   D. 15

9. 建筑是建筑物和构筑物的统称,(   )属于建筑物。

A. 住宅、堤坝等   B. 学校、输电塔等

C. 工厂、水池等   D. 工厂、展览馆等

10. 我国建筑业全面贯彻的主要方针是(   )。

A. 百年大计、质量第一   B. 建筑工业化

C. 工程建筑监理   D. 适用、安全、经济、美观

三、填空题

1. 构成建筑的基本要素是建筑功能、建筑技术、_____、_____和建筑环境。

2. 按建筑的规模和数量可分为_____和_____建筑。

3. 建筑技术主要是指建筑材料技术、_____和_____。

4. 建筑文化主要是指建筑的民族性、_____和_____。

5. 公共建筑高度小于_____ m 者为单层和多层建筑,大于_____ m 者为超高层建筑。

6. 建筑物的耐火等级共分为_____级。

7. 标准设计的目的在于提高建筑设计、_____和_____的效率、降低成本和保证质量,促进建筑工业化。

8. 从广义上讲,建筑是指_____与_____的总称。

9. 模数数列指以_____、_____、_____扩展成的一系列尺寸。

10.建筑物按使用功能分为_____和_____两大类。

四、简答题

1.建筑艺术体现在哪些方面?请举例说明。

2.建筑文化体现在哪些方面?请举例说明。

3.建筑技术包括哪些方面?请举例说明。

4.建筑物和构筑物的区别在哪里?请以桥梁或塔式建造物举例说明。

5.为什么说建筑具有环境的属性?请举例说明。

6.举例说明中国古建筑的主要结构体系。

7.举例说明欧洲古代公共建筑的结构体系特点。

8.民用建筑中,居住建筑和公共建筑对多层和高层建筑的划分方式,有何不同?

9.建筑的工业化,具体体现在哪些方面?

10.谈谈对标准设计的看法。

11.简述建筑分类和分级的作用。

五、作图题

1.手绘一个四合院的组成示意图,并以文字标出各主要组成部分,务求全面。

2.手绘欧洲五柱式局部。

3.手绘平屋面和坡屋面建筑高度的示意图。

建筑设计的过程和内容

[本章导读]

　　通过本章学习,应了解建筑工程设计和建筑设计的差别和相互关系;熟悉建筑工程设计和施工建造过程的特点;熟悉建筑设计的整个过程;掌握建筑设计各个阶段的主要工作内容、设计深度和出图要求;熟悉建筑设计各阶段的表达特点。

　　建筑在建造之前,应事先做好设计,完成工程图纸,再按照程序交付施工单位施工。建筑工程设计与施工的过程,是依法依规和按照规定程序进行的过程。

　　建筑工程设计主要由建筑工种负责建筑的使用功能、建筑内部空间、建筑的文化性与艺术性方面等;结构工种负责建筑的承力和传力体系,保证建筑的牢固;设备工种负责给排水、供暖通风、电气照明和燃气供应等,主要保障建筑内部具备优良的物理环境和生活生产条件。各工种共同对建筑的艺术性、适用性、安全性、经济性、建筑以及环境质量等负责。

　　建筑设计的过程由若干重要环节和设计阶段组成,分别是接受任务、调查研究、方案设计、初步设计、施工图设计和现场配合施工等。

2.1　接受任务阶段和调查研究

2.1.1　接受任务

　　接受任务阶段的主要工作是与业主接触,充分了解业主的要求,接受设计招标书(或设计委托书)及签署有关合同;了解设计要求和任务;从业主处获得项目立项批准文号、地形测绘图、用地红线、规划红线及建筑控制线以及书面的设计要求等设计依据,并做好现场踏勘,收集到较全面的第一手资料。

2.1.2 调查研究

调查研究是设计之前较重要的准备工作,包括对设计条件的调研,与艺术创作有关的采风,与建筑文化内涵相关的田野调查等,也包括对同类建筑设计的调研。

(1)设计条件的调研

①场地的地理位置,场地的大小,场地的地形、地貌、地物和地质,周边环境条件与交通,城市的基础设施建设等。

②市政设施,包括水源位置和水压、电源位置和负荷能力、燃气和暖气供应条件、场地上空的高压线、地下的市政管网等。

③气候条件,如降雨量、降雪、日照、无霜期、气温、风向风压等。

④水文条件,包括地下水位、地表水位的情况。

⑤地质情况,如溶洞、地下人防工程、滑坡、泥石流、地陷以及下面岩石或地基的承载力等,还有该地的地震烈度和设防要求。建筑设计之初,可以通过《中国地震烈度区划图》(图4.48)等,了解当地的抗震要求。

⑥采光通风情况。

(2)采风

大多数门类的艺术在创作之初,艺术家都会进行采风,从生活当中为艺术创作收集素材,并获取创意和灵感,建筑设计创作也不例外。例如贝聿铭在接受中国政府委托,进行北京香山饭店的设计之初,就开始了新的探寻,游历了苏州、杭州、扬州、无锡等城市,参观了各地有名的园林和庭院,收集了大量的第一手资料,经过加工和提炼后,融入其设计作品之中,使得中国本土的建筑艺术和文化在香山饭店这样的当代建筑中,重新焕发出炫目的光彩。

(3)田野调查

田野调查是民俗学或民族文化研究的术语,建筑的田野调查是将传统建筑作为一项民俗事项,全方位地进行考察,其特点是不仅只考察建筑本身,还应了解当地传统、使用者和风俗等与建筑的关系。在近代中国的民族复兴过程中,中国的本土设计师不断尝试如何将中国传统建筑特点与当代建造技术相结合,产生了例如中山纪念堂(图2.1)、新中国成立10周年的十大纪念建筑之一的中国美术馆(图2.2),以及新中国成立之初建造的重庆人民大礼堂(图2.3)、天安门广场的人民英雄纪念碑(图2.4)等优秀作品。在当代建筑设计中,讲求建筑的"文脉"也成为建筑师们的共识。

建筑的田野调查,就是把地方的民族的传统建筑作为物质文化遗产进行研究,从中吸取营养,以便在创作中传承和发扬优秀民族文化遗产和地方特色。因为文化艺术作品,"越是民族的,越是世界的"。

图2.1　中山纪念堂

图2.2　中国美术馆

图2.3　重庆人民大礼堂

图2.4　人民英雄纪念碑

2.1.3　现场踏勘

现场踏勘是实地考察场地环境条件,依据地形测绘图,对场地的地形、地貌和地物进行核实和修正,以使设计能够切合实际。地形图往往是若干年前测绘的,而且能提供的信息有限,设计不能仅凭测绘图作业,所以必须进行现场踏勘。

(1)地形测绘图

现在工程设计都使用电子版的地形测绘图,比例是1∶1,单位是 m。我国的坐标体系是2000 年国家大地坐标系,很多城市为减小变形偏差,还有自己的体系,称为城市坐标体系。与数学坐标和计算机中 CAD 界面的坐标(数学坐标)不同,其垂直坐标是 X,横坐标是 Y,在图纸上给建筑定位时,应将计算机中 CAD 界面的坐标值,转换成测绘图的坐标体系,就是将 X 和 Y 的数值互换。如图 2.5 所示为某校地形测绘图局部。

(2)地形、地貌和地物

地形是指地表形态,可以绘制在地形图上。地貌不仅包括地形,还包括其形成的原因,如喀斯特地貌、丹霞地貌等。地物是地面上各种有形物(如山川、森林、建筑物等)和无形物(如省、县界等)的总称,泛指地球表面上相对固定的物体。地形和地物,大多以图例的方式反映在测绘图上。在我国,这些图例由《国家基本比例尺地图图式第一部分1∶500　1∶1 000　1∶2 000地形图图式》(GB/T 20257.1—2007)规定。

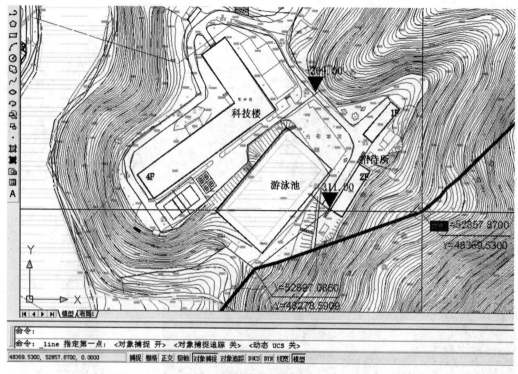

图 2.5　电子测绘图的坐标

（3）高程

各测绘图上的高程（即海拔高度）是统一的,在我国都是以青岛的黄海海面作为零点算起。

（4）风向频率图

风向频率图也称风玫瑰图,是以极坐标形式表示不同方向的风,在一个时间段（例如 1年）出现的频率。它将风向分为 8 个或 16 个方向,按各方向风出现的频率标出数值并闭合成折线图形,中心圆圈内的数字代表静风的频率。极坐标的数值与风的大小无关,仅表示调查时出现的频率,风的方向在图上是向心的。

2.2　方案设计阶段

建筑设计阶段包括方案设计、初步设计和施工图设计三个阶段。方案设计阶段主要是提出建造的设想;初步设计主要是解决技术可行性问题,规模较大、技术含量较高的项目,要进行这个阶段设计;施工图设计阶段主要是提供施工建造的依据。

方案设计阶段是整个建筑设计过程中重要的初始阶段。方案设计阶段以建筑工种为主,其他工种为辅。建筑工种又以各种图纸来表达设计思想为主,文字说明为辅,而其他工种主要借助文字说明来阐述设计。建筑方案设计阶段,主要解决建筑与城市规划、与场地环境的关系,落实建筑的使用功能要求,进行建筑的艺术创作和文化特色打造等,并为后续设计工作奠定好的基础。

2.2.1　方案设计的依据

（1）业主提供的文件资料

业主提供的资料是重要的设计依据之一，包括项目立项批准文件，设计要求，地形测绘图甚至地质钻探资料等。

（2）有关的国家标准、行业标准、地方条例和规定等

设计依据可以理解为在法庭上能够作为证据的资料。在建筑的设计和建设过程中，难免出现意外事件、质量问题、责任事故和经济纠纷等，为分清利益方各自的责任和义务，这些文件相当重要。从这点上来说，一些教材和设计参考资料等不能作为设计依据。

2.2.2　方案的立意与构思

既然是一种艺术创作，则在建筑设计之初，有一个立意与构思过程。立意是树立起一个艺术创作追求的目标和效果，并赋予建筑以思想性和灵魂；构思是选择为达到这一目标而采取什么手段。例如北京奥运主要场馆"鸟巢"的设计，设计师为形象地推崇奥运会的"和平、友谊、进步"这一抽象的理念，借助鸟巢这样一个具体的建筑形象来实现，它的形态如同孕育生命的"巢"，更像一个摇篮，寄托着人类对未来的希望。而由张艺谋导演的北京奥运会闭幕式演出，其场馆内主题性的造型（图2.6），更令人联想到"巴比塔"（图2.7），在传说中，它曾经是经过人类的团结合作才树立起来的丰碑。在这里，不同的艺术家都采用了象征的手法来强调人类团结与和平的奥运主题，立意都是弘扬奥运精神，构思是找到贴切的形态。

图2.6　北京奥运闭幕式　　　　　图2.7　传说中的"巴比塔"

再如"水立方"的设计创意，由于紧邻阳刚、气质张扬的"鸟巢"，因此设计师想到利用水阴柔的特点来设计国家游泳中心，体现阴阳结合。而方盒子更能诠释中国文化的"天圆地方"和"方形合院"，并且能与椭圆形的"鸟巢"形成鲜明对比，以体现"阴与阳""乾与坤"的东方文化的特点（图2.8）。而由ETFE膜（乙烯-四氟乙烯共聚物）围合的场馆空间，内部就像一个奇幻的水下世界，十分契合游泳场馆的主题和特色（图2.9）。

还有朗香教堂的创作，作为无神论者的设计师柯布西耶，首先将它的立意定位在"神圣"和"神秘"上，以满足信徒们的期待。建筑传承了传统教堂的特色，看上去仍然厚重的墙，虽然

图 2.8　北京奥运的主场馆

图 2.9　水立方内部

是用钢筋混凝土建造的,却有着千年砖石建筑的特点(图 2.10),这使得教堂内部较为昏暗,而向往光明的信徒这时看到的光仿佛来自天堂(图 2.11)。柯布西耶还保留了彩色玻璃窗的传统,只不过将写实的宗教题材的画面,改为像蒙德里安的风格派绘画作品一样的玻璃窗,使这个教堂看上去既传统又现代。

　　一般大型建筑设计立意和构思的重要目的,是尝试塑造建筑的撼动人心的精神力量和艺术感染力,抑或别具一格的特色,以同时满足人们的使用需要和精神需求。

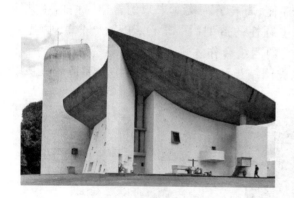

图 2.10　朗香教堂

图 2.11　朗香教堂内部

2.2.3　设计指导思想

　　设计指导思想也称为设计原则,是整个设计与建造过程中遵循或努力实现的设计理念,例如环保、节能和生态可持续发展等;也包括一些不能忽视和回避的设计原则,如安全、牢固、经济、技术和设计理念的先进等,作为控制设计质量的准则。

2.2.4　设计成果

　　设计成果体现在设计的优点、特点和技术经济指标方面,见之于设计说明之中,也体现在各种设计图和表现图上。任何艺术作品都具备唯一性,有着与众不同的艺术特点,这在大型项目方案说明之中更是特别强调的内容。技术指标是指照度、室内混响和耐火极限等技术参数,经济指标主要体现在有关用地指标和建筑面积及其分配等方面,通常一并进行阐述,对于技术方面的专家来说,这些最能反映设计的质量。

　　方案设计阶段的图纸文件有设计说明、建筑总平面图(图 2.12)、平面图、立面图、剖面图和设计效果图等。

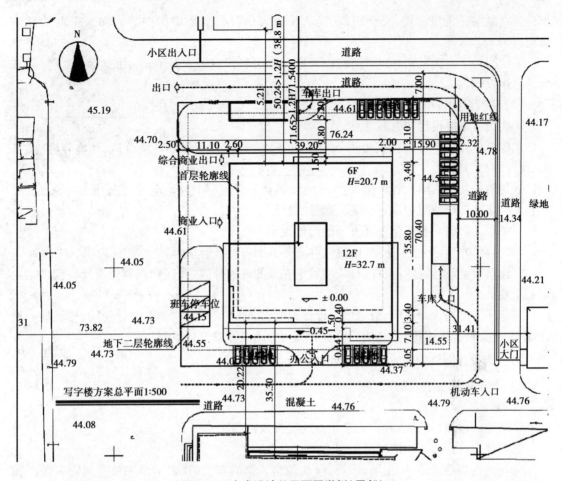

图 2.12 方案设计总平面图举例(局部)

1)方案设计说明

方案设计说明包括方案设计总说明、总平面设计说明和各工种设计说明。

(1)方案设计总说明的主要内容

①与工程设计有关的依据性文件的名称和文号,如用地红线图、政府有关主管部门对立项报告的批文、设计任务书等。

②设计所执行的主要法规和所采用的主要标准(包括标准的名称、编号、年号和版本号)。

③设计基础资料,如气象、地形地貌、水文地质、地震基本烈度、区域位置等。

④简述政府有关主管部门对项目设计的要求。

⑤简述建设单位委托设计的内容和范围,包括功能项目和设备设施的配套情况。

⑥工程规模(如总建筑面积、总投资、容纳人数等)、项目设计规模等级和设计标准(包括结构的设计使用年限、建筑防火类别、耐火等级、装修标准等)。

⑦主要技术经济指标,如总用地面积、总建筑面积及各分项建筑面积、建筑基底总面积、绿地总面积、容积率、建筑密度、绿地率、停车泊位数,以及主要建筑的层数、层高和总高度等项指标等。

(2)总平面设计说明的主要内容

①概述场地现状特点和周边环境情况及地质地貌特征,详尽阐述总体方案的构思意图和

布局特点以及在竖向设计、交通组织、防火设计、景观绿化、环境保护等方面所采取的具体措施。

②说明关于一次规划、分期建设,以及原有建筑和古树名木保留、利用、改造(改建)等方面的总体设想。

(3)建筑设计说明的主要内容

①建筑方案的设计构思和特点。

②建筑群体和单体的空间处理、平面和竖向构成、立面造型和环境营造、环境分析(如日照、通风、采光)等。

③建筑的功能布局和各种出入口、垂直交通运输设施(如楼梯、电梯、自动扶梯)的布置。

④建筑内部交通组织、防火和安全疏散设计。

⑤关于无障碍和智能化设计方面的简要说明。

⑥当建筑在声学、建筑防护、电磁波屏蔽等方面有特殊要求时,应作相应说明。

⑦建筑节能设计说明:设计依据、项目所在地的气候分区、概述建筑节能设计及围护结构节能措施。

其他还有结构设计说明、给水排水设计说明、采暖通风与空气调节设计说明、热能动力设计说明、投资估算说明等,由其他工种负责编写后编入方案设计说明。

2)方案设计图纸的构成、图纸深度和表达

(1)总平面图应表述的内容

①场地的区域位置。

②场地的范围(用地和建筑物各角点的坐标或定位尺寸)。

③场地内及四邻环境的详尽介绍。

④场地内拟建道路、停车场、广场、绿地及建筑物的布置,并表示出主要建筑物与各类控制线(用地红线、道路红线、建筑控制线等)、相邻建筑物之间的距离及建筑物总尺寸,基地出入口与城市道路交叉口之间的距离。

⑤拟建主要建筑物的名称、出入口位置、层数、建筑高度、设计标高,以及地形复杂时主要道路和广场的控制标高。

⑥绘图比例、指北针或风玫瑰图,比例一般是1∶500~1∶1 000。

⑦根据需要绘制下列反映方案特性的分析图:功能分区、空间组合及景观分析、交通分析(人流及车流的组织、停车场的布置及停车泊位数量等)、消防分析、地形分析、绿地布置、日照分析、分期建设等。

总平面图最好还做成彩色表现图,是将CAD或天正软件绘制的设计图(矢量图),先转换成为EPS格式的位图,再借助Photoshop等软件绘制成彩图。

表2.1 方案设计阶段场地与建筑设计一般应反映的技术经济指标

项 目	总量	人(或户)均	备 注
总用地面积	m²		红线内用地面积
1.居住建筑占地	m²	m²/人(或户)	按照相关规定计算
2.公共建筑占地	m²		按照相关规定计算

项 目	总量	人(或户)均	备 注
3.道路广场占地	m²		按照相关规定计算
4.绿化占地	m²		按照相关规定计算
总建筑面积	m²		各类建筑面积之和
1.地上建筑面积	m²		按照相关规定计算
1)居住建筑面积	m²		按照相关规定计算
2)公共建筑面积	m²		按照相关规定计算
2.地下建筑面积	m²		按照相关规定计算
容积率(不计地下建筑面积)			容积率＝计容建筑面积÷建设用地面积
建筑密度	%		建筑密度＝建筑投影总面积÷建设用地面积×100%
绿地率	%		用地范围内各类绿地面积的总和占总用地的比率
公建配建停车位	个	个/100 m² 建筑面积	按照当地规定
住宅停车率	%	个/百户	按照当地规定

注:没有的项目,不计算、不填表。

(2)方案的建筑平面图(图2.13)应表述的内容

①平面的总尺寸、开间、进深尺寸及结构受力体系中的柱网、承重墙位置和尺寸(也可用比例尺表示)。

②各主要使用房间的名称。

③各楼层地面标高、屋面标高。

④室内停车库的停车位和行车线路。

⑤底层平面图应标明剖切线位置和编号,并应标示指北针。

⑥必要时绘制主要用房的放大平面和室内布置。

⑦图纸名称、比例或比例尺。

(3)方案的建筑立面图(图2.14)应表述的内容

①体现建筑造型的特点,选择绘制一两个有代表性的立面。

②各主要部位和最高点的标高或主体建筑的总高度。

③当与相邻建筑(或原有建筑)有直接关系时,应绘制相邻或原有建筑的局部立面图。

④图纸名称、比例或比例尺。

方案的立面图应该表现建筑立面上所有内容的投影,所以应采用不同粗细的实线来区别内容的主次,乃至前后空间关系,最后加上配景。主要线条有4~5个层次,由粗到细分别为地平线、建筑外轮廓线、局部轮廓线(例如雨篷、凸出的柱子、阳台等)、实物的投影线(门窗洞口等),最后是分格线(例如门窗分格、墙面的分格线)。这样的绘图效果使得二维的图面仿佛有了立体感。因为线条的特点是越粗越显得突出,后来就引申开来,越重要的或空间越近的,用越粗的线条来描述,等等。这个原理也应用于平面图、剖面图和总平面图。

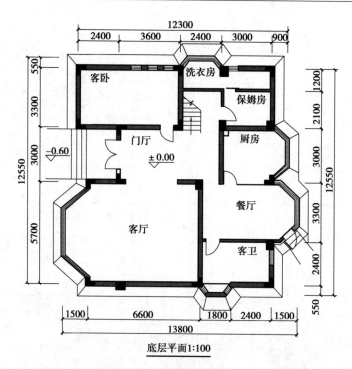

底层平面1:100

图2.13 方案阶段的平面图

正立面图1:100

图2.14 方案阶段的立面图

(4)方案的建筑剖面图应表述的内容

①剖面应剖在高度和层数不同、空间关系比较复杂的部位。

②各层标高及室外地面标高,建筑的总高度。

③若遇有高度控制时,还应标明最高点的标高。

④剖面编号、比例或比例尺。

剖面图用于反映建筑内部的垂直方向的空间关系,剖面图的获取位置即剖切位置,应选择最能展现这种关系的位置(例如选择楼梯间)。如果空间关系更加复杂,那么可选别处或增加剖面图数量,见图2.15和图2.16。剖切位置应在平面图中标注。

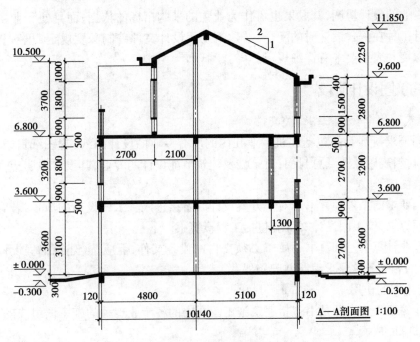

图 2.15　方案的建筑剖面图

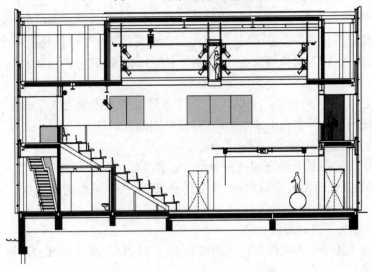

图 2.16　国外的方案阶段建筑剖面举例

2.3　初步设计阶段和施工图阶段

2.3.1　初步设计阶段

　　建筑规模较大、技术含量较高或较重要的建筑,应进行初步设计,以解决技术的可行性,并以此缩短设计和施工的整个周期。初步设计作为方案设计和施工图之间的过渡,用于技术论证和各专业的设计协调,其成果也可作为业主的采购招标的依据,而且便于业主与设计方或不同设计工种在深入设计时的配合。《建筑工程设计文件编制深度规定》里对初步设计图纸的设计深度和表达要求有详细规定。

2.3.2 施工图设计阶段

(1)建筑工程全套施工图有关文件

①合同要求所涉及的包括建筑专业在内的所有专业的设计图纸(含图纸目录、说明和必要的设备、材料表以及图纸总封面;对于涉及建筑节能设计的专业,其设计说明应有建筑节能设计的专项内容)。

②合同要求的工程预算书。对于方案设计后直接进入施工图设计的项目,若合同未要求编制工程预算书,施工图设计文件应包括工程概算书。

③各专业计算书。计算书不属于必须交付的设计文件,但应按《建筑工程设计文件编制深度规定》的相关条款要求编制并归档保存。

(2)施工图的作用

全套建筑工程施工图是由包括建筑施工图在内的各专业工种的施工图组成的,是工程建造和造价预算的依据。

(3)建筑专业施工图应解决和表达的问题

①施工的对象和范围:交代清楚拟建的建筑物的大小、数量、位置和场地处理等。

②施工对象从整体到各个细节,从场地到整个建筑直至一个栏杆甚至一个线条的如下内容:施工对象的形状;施工对象的大小;施工对象的空间位置;建造所用的材料;材料与构件的制作、安装固定和连接方法;对建造质量的要求。

要交代清楚以上内容,应以图纸为主,文字(设计说明及图中的文字标注)为辅。设计说明主要用于系统阐述设计和施工要点,以弥补设计图纸的不足。

(4)建筑专业施工图的构成关系

建筑专业施工图的图纸部分,由总平面图、基本图和大样图组成,其叙述设计思想和对施工要求等内容的过程,是由宏观到微观、从整体到细节、从总平面到建筑物,再到各个细部做法的过程。

(5)建筑专业施工图的图纸文件

建筑专业施工图的图纸文件应包括图纸目录、设计说明、设计图纸和计算书。其中,建筑施工图设计说明的主要内容包括:

①依据性文件名称、文号及设计合同等。

②项目概况。内容一般应包括建筑名称、建设地点、建设单位、建筑面积、建筑基底面积、项目设计规模等级、设计使用年限、建筑层数和建筑高度、建筑防火分类和耐火等级、人防工程类别和防护等级,人防建筑面积、屋面防水等级、地下室防水等级、主要结构类型、抗震设防烈度等,以及能反映建筑规模的主要技术经济指标,如住宅的套型和套数(包括每套的建筑面积、使用面积)、旅馆的客房间数和床位数、医院的门诊人次和住院部的床位数、车库的停车泊位数等。

③设计标高。表明工程的相对标高与总图绝对标高的关系。

④用料说明和室内外装修。墙体、墙身防潮层、地下室防水、屋面、外墙面、勒脚、散水、台

阶、坡道、油漆、涂料等处的材料和做法,可用文字说明或部分文字说明、部分直接在图上引注或加注索引号的方式表达,其中包括节能材料的说明,还包括室内装修部分说明。

⑤对采用新技术、新材料的做法说明及对特殊建筑造型和必要的建筑构造的说明。

⑥门窗表及门窗性能(防火、隔声、防护、抗风压、保温、气密性、水密性等)、用料、颜色、玻璃、五金件等的设计要求。

⑦幕墙工程及特殊屋面工程(金属、玻璃、膜结构等)的性能及制作要求(节能、防火、安全、隔声构造等)。

⑧电梯(自动扶梯)选择及性能说明(功能、载重量、速度、停站数、提升高度等)。

⑨建筑防火设计说明。

⑩无障碍设计说明。

⑪建筑节能设计说明。包括设计依据,项目所在地的气候分区及围护结构的热工性能限值,建筑的节能设计概况,围护结构的屋面、外墙、外窗、架空或外挑楼板、分户墙和户间楼板等构造组成和节能技术措施,明确外窗和透明幕墙的气密性等级,建筑体形系数计算,窗墙面积比(包括天窗屋面比)计算和围护结构热工性能计算,确定设计值。

⑫根据工程需要采取的安全防范和防盗要求及具体措施,隔声减振减噪、防污染和防射线等的要求和措施。

⑬需要专业公司进行深化设计的部分,对分包单位应明确设计要求,确定技术接口的深度。

⑭其他需要说明的问题。

(6)建筑施工图总平面的主要内容(图2.17)

①保留的地形和地物。

②测量坐标网、坐标值。

③场地范围的测量坐标(或定位尺寸)、道路红线、建筑控制线、用地红线等的位置。

④场地四邻原有及规划的道路、绿化带等的位置(主要坐标或定位尺寸),以及主要建筑物和构筑物及地下建筑物等的位置、名称、层数。

⑤建筑物、构筑物(人防工程、地下车库、油库、贮水池等隐蔽工程以虚线表示)的名称或编号、层数、定位(坐标或相互关系尺寸)。

⑥广场、停车场、运动场地、道路、围墙、无障碍设施、排水沟、挡土墙、护坡等的定位(坐标或相互关系尺寸)。如有消防车道和扑救场地,需注明。

⑦指北针或风玫瑰图。

⑧建筑物、构筑物使用编号时,应列出"建筑物和构筑物名称编号表"。

⑨注明尺寸单位、比例、坐标及高程系统(如为场地建筑坐标网时,应注明与测量坐标网的相互关系)、补充图例等。

施工图总平面的设计和表达深度详见图2.17,比例一般为1∶500。施工图总平面中的设计标高,均以海拔高度为主,称为绝对标高,以区别于平面、立面和剖面图中由设计师确定的,以底层室内地坪为零点的相对标高。在我国,地形测绘图的高度都是指海拔高度。

(7)建筑施工平面图主要内容(图2.18)

①承重墙、柱及其定位轴线和轴线编号,内外门窗位置、编号及定位尺寸,门的开启方向,注明房间名称或编号,库房(储藏)注明储存物品的火灾危险性类别。

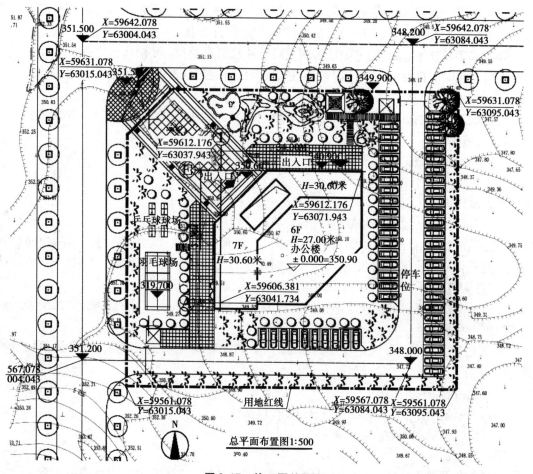

图 2.17 施工图总平面

②轴线总尺寸(或外包总尺寸)、轴线间尺寸(柱距、跨度)、门窗洞口尺寸、分段尺寸。

③墙身厚度(包括承重墙和非承重墙)、柱与壁柱截面尺寸(必要时)及其与轴线关系的尺寸;当围护结构为幕墙时,标明幕墙与主体结构的定位关系;玻璃幕墙部分标注立面分格间距的中心尺寸。

④主要结构和建筑构造部件的位置、尺寸和做法索引,如中庭、天窗、地沟、地坑、重要设备或设备机座的位置尺寸、各种平台、夹层、人孔、阳台、雨篷、台阶、坡道、散水、明沟等。

⑤楼地面预留孔洞和通气管道、管线竖井、烟囱、垃圾道等位置、尺寸和做法索引,以及墙体(主要为填充墙、承重砌体墙)预留洞的位置、尺寸与标高或高度等。

⑥车库的停车位(无障碍车位)和通行路线。

⑦特殊工艺要求的土建配合尺寸及工业建筑中的地面荷载、起重设备的起重量、行车轨距和轨顶标高等。

⑧室外地面标高、底层地面标高、各楼层标高、地下室各层标高。

⑨底层平面标注剖切线位置、编号及指北针。

⑩有关平面的节点详图或详图索引号。

⑪每层建筑平面中防火分区面积和防火分区分隔位置及安全出口位置示意(宜单独成图,如为一个防火分区,可不标注防火分区面积),或以示意图(简图)形式在各层平面中表示。

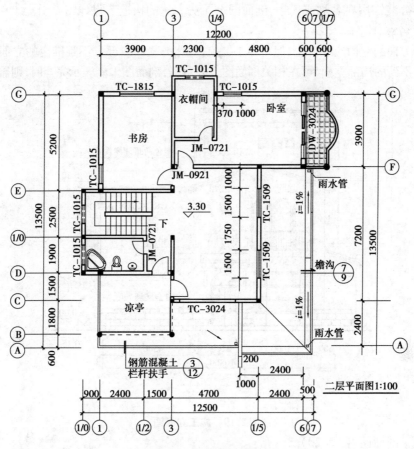

图 2.18　施工平面图

⑫住宅平面图中应标注各房间使用面积、阳台面积。

⑬屋面平面应有女儿墙、檐口、天沟、坡度、坡向、雨水口、屋脊(分水线)、变形缝、楼梯间、水箱间、电梯机房、天窗反挡风板、屋面上人孔、检修梯、室外消防楼梯及其他构筑物,必要的详图索引号、标高等;表述内容单一的屋面可缩小比例绘制。

⑭根据工程性质及复杂程度,必要时可选择绘制局部放大平面图。

⑮建筑平面较长较大时,可分区绘制,但需在各分区平面图适当位置上绘出分区组合示意图,并明显表示本分区部位编号。

⑯图纸名称、比例。

(8)施工立面图(图 2.19)

①两端轴线编号。立面转折较复杂时可用展开立面表示,但应准确注明转角处的轴线编号。

②立面外轮廓及主要结构和建筑构造部件的位置,如女儿墙顶、檐口、柱、变形缝、室外楼梯和垂直爬梯、室外空调机搁板、外遮阳构件、阳台、栏杆,台阶、坡道、花台等。

③建筑的总高度、楼层位置辅助线、楼层数和标高以及关键控制标高的标注,如女儿墙或檐口标高等;外墙的留洞应标注尺寸与标高或高度尺寸(宽×高×深及定位关系尺寸)。

④平、剖面图未能表示出来的屋顶、檐口、女儿墙,窗台以及其他装饰构件、线脚等的标高或尺寸。

⑤在平面图上表达不清的窗编号。

⑥各部分装饰用料名称或代号,剖面图上无法表达的构造节点详图索引。

⑦图纸名称、比例。

⑧各个方向的立面应绘齐全,但差异小、左右对称的立面或部分不难推定的立面可简略;内部院落或看不到的局部立面,可在相关剖面图上表示,若剖面图未能表示完全时,则需单独绘出。

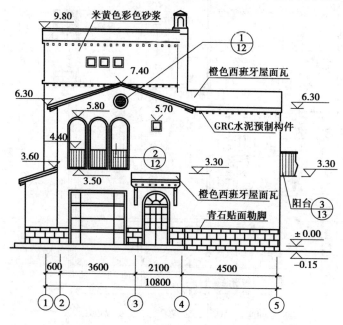

图2.19 施工立面图

(9)施工剖面图(图2.20)

①剖视位置应选在层高不同、层数不同、内外部空间比较复杂、具有代表性的部位;建筑空间局部不同处以及平面、立面均表达不清的部位,可绘制局部剖面。

②墙、柱、轴线和轴线编号。

③剖切到或可见的主要结构和建筑构造部件,如室外地面、底层地(楼)面、地坑、地沟、各层楼板、夹层、平台、吊顶、屋架、屋顶、山屋顶烟囱、天窗、挡风板、檐口、女儿墙、爬梯、门、窗,外遮阳构件、楼梯、台阶、坡道、散水、平台、阳台等内容。

④高度尺寸。外部尺寸包括:门、窗、洞口高度、层间高度、室内外高差、女儿墙高度、阳台栏杆高度、总高度;内部尺寸包括:地坑(沟)深度、隔断、内窗、洞口、平台、吊顶等。

⑤标高。包括主要结构和建筑构造部件的标高,如室内地面、楼面(含地下室)、平台、雨篷、吊顶、屋面板、屋面檐口、女儿墙顶、高出屋面的建筑物、构筑物及其他屋面特殊构件等的标高,室外地面标高。

⑥节点构造详图索引号。

⑦图纸名称、比例。

(10)施工大样图(详图)

施工大样图分为3个层次,即局部大样、节点大样和构件大样。

①局部大样(图2.21),是将建筑的一个较复杂的局部,完整地提取出来进行放大绘制,以便于能够更详细地阐明施工做法、要求和标注众多的细部尺寸等。通常是卫生间、楼梯间、电梯井和机房、宾馆的客房、酒楼的雅间等部位,比例一般为1∶50,由基本图索引出来进行放大。

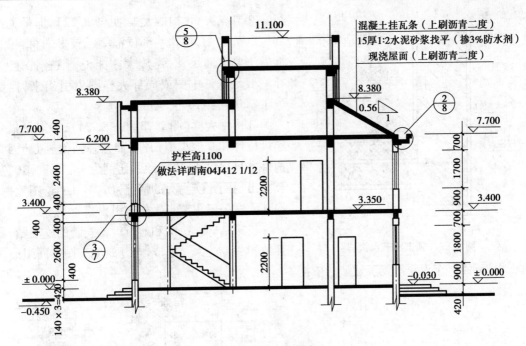

图2.20 施工图剖面

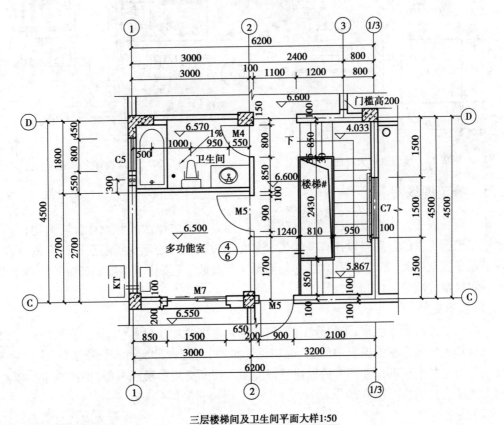

三层楼梯间及卫生间平面大样1:50

图2.21 施工图局部大样

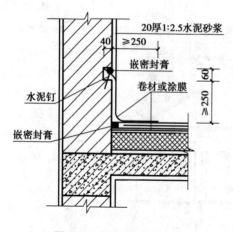

图2.22 施工图节点大样

②节点大样(构造大样,见图2.22),即是关键部位的放大图,在这些部位汇集了较多的材料、细部做法要求和尺寸,需放大才能说清楚。节点大样一般是从基本图或局部大样图索引出来,比例为1：20～1：10。

③构件大样(图2.23和图2.24),一般是描绘连接构件和其他小型构件(如预埋铁件等)。因为构件本身尺度小,因此绘图比例为1：1～1：10,甚至会出现图比实物大的情况,如N：1的绘图比例。构件大样一般由节点大样索引出来。

建筑结构施工图和建筑设备安装的施工图,由其他相关专业人员完成,与建筑施工图共同组成建筑工程施工图,作为建筑施工建造的依据。

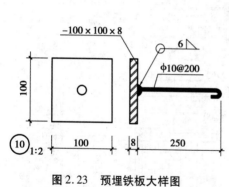

图2.23 预埋铁板大样图

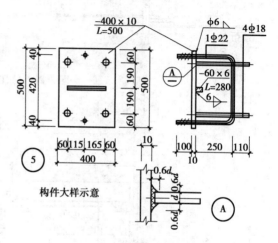

图2.24 预埋铁件大样图

2.3.3 施工现场服务

施工现场服务是指勘察、设计单位按照国家、地方有关法律法规和设计合同约定,为工程建设施工现场提供的与勘察设计有关的技术交底、地基验槽、处理现场勘察设计更改事宜、处理现场质量安全事故、参加工程验收(包括隐蔽工程验收)等工作。施工现场服务是勘察设计工作的重要组成部分,其内容包括:

(1)技术交底

技术交底也称图纸会审,工程开工前,设计单位应当参加建设单位组织的设计技术交底,结合项目特点和施工单位提交的问题,说明设计意图,解释设计文件,答复相关问题,对涉及工程质量安全的重点部位和环节的标注进行说明。技术交底会形成一份《图纸会审纪要》,它是施工图纸文件的重要组成部分。

(2)地基验槽

地基验槽是由建设单位组织建设单位、勘察单位、设计单位、施工单位、监理单位的项目负责人或技术质量负责人共同进行的检查验收,评估地基是否满足设计和相关规范的要求。

（3）现场更改处理

①设计更改。若设计文件不能满足有关法律法规、技术标准、合同要求，或者建设单位因工程建设需要提出更改要求，应当由设计单位出具设计修改文件（包括修改图或修改通知）。

②技术核定。技术核定是对施工单位因故提出的技术核定单内容进行校核，由项目负责人或专业负责人进行审批并签字，加盖设计单位技术专用章。

（4）工程验收

设计单位相关人员应当按照规定参加工程质量验收。参加工程验收的人员应当查看现场，必要时查阅相关施工记录，并依据工程监理对现场落实设计要求情况的结论性意见，提出设计单位的验收意见。

复习思考题

1. 设计前的工作内容有哪些？
2. 方案设计的依据和设计深度是什么？
3. 施工图的设计依据和深度是什么？
4. 方案阶段的设计成果包含哪些图纸文件？
5. 施工图阶段的设计成果包含哪些图纸文件？
6. 什么时候建筑设计工作才算结束？

习　题

一、判断题

1. 建筑工程设计包括建筑设计、结构设计和设备设计。　　　　　　　　　（　　）
2. 一般的建筑设计只有两个设计阶段。　　　　　　　　　　　　　　　（　　）
3. 建筑的设计条件包括水电供应的情况。　　　　　　　　　　　　　　（　　）
4. 濒临江河溪流建筑的选址，应该考虑 10 年一遇的洪水位。　　　　　　（　　）
5. 设计创作的立意和构思是一回事。　　　　　　　　　　　　　　　　（　　）
6. 技术、经济指标是同一个指标。　　　　　　　　　　　　　　　　　（　　）
7. 依据设计方案所做的造价称为预算。　　　　　　　　　　　　　　　（　　）
8. 施工大样图分为三个层次，即局部大样、节点大样和构件大样。　　　　（　　）
9. 施工图也是造价概算的依据。　　　　　　　　　　　　　　　　　　（　　）
10. 施工图的基本图是指平面、立面和剖面图。　　　　　　　　　　　　（　　）
11. 国家标准和行业标准是重要的设计依据。　　　　　　　　　　　　　（　　）
12. 国家标准和行业标准都有较强的时效性。　　　　　　　　　　　　　（　　）
13. 图纸会审纪要是施工图文件的组成部分。　　　　　　　　　　　　　（　　）
14. 更改施工设计图主要由业主和施工单位负责。　　　　　　　　　　　（　　）
15. 从风玫瑰图可以知道当地不同风向的风力大小。　　　　　　　　　　（　　）

二、选择题

1. 建筑总平面布置工程项目的基本依据是( )。
   A. 基础平面图   B. 地形图   C. 建筑设计图   D. 建筑施工图

2. 在我国,对应于绝对标高零点的是( )。
   A. 东海平均海平面   B. 南海平均海平面
   C. 渤海平均海平面   D. 黄海平均海平面

3. 初步设计阶段适用于( )。
   A. 住宅   B. 候机楼
   C. 围墙及大门   D. 别墅

4. 建筑详图与其他图的联系主要是采用( )。
   A. 详图索引符号   B. 轴线编号
   C. 建筑剖切符号   D. 设计标高

5. 局部大样常用的比例为( )。
   A. 1 : 1   B. 1 : 10   C. 1 : 50   D. 1 : 100

6. 施工图是( )的主要依据。
   A. 造价概算与材料采购   B. 设计图报批和施工组织
   C. 预算和施工   D. 图纸会审和造价估算

7. 施工图的局部大样,主要描述( )一类的对象。
   A. 窗台大样   B. 楼层高度
   C. 主要入口处的坡道和台阶等   D. 栏杆的安装固定方式

8. ( )等文件,需由设计单位负责提供。
   A. 施工组织设计   B. 造价决算
   C. 设计更改通知   D. 工程竣工图

9. 建筑设计方案,起码需经过( )审批。
   A. 绿化部门   B. 环保部门   C. 城市规划部门   D. 文物主管部门

10. 常年风玫瑰图主要给出了( )等信息。
    A. 常年风的方向和大小   B. 常年不同方向的风出现的频率
    C. 朝向   D. 夏季主导风向及频率

三、填空题

1. 房屋建筑学是一门讲授有关建筑设计原理,以及_____与_____相关内容的课程。

2. 建筑施工图是供各个工种设计配合、_____和_____的依据。

3. 设计构思是选择为达到_____的目标而采取什么手段。

4. 总平面中的设计标高,均以_____为主,称为_____。

5. 建筑剖面应以最能充分展现建筑_____的位置为佳。

6. 地质钻探资料,是建筑结构工种设计_____及_____时的重要依据。

7. 施工图应交代清楚施工对象的范围、形状、_____、_____、_____、制作安装固定和连接方法以及质量要求。

8. 建筑施工图的图纸由总平面图、_____和_____组成。

9. 节点大样汇集了较多的_____和尺寸,需放大才能说清楚。

10. 施工现场服务是为施工现场提供的与勘察设计有关的技术交底、_____、处理_____事宜、处理现场质量安全事故、参加_____等工作。

四、简答题

1. 为什么说建筑设计与建造是依法依规严格按程序进行的?

2. 建筑设计工种主要负责哪些方面的设计内容?

3. 建筑设计之初,应当收集齐全哪些主要基础资料?

4. 考虑建筑是否抗震设防的最初依据主要是什么?

5. 针对传统建筑进行的田野调查的目的是什么?

6. 为什么说文化艺术作品"越是民族的,越是世界的"?

7. 举出成功的设计实例,来说明设计立意与设计构思的关系。

8. 为什么初步设计和施工图设计,都必须绘制总平面图? 它们之间的差异?

9. 施工图建筑平面的尺寸标注,比方案的多了哪些内容? 为什么?

10. 为什么说施工图表达的内容,越全面越详尽越好?

五、作图题

1. 绘制一个 50 m² 学校大门及传达室的方案,含总平面,平、立、剖面及简要说明。

2. 绘制上述内容到施工图深度,含说明、总平面图、基本图和大样图等。

3

民用建筑设计

[本章导读]

通过本章学习,应熟悉建筑设计原理,即设计如何处理好建筑与环境的关系、如何保证建筑的适用性、建筑艺术设计的一些方法、建筑文化有关问题;至于建筑的技术性和经济性,因涉及内容较广,在第4章里面,有专门介绍。

建筑设计是建筑师的工作。建筑设计应充分考虑建筑与环境、建筑物的适用性、艺术性、文化性、技术可行性、安全性、经济性、创新性和先进性。

①建筑的环境性是指建筑物应处理好与外部环境和场地的关系,并提供良好的室内环境。

②建筑的适用性主要指建筑物能够很好满足人们的使用要求和精神需求。

③建筑的艺术性是指建筑应该是美观的,能满足人们的审美需求。

④建筑的文化性主要指建筑物应与使用者或当地的文化传统、生活习惯、价值观念等相协调,与城市的"文脉"相传承。

⑤建筑的可行性主要指设计应保证建筑物能借助当代的施工技术手段建造成功。

⑥建筑的安全性是指建筑设计应解决好防灾和安全疏散等问题,保证小型建筑构件的牢固,而建筑主体结构的牢固和使用安全归结构工程师负责。

⑦建筑的经济性主要指设计应考虑尽可能降低建造的成本、使用成本以及环境的社会的成本,厉行节约。要综合考虑结构类型的合理选型,建筑空间的合理利用,恰当地采用建筑材料(如就地取材),节约投资和减少日常使用费,减少对环境和社会的负面影响等。

⑧建筑的创新性和先进性是指设计创作应杜绝抄袭,保证建筑作为艺术品应具备的唯一性特质,同时,应尽量采用新的设计理念、新材料、新技术等。我国《著作权法》第3条规定了

受著作权法保护的作品包含建筑和工程设计图,而"建筑作品,是指以建筑物或者构筑物形式表现的有审美意义的作品"。

3.1 建筑与环境

除内部环境要求以外,建筑的设计建造还受诸多外部环境条件的制约,设计要考虑诸如水文、地质、气候等,还要处理好与场地的关系。

建筑设计之初,就应从处理好建筑与外部环境特别是场地的关系着手,设计结果最后主要反映在总平面设计图中,总平面设计主要包括以下内容:

1)建筑布局

建筑布局重在处理好建筑物或建筑群与场地环境及周边的关系。主要设计依据有《民用建筑设计通则》(GB 50352—2005)、城市居住区规划设计规范(GB 50180—93)(2002 年版)等。

在建筑红线或用地红线内,布置建筑物或建筑群,还应遵循以下要点:

(1)功能分区合理

功能分区合理是指尽量避免主要建筑受到废气、噪声、光线和视线等干扰,建筑物之间联系和使用方便。例如校园总平面设计,如果主建筑布局是学生宿舍—教学楼—食堂那就不合理,应该是学生宿舍—食堂—教学楼的这种相互关系。

(2)位置合理

主要建筑应布置在较好的地形和地基之处,以减少土方量,降低建造成本,保证使用安全。建筑选址应避开不利的地段,如市政管线、人防工程或地铁、地质异常及安全隐患(如滑坡、泥石流、溶洞、地陷等,避开污染源、高压线、洪水淹没线、地基承载力较弱处,以及建筑抗震要求避开的地段)等。

(3)争取好朝向

应使建筑内部能获得好的采光和通风、好的景观和节能效果,避开有污染等不利因素的上风向。我国的大多数建筑采用南北朝向,这样会有好的日照。南方地区在夏季一般有好的通风,但北方地区在冬季需考虑避风。在地理上,我国分为四大区域,而淮河以及秦岭以北大部地区,属于北方地区,见图 3.1。

(4)满足各种间距要求

新建建筑与其他建筑、规划红线、用地红线、建筑控制线和道路之间等,应按照要求留足间距,包括日照间距和防火间距要求,详见图 3.2。

①日照间距。建筑内部应能获得足够的采光和日照,才有益人的健康并且节省能源。对此,国家标准有明确规定,主要是为保证北侧建筑的南向底层房间,在大寒日或冬至日(一年中最冷或日照时间最短的时候),获得足够的日照时间,而不会被南侧的建筑所遮挡,详见图3.3 和表 3.1。

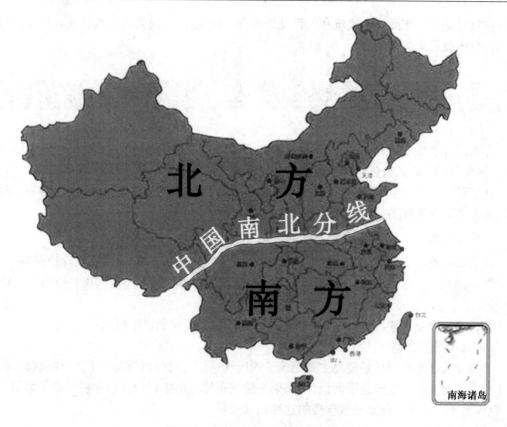

图 3.1　中国南方北方分界示意图

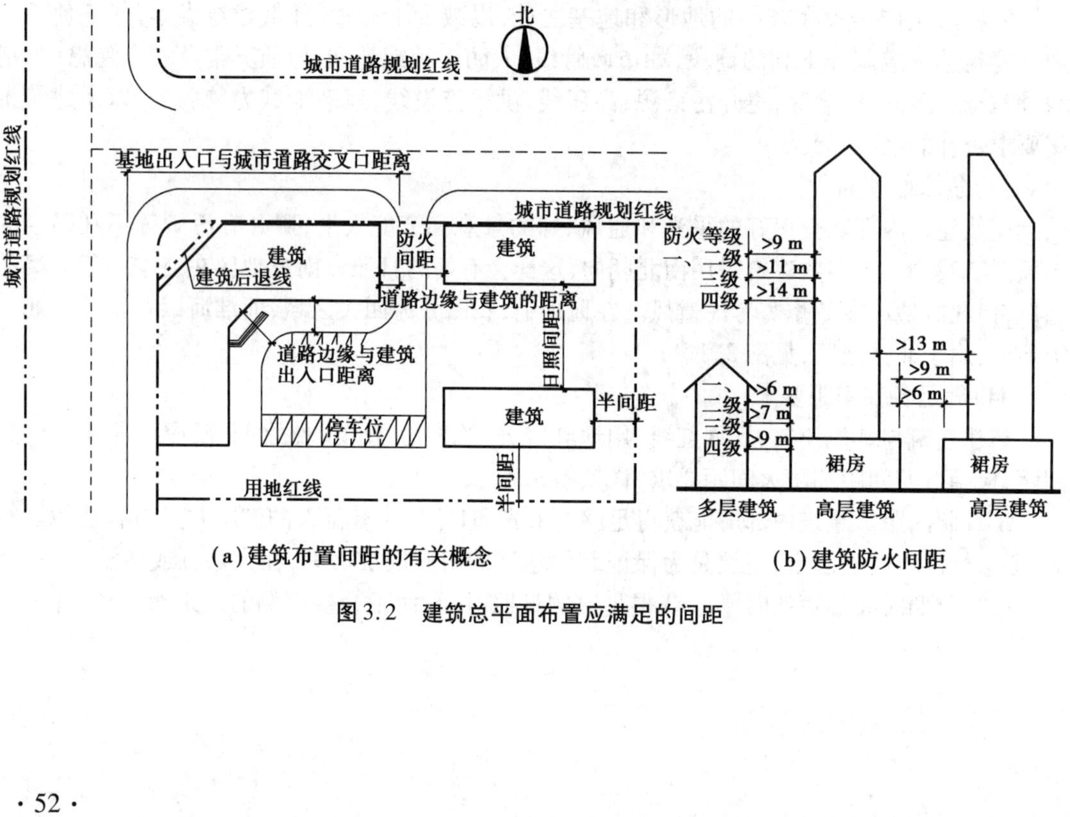

（a）建筑布置间距的有关概念　　　　　**（b）建筑防火间距**

图 3.2　建筑总平面布置应满足的间距

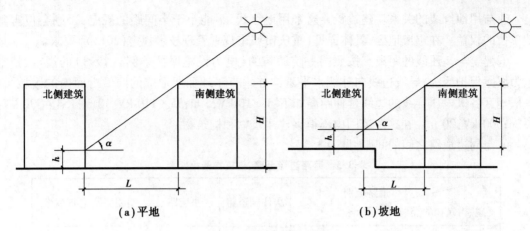

（a）平地　　　　　　　　　　　　（b）坡地

图 3.3　建筑的日照间距

日照间距 $L = (H - h)/\tan \alpha$。式中，H 是南侧的建筑高度；h 是北侧建筑南向窗台高度；α 为项目所在地冬至日的太阳高度角。当地冬至日的太阳高度角的简化计算式是 $\alpha = 90° -$（当地纬度 + 北回归线纬度 $23°26'$）。

表 3.1　住宅建筑日照标准

建筑气候区划	Ⅰ、Ⅱ、Ⅲ、Ⅶ气候区		Ⅳ气候区		Ⅴ、Ⅵ气候区
	大城市	中小城市	大城市	中小城市	
日照标准日	大寒日				冬至日
日照时数/h	≥2		≥3		≥1
有效日照时间带/h	8～16				9～15
日照时间计算起点	底层窗台面				

注：摘自《城市居住区规划设计规范》（GB 50180—93（2002 年版））。

②防火间距。设置建筑之间防火间距的目的，是避免建筑发生火灾时危及周边其他建筑，详见图 3.2、表 3.2。

表 3.2　民用建筑之间的防火间距　　　　　　　单位：m

建筑类别		高层民用建筑	裙房和其他民用建筑		
		一、二级	一、二级	三级	四级
高层民用建筑	一、二级	13	9	11	14
裙层和其他民用建筑	一、二级	9	6	7	9
	三级	11	7	8	10
	四级	14	9	10	12

注：摘自《建筑设计防火规范》（GB 50016—2014）。

③与规划红线的关系。建筑及其附属设施，从地面以下及其地面以上，都不能超越城市规划红线和建筑退后线（建筑控制线）。

④与用地红线的关系。建筑距离这个用地红线,不能小于半间距的规定,否则会侵害其他单位的权益。在重庆地区,具体详见《重庆市城市规划管理技术规定(2013)》要求。

⑤建筑与高压线的距离。按照国务院颁布的《电力设施保护条例》(1998)的规定,架空电力线路保护区为:导线边线向外侧水平延伸并垂直于地面所形成的两平行面内的区域,在一般地区各级电压导线的边线延伸距离如下:1~10 kV,5 m;35~110 kV,10 m;154~330 kV,15 m;500 kV,20 m。在这个范围内不得兴建建筑物和构筑物。

⑥与周边道路之间的间距,见表3.3。

表3.3 道路边缘至建、构筑物最小距离

道路级别 建、构筑物的类型			居住区道路	小区路	组团路及宅前小路
建筑物面向道路	无出入口	高层	5	3	2
		多层	3	3	2
	有出入口		—	5	2.5
建筑物山墙面向道路		高层	4	2	1.5
		多层	2	2	1.5
围墙面向道路			1.5	1.5	1.5

注:①摘自《城市居住区规划设计规范》(GB 50180—93(2002 年版))。

②若干居住组团组成居住小区,若干居住小区组成居住区,若干居住区组成一个城市。居住组团的规模:1 000~3 000 人;居住小区规模:10 000~15 000 人;居住区规模:30 000~50 000 人。

2)场地内部交通设计

场地内部交通包括人行和车行两个系统,两个系统间一般应设高差。这样一方面互不干扰,使用安全,另外车道往往还承担场地排水的功能,类似水沟。在城市里,整个车行系统一般低于人行系统 100~150 mm。人行系统包括人行道、广场和运动场地等。车行系统包括车行道、停车场和回车场等。居住区内道路设计应符合《城市居住区规划设计规范》(GB 50180—93(2002 年版))的规定:

①居住区道路:红线宽度不宜小于 20 m。

②小区路:路面宽 6~9 m;建筑控制线之间的宽度,需敷设供热管线的不宜小于 14 m,无供热管线的不宜小于 10 m。

③组团路:路面宽 3~5 m;建筑控制线之间的宽度,需敷设供热管线的不宜小于 10 m,无供热管线的不宜小于 8 m。

④宅间小路:路面宽不宜小于 2.5m。

⑤在多雪地区,应考虑堆积清扫道路积雪的面积,道路宽度可酌情放宽,但应符合当地城市规划行政主管部门的有关规定。

⑥各种道路的纵坡设计,详见表3.4。

表 3.4   居住区内道路纵坡控制指标   单位:%

道路类别	最小纵坡	最大纵坡	多雪严寒地区最大纵坡
机动车	≥0.2	≤8,L≤200 m	≤5,L≤600 m
非机动车	≥0.2	≤3,L≤50 m	≤2,L≤100 m
步行道	≥0.2	≤0.8	≤4

注:摘自《城市居住区规划设计规范》(GB 50180—93(2002 年版))。

⑦停车位的数量也应按照国家相关标准或各地依据当地特点制定的标准执行,例如在重庆市,目前按照《重庆市城市规划管理技术规定》2013 版的要求执行。

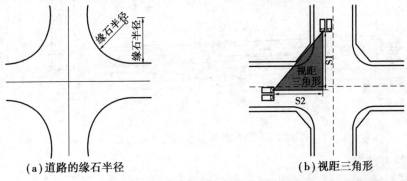

(a)道路的缘石半径   (b)视距三角形

图 3.4   车道转变处及道路交叉口设置

⑧车道转弯必须设置缘石半径,即转弯处道路最小边缘的半径。居住区道路红线转弯半径不得小于 6 m;工业区不小于 9 m;有消防功能的道路,最小转弯半径为 12 m,见图3.4(a)。为控制车速和节约用地,居住区内的缘石半径也不宜过大。

⑨为保交通安全,道路交叉口还应设置视距三角形,见图3.4(b)。在视距三角形内不允许有遮挡司机视线的物体存在,见图3.5。

图 3.5   障碍物遮挡视线

3)场地的绿化和景观设计

《民用建筑设计通则》(GB 50352—2005)明确规定:"建筑基地应做绿化、美化环境设计,完善室外环境设施。"

场地绿化的作用是改善环境,植物可以起到遮挡视线、隔绝噪声、美化环境、保护生态、改良小气候等作用,各地方对城市或场地绿化的比例,都有明确要求。室外地面硬化部分,在满足使用的前提下,应尽可能少占地、多做绿化。

4)竖向设计

场地竖向设计主要内容包括:
①确定建筑和场地的设计标高。
②确定道路走向、标高和坡度。
③确定场地排水方案。

④计算挖填方量,力求平衡。

⑤布置挡土墙、护坡等和排水沟等,例如某厂总平面竖向设计图局部(图3.7)。

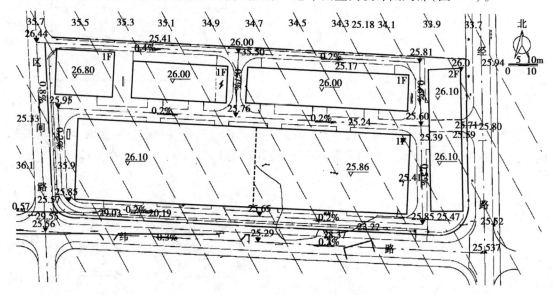

图3.6　某厂总平面竖向设计图局部

5)消防的考虑

①低层、多层、中高层住宅的居住区内宜设消防车道,其转弯半径不应小于6 m。高层住宅的周围应设有环形车道,其转弯半径不应小于12 m。

②消防车道的宽度不应小于4.00 m。消防车道距高层建筑外墙宜大于5.00 m,消防车道上空4.00 m以下范围内不应有障碍物。

③穿过高层建筑的消防车道,其净宽和净空高度均不应小于4.00 m。

④消防车道与高层建筑之间,不应设置妨碍登高消防车操作的树木、架空管线等。

⑤尽端式消防车道应设有回车道或回车场,回车场不宜小于15 m×15 m。大型消防车的回车场不宜小于18 m×18 m。

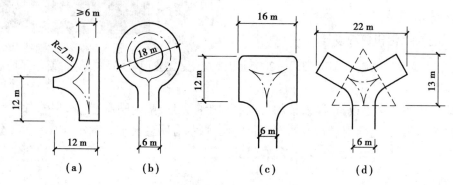

图3.7　消防车回车场示意图

6)消防登高面

消防登高面是为了消防登高车作业的需要,保证对高层住宅的住户进行及时救援。因此,消防登高面应靠近住宅的功用楼梯,当有困难时,登高面应靠近每套住宅的阳台或主窗。

高层住宅应设置消防登高面,并应符合下列标准:

①塔式住宅的消防登高面部不应小于住宅的1/4周边长度。

②单元式、通廊式住宅的消防登高面不应小于住宅的一个长边长度。

③消防登高面应靠近住宅的公共楼梯或阳台、窗。

④消防登高面一侧的裙房,其建筑高度不应大于 5 m,且进深不应大于 4 m。

⑤消防登高场地距住宅的外墙不宜小于 5 m,其最外一点至消防登高面的边缘的水平距离不应大于 10 m。

3.2 建筑的适用性

建筑设计的目的,是创造满足人们使用的建筑内部空间环境,包括确定空间的大小、形状。建筑内部空间大多以房间(即封闭式空间)的形式存在。

3.2.1 空间大小设计的依据

空间大小的设计依据,主要与人的各种使用要求有关,就是说与人、人群的活动、内部家具布置、设备和设施的布置有关。

①人体尺度。我们国家的人体尺度标准,可参照《中国成年人人体尺寸》(GB/T 10000—1998),见图 3.8(a)。中国政府公布的《2010 年国民体质监测公报》显示,我国不同年龄段成年男子的平均身高为 1 670 ~ 1 710 mm,女子为 1 558 ~ 1 590 mm。另外,根据全球男性平均身高排行榜(2013 年数据),我国男子平均身高排名第 57,为 1.717 m,见图 3.8(b)。除身高外,其余为以此推算出的尺寸,供参考。

②人体活动空间,详见《工作空间人体尺寸》(GB/T 13547—1992)。

③室内活动的人数。

④室内的家具和设备布置要求。常用家具和设备的尺寸,详见表 3.5。

⑤室内物理环境的要求,如音质设计的要求,详见 4.1.2。

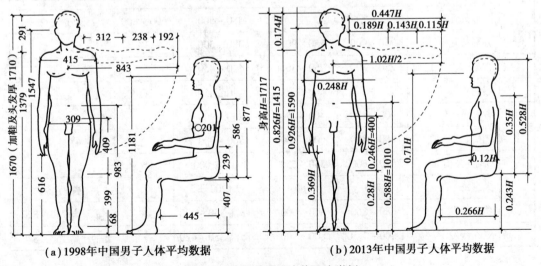

(a)1998年中国男子人体平均数据　　　　(b)2013年中国男子人体平均数据

图 3.8 我国的男子人体尺度举例

表 3.5　常用家具及设备尺寸　　　　　　　　单位:mm

类型	名　称	尺　寸				备　注
		长(正面宽)	宽(厚,深)	高	直径	
	儿童桌	1 050	580 ~ 600	桌面 370 ~ 520		桌下净高 300 ~ 450
	儿童椅	230 ~ 270	220 ~ 290	坐面 190 ~ 290		
桌几	一般双人课桌	1 200	400	700 ~ 730		2 号 3 号课桌
	一般单人课桌	600	400	700 ~ 730		
	一般课桌座椅	≥360	400	400 ~ 420		2 号 3 号座椅
	书桌	1 200 ~ 1 500	450 ~ 700	750		
	电脑桌	1 400 ~ 1 500	500 ~ 700	750		
	普通办公桌	1 000 ~ 1 400	550 ~ 700	750		传统办公桌
	经理办公桌	1 800 ~ 2 600	1 600 ~ 2 400	750 ~ 780		占地宽
	老板办公桌	2 600 ~ 3 600	1 600 ~ 2 400	750 ~ 780		占地宽
	L 形 OA 办公桌	1 500	1 500	750		占地尺寸
	梳妆台	1 000	400	1 600		镜子高
	8 人方形餐桌	1 000 ~ 1 100	1 000 ~ 1 100	750 ~ 790		
	8 人条形餐桌	2 250	850	750 ~ 790		
	6 人条形餐桌	1 500	900	750 ~ 790		
	6 人圆餐桌	—	—	750 ~ 790	1 000	桌面尺寸
	8 人圆餐桌	—	—	750 ~ 790	1 300	桌面尺寸
	10 人圆餐桌	—	—	750 ~ 790	1500	桌面尺寸
	12 人圆餐桌	—	—	750 ~ 790	1800	桌面尺寸
	条形茶几	1 200 ~ 1 600	600 ~ 800	380 ~ 500		
	圆形茶几	—	—	380 ~ 500	600 ~ 800	
	方形茶几	750 ~ 900	750 ~ 900	380 ~ 500		
	方凳	250 ~ 300	250 ~ 300	420 ~ 450		
	圆凳	—	—	420 ~ 450	300	
	方餐椅	400 ~ 450	400 ~ 450	800 ~ 900		靠背高
	躺椅	600 ~ 800	600 ~ 800	800 ~ 900		靠背高
	OA 办公椅	520 ~ 600	530 ~ 650	900 ~ 1 000		靠背高
	大班椅	700	760	1200		靠背高
	单人沙发	680 ~ 860	800 ~ 900	坐面高 350 ~ 420		靠背高 750 ~ 820
	双人沙发	1 300 ~ 1 500	800 ~ 900	坐面高 350 ~ 420		靠背高 750 ~ 820

续表

类型	名 称	尺 寸				备 注
		长(正面宽)	宽(厚,深)	高	直径	
	三人沙发	1 750～1 960	800～900	坐面高 350～420		靠背高 750～820
	四人沙发	2 320～2 520	800～900	坐面高 350～420		靠背高 750～820
	学龄前儿童床	900～1 400	600～900	200～440		铺面高
	单人床	1 900～2 100	800～1 200	400～500		铺面高
	双人床	1 900～2 100	1 350～1 800	400～500		铺面高
	上下铺单人床	1 900～2 100	800～900	下铺面高＜420		上铺面高 1 500
	普通双摇病床	2 070～2 170	870～9 070	铺面高 450～550		
	理疗按摩床	1 900	700	650		
	床头柜	400～600	400～450	400～600		
	双门衣柜	800～1 200	550～600	2 000～2 400		平开门或滑拉门
	三门衣柜	1 200～1 500	550～600	2 000～2 400		平开门或滑拉门
	四门衣柜	2 050	550～600	2 000～2 400		平开门或滑拉门
	鞋柜	950～1 500	320	1 000		
	电视柜	≤2 400	450～600	450～700		
	成品文件柜	900	390	1 800		
	单元式书柜	400～800	300～400	1 900～2 300		长度可拼接加大
	商场货柜	1 000～1 500	500～600	950～1 000		商场用
	成品货架	900	300～320	1 800		单元尺寸
	适用家用灶台	≥4 000	600	700		总长,含电炊具位置
	并列小便斗	600	650			
	厕位	≥850	1 200	隔板净高≥900		
	淋浴	1 000	1 200	隔板高 1 800		
	洗面台	≥900	≥500	800～850		
	并列水嘴,中距	700				
	浴盆	1 500～1 700	750～800	450		

注:特殊场所的家具尺寸应以相应规定和资料为准。

3.2.2 主要空间设计

（1）平面大小的确定

单一空间平面大小的确定，一是应满足使用要求和布置需要，二是应遵循或参照国家标准或行业标准的指标。

例如宾馆的标准间，其房间大小尺寸应能满足人体尺度、人的活动所需空间以及家具和设备布置安装的空间要求，同时还应满足国家标准《旅游饭店星级的划分与评定》（GB/T 14308—2003）的规定。如果是四星级饭店，该标准明确要求"70%客房的面积（不含卫生间）不小于 20 m²"，见图 3.9（a）。

又如中小学普通教室大小的设计，既要考虑单个学生的身体尺寸以及所用家具占用空间大小，又要考虑一个班的人数和通道宽度等，还要满足教学使用方面的要求，见图 3.9（b）。

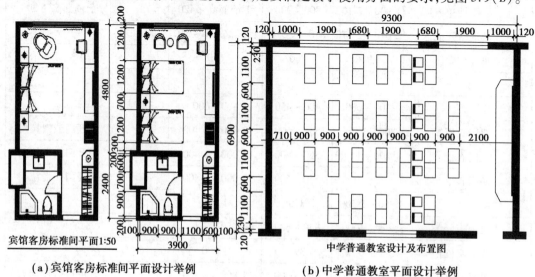

（a）宾馆客房标准间平面设计举例　　　（b）中学普通教室平面设计举例

图 3.9　公共建筑房间平面大小的确定

再如住宅建筑设计，各房间的大小应满足布置必要家具和方便使用的要求，见图 3.10（a）；厨房设计要满足各种厨具和设备的布置和炊事操作的需要，见图 3.10（b）；卫生间的大小应能满足干湿分区和必要的卫生洁具的布置和使用要求，见图 3.10（c）。

有的单一空间要求空间的尺度不宜过大，例如视听空间的观众厅，最后一排观众的视距（观众眼睛到设计视点的实际距离）不宜大于 33 m，否则将看不清演员的面部表情，因此，空间的长度就受限。所谓设计视点，是国家标准规定的、每个观众都应看到的那一点，在剧场中，是大厅中轴线、舞台大幕和舞台面相交的那一点；在电影院里，是银幕下端的中点。从经济角度来讲，建筑空间的大小足够使用就好，不宜过大。针对各种民用建筑设计，相关国家标准都给出了不同房间面积的强制或参考指标，设计时应作为重要依据。

（2）空间高度设计

供人使用的房间，最低净高不小于 2.4 m。一些房间的净高还需考虑使用的要求，例如设置有双层床或高架床家具的学生宿舍，层高不应低于 3.6 m；一些公共建筑的层高，要考虑在集中空调、自动喷淋系统等安装到位及装修后的净高，不能低于 2.4 m，个别局部空间高度不低于 2.2 m；一些对室内音质要求较高的空间，要考虑音质设计对空间容积的要求来确定空间高度；有集中空调的，要考虑设备占用空间高度等。大量性建筑的常用层高或净高，详见表 3.6。

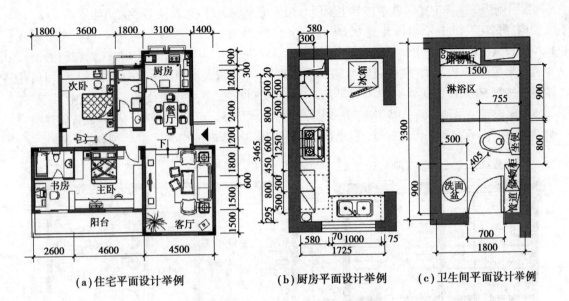

(a)住宅平面设计举例　　(b)厨房平面设计举例　　(c)卫生间平面设计举例

图 3.10　居住建筑房间平面大小的确定

表 3.6　建筑的常用层高或净高尺寸

建筑类型	有关标准/m		常用数据/m		有关标准
	层高	净高	层高	净高	
住宅	≥2.8	≥2.4	3		GB 50096—1999(2003 年版)
宿舍	≥2.8	≥2.6	3		常用单层床,JGJ 36—2005
	≥3.6	≥3.4	3.6		常用双层床,JGJ 36—2005
普通中小学教室		3.1	≥3.6	3.1	GB 50099—2011
普通办公楼		≥2.5~2.7	3		JGJ 67—2006
医院		≥2.6	3		诊查室,JGJ 49—88
		≥2.8	3		病房,JGJ 49—88
旅馆客房		≥2.4	3		设空调,JGJ 62—1990
		≥2.6	3		不设空调,JGJ 62—1990
公共餐厅		≥2.6	3		小餐厅,JGJ 64—89
		≥3.0	≥3.6		大餐厅,JGJ 64—89
一般商场		≥3.0	≥3.6		自然通风,JGJ 48—88
		≥3.2	≥4.2		系统空调,JGJ 48—88

3.2.3　次要空间设计

(1)公共卫生间设计

不同场所的公共卫生间,在卫生洁具数量上有差别。

集中使用的(如中小学教学楼学生厕所),男生应至少为每40人设1个大便器或1.20 m长大便槽,每20人设1个小便斗或0.60 m长小便槽;女生应至少为每13人设1个大便器或1.20 m长大便槽,详见《中小学校设计规范》(GB 50099—2011)。非集中使用的(如在图书馆),成人男厕按每60人设大便器一具,每30人设小便斗一具;成人女厕按每30人设大便器一具;儿童男厕按每50人设大便器一具,小便器两具;儿童女厕按每25人设大便器一具。营业性餐厅,每100座设置一个洁具。公共卫生间一般除设置大小便器外,还应设置洗手盆,并设置做建筑内部清洁时所需的取水点和拖布池,见图3.11。厕所和浴室隔间的相关尺寸大小详见表3.7。

(a)办公楼公共卫生间设计　　　　(b)收费公共卫生间设计

图3.11　公共卫生间平面设计

表3.7　厕所和浴室隔间平面尺寸

类　别	平面尺寸(宽度 mm×深度 mm)	备　注
外开门的厕所隔间	900×1 200	
内开门的厕所隔间	900×1 400	
医院患者专用厕所隔间	1 100×1 400	
无障碍厕所隔间	1 400×1 800	改建用1 000×2 000
外开门淋浴隔间	1 000×1 200	
内设更衣凳的淋浴隔间	1 000×(1 000+600)	
无障碍专用浴室隔间	盆浴2 000×2 250	门扇向外开启
	淋浴1 500×2 350	门扇向外开启

(2)门厅设计

门厅的主要作用是组织和集散人流,展示建筑的特点,其面积大小一般根据建筑的使用特点和使用人数决定,设计时可以参考和依据相关标准。例如一个星级饭店的大堂设计,可依据《旅游饭店星级的划分与评定》(GB/T 14308—2010)等;电影院门厅和休息厅合计使用面积指标,按照行业标准《电影院建筑设计规范》(JGJ 58—2008)规定,特、甲级电影院不应小于0.50 m²/座;乙级电影院不应小于0.30 m²/座;丙级电影院不应小于0.10 m²/座;图书馆门厅的使用面积可按每阅览座位0.05 m²计算等。图3.12为某星级宾馆的门厅设计举例。

门厅设计时,要避免各种人流发生交叉、迂回或不易找到方向。一些特殊情况会使人群在这里发生拥挤,需有足够的空间应付。

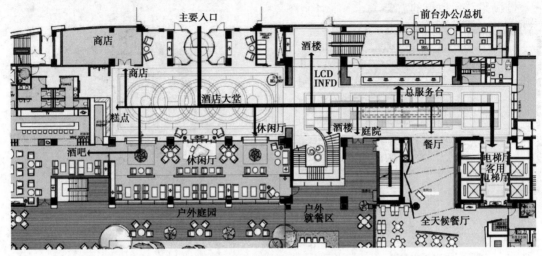

图3.12　某星级宾馆门厅设计

（3）交通空间设计

交通空间用于满足人流和物流进出通过需要,满足安全疏散的需要,包括各种组织交通的大厅（门厅和过厅等）、走道（内廊和外廊等）、楼梯间等。

走道宽度要能满足来往人流股数的使用,每股人流宽度按照600 mm考虑,半股（侧身）人流宽按照300 mm考虑。如按照规范,中小学校建筑的疏散通道宽度最少应为2股人流,并应按0.60 m的整数倍增加通道宽度。

①住宅的走道:通往卧室、起居室的走道净宽不宜小于1 000 mm,通往辅助用房的不应小于800 mm。

②中小学校的走道:教学用房采用中间走道时,净宽不应小于2 400 mm;采用单面走道或外廊时,净宽不应小于1 800 mm（据《中小学校设计规范》GB 50099—2011）。

③办公建筑的内部走道净宽:走道长度≤40 m,单面有房间时不小于1 300 mm;双面有房间时不小于1 500 mm;大于40 m时,分别为不小于1 500 mm和1 800 mm（据《办公建筑设计规范》2006版）。

④医院的走道:利用走道单侧候诊时,走道的净宽不应小于2 100 mm;两侧候诊时,净宽不应小于2 700 mm;通行推床的走道净宽不应小于2 100 mm。

走道宽度还应该考虑大型家具和设备的进出,以及安全疏散需要。

楼梯间因为是安全疏散通道的组成部分,要求其梯段宽度之和不能小于楼层的走道宽度,其休息平台宽度不能小于梯段宽度等,详见第9章。

3.2.4　建筑平面形状

①除考虑满足使用要求和布置需要外,建筑平面形状还应满足室内环境的视听要求、建筑艺术的要求等。例如音质要求较高的厅堂,为避免声缺陷,应尽量避免平行的界面,避免矩

形平面,见图 3.13 和图 3.14。

②设计尺寸应尽量符合建筑模数,使得建筑易于建造、节省造价。例如,贝聿铭设计的美国国家美术馆东馆,虽然造型复杂、空间多变,由于是依据一个三角形网格的模数系统设计,因此还是易于设计和施工的,见图 3.15。

③满足艺术效果的需要。

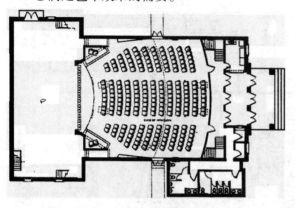

图 3.13 剧场平面举例

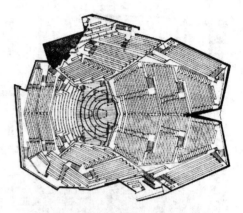

图 3.14 音乐厅平面举例

3.2.5 剖面设计要点

①大小应满足使用要求和室内环境要求。例如,走道的空间高度最低不能小于 2.2 m。空间的容积直接作用室内音质,视听效果要求高的场所,其空间高度的确定不能随意。例如悉尼歌剧院,从建筑艺术创作角度讲,是一个遍受赞许的杰作,但从建筑空间营造及建造经济性的角度讲,却难以效仿,它的由薄壳般外壳围合成的空间,容积过大,浪费不少(悉尼歌剧院的剖面图见图 3.16)。

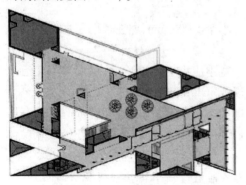

图 3.15 美国国家美术馆东馆

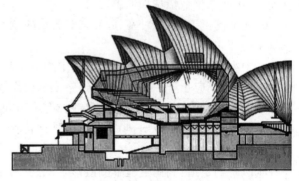

图 3.16 悉尼歌剧院

②照顾艺术效果和心理感受,空间高度应不会使人感到压抑。

③易于建造,同时考虑容积大小应适度。

④剖面高度满足要求。剖面的高度有两个概念,即建筑的层高和净高。层高是指楼层之间的高差,即下层的楼地面的表面到上层楼面或屋顶表面的高度;净高是指下层楼地面到上层梁底或楼板底或吊顶底部的高度,见图 3.17。剖面高度和形状的确定主要应满足使用要求,见图 3.18。

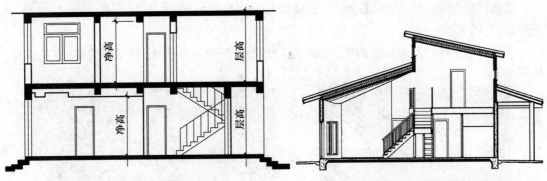

图 3.17　建筑的层高与净高　　　　图 3.18　与使用功能有关的剖面设计

⑤剖面形状。剖面形状的确定要考虑与场地的关系(图 3.19)、空间的变化、使用需要，以及声学等要求(图 3.20)。

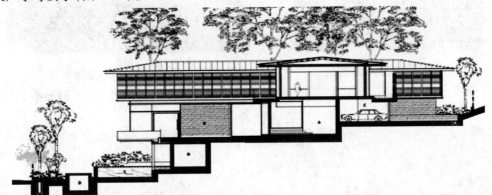

图 3.19　与场地有关的剖面设计

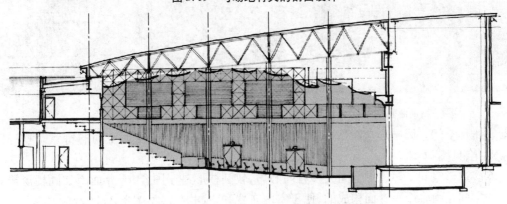

图 3.20　与室内声学和使用要求有关的剖面设计

3.2.6　建筑造型及空间

建筑是造型和空间的艺术。建筑设计在艺术创作方面,其空间塑造与建筑造型是最为重要的内容。建筑内部空间以矩形居多,常见的还有其他一些类型的空间形状。大多数单体建筑的内部空间与外部形状是统一的,设计应选择合适的类型。

①矩形空间。矩形空间最常见,它便于围合,界面易于施工,且便于众多空间的组合和室内布置。

②圆柱形空间。特点是空间感、场域感强,小的圆柱形空间不便于布置,易于形成声、光的聚焦,见图3.21。

③穹窿形空间。特点是空间感、场域感强,造型新颖但不易围合,易于形成声、光的聚焦,见图3.22。

图3.21 圆柱形大厅空间

图3.22 穹窿形空间

④曲面空间。是指围合几何空间的界面中,有一个以上的界面为曲面。它由动与静两种特征构成,空间生动,见图3.23。

图3.23 曲面空间

图3.24 锥形空间

⑤锥形空间。圆锥形空间是指棱锥或圆锥形空间,它具有圆柱形空间的特点,但较其更富于变化,见图3.24。

⑥多边形空间。多边形空间大多有向心力,较圆柱形易于围合,但界面不如圆柱形柔和。这一类空间是由多个平直面构成的,便于室内布置和空间围合,见图3.25。

⑦管状空间。管状空间是指长度远大于其他尺度的空间,如走廊等。管状空间导向性强,有期待感,也会呈现出各种变化或不同的组合。管状空间往往与交通线结合,成为联系其他不同空间的纽带,见图3.26。

⑧不规则形空间。由不规则的界面围合,给人新颖的感觉,室内布置灵活,但不易进行围合,见图3.27。

图 3.25　多边形空间

图 3.26　管状空间

图 3.27　不规则形空间

图 3.28　模糊空间

⑨模糊空间。模糊性空间有着空间界定的不确定性、空间的功能多义性、空间感受的含蓄性特征,常指由于围合空间的界面形状和位置含糊和不确定,导致空间形状不确定的类型,见图 3.28。

⑩组合型空间。组合型空间为两种以上前面列举空间形式的组合体,见图 3.29。

(a)矩形与四棱台的组合

(b)圆柱形与圆锥形的组合

图 3.29　组合形空间

3.2.7 空间组合设计

建筑物通常是由众多空间组成的,采取合适的方式来组合这些空间,才能满足使用的要求,同时呈现出不同的空间效果,给人不同的审美体验。

(1)常用组合方式

①大厅式组合:以一个大空间作为纽带,将众多空间组合在一起,见图3.30。

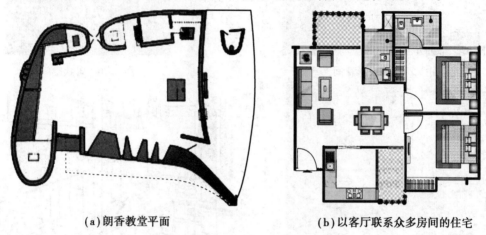

| (a)朗香教堂平面 | (b)以客厅联系众多房间的住宅 |

图 3.30 大厅式组合

②穿套:若干空间相互沟通,不需要专门的走道就组合成整体,这在博览建筑中常见,见图3.31。

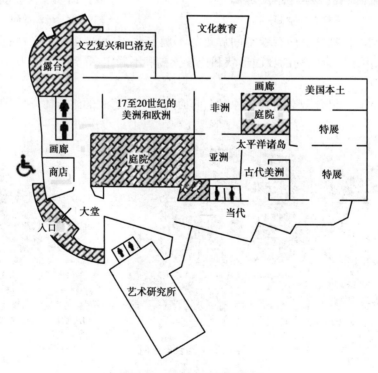

图 3.31 空间穿套的博物馆

③重置:就是大空间套小空间的方式,见图 3.32。

图 3.32　空间重置

④并列:众多空间不分主次,以走道连接,组合成整体,见图 3.33。

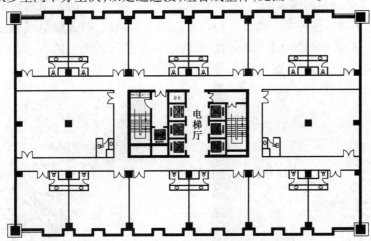

图 3.33　空间并列

⑤叠加:众多空间上下重叠组合,见图 3.34。

⑥混合组合:上述组合方式的综合运用,用以组织众多的空间,形成建筑物。

(2)空间序列设计

众多空间的组合设计,除满足使用要求外,还应考虑在人们经历这一系列空间后能够获得怎样的体验和总体的印象。建筑师对此进行考虑和采取相应的设计方法,就是空间序列设计。空间序列设计追求的是空间与时间,即所谓四维空间的艺术效果。

空间序列设计要求围绕一个主题和特点来组织众多空间,在时间和空间的安排上,应突出主题并有跌宕起伏的丰富变化,并形成这样一种程式,即这个序列应具备起始阶段(点题)、过渡阶段(铺垫)、艺术高潮(强化)和结尾(回味)。

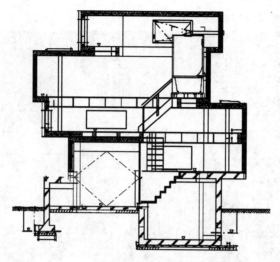

图 3.34　空间叠加

例如古代埃及的金字塔(图 3.35),是供人们安葬和祭奠故去的法老的纪念性建筑,整个空间序列由河谷神庙、甬道、停尸神庙和金字塔组成。河谷神庙是整个序列的开始,祭师们在这里处理法老的尸体,为葬礼作准备;甬道又黑暗又漫长,作为葬礼的过渡,象征通往冥界之路;经过长时间在黑暗中的摸索,人们好不容易到达停尸神庙,这时眼前豁然大亮,满是蓝天白云及巍峨的金字塔! 这种光线明暗对比以及空间大小对比,给人以强烈的震撼,达到了空间序列的艺术高潮,仿佛告知人们,就是在冥界,法老也是至高无上的统治者,而且他还会重返人间。这一切都是在为树立法老的至高无上的权威服务。

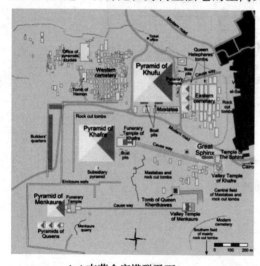

(a)吉萨金字塔群平面

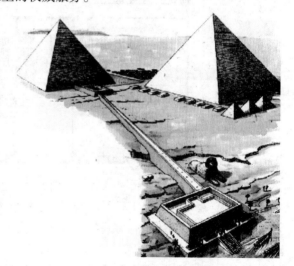

(b)金字塔空间序列透视

图 3.35　吉萨金字塔群

再如北京紫禁城的空间序列(图 3.36),太和殿就是重点和艺术高潮。从金水桥到天安门的空间较逼仄,过天安门又显开敞,端门至午门,空间深远狭长,到午门的门洞,空间再度收束。过午门穿过太和门,到了太和殿前院,这时空间豁然开朗,蓝天白云和庄严雄伟的太和殿展现眼前,形成了空间艺术的高潮。

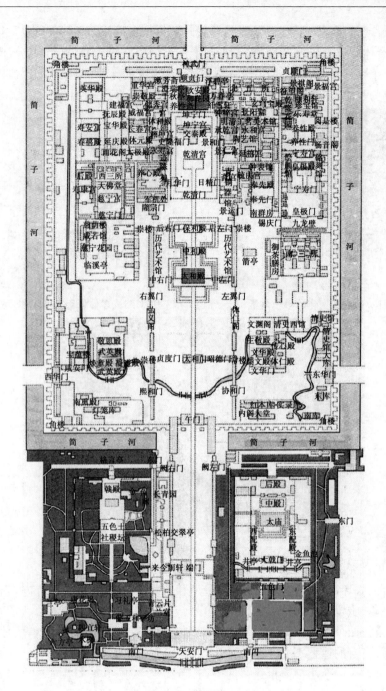

图 3.36　紫禁城的空间序列

3.2.8　建筑造型设计

建筑造型设计包括体量组合、立面处理、材料选择与色彩搭配等。

（1）建筑体量

体量是一个规则的造型单位，是建筑造型的基本组成单位。规模稍大的建筑，大多是由若干体量组合形成的，更别说群体建筑。如果依据规模和造型来分，建筑可以分为单一体量建筑、组合体量建筑、单体建筑、群体建筑和建筑群(图3.37—图3.39)。单一体量建筑造型较简单;而组合体量建筑较为丰富,它是由若干体量组成一个整体,密不可分,雕塑感强。单体建筑可能是单一体量,也可能是组合体量建筑;群体建筑有若干相互隔开的体量,但可由室内交通组合成为一体;建筑群是由众多建筑组成群落,需由室外交通相互联系。

图3.37　有变化的单一体量　　　　　图3.38　多体量组合的单体建筑

图3.39　群体建筑

(2)建筑的体量组合

体量组合的好坏,会影响建筑的使用、造型和艺术效果。常用的组合方式有黏结、搭接、楔合、衔接、重叠、重置等。

①黏结,是把两个以上体量在水平方向并列组合在一起。它构造简单但是形式呆板,两个体量组合后,各自的造型不变,见图3.40。

②搭接,是通过一个小型体量连接两头,有起伏变化,见图3.41。

③楔合,是以一个以上小体量嵌入大的体量后形成整体,并共用一部分空间,各体量之间关系密切、有机整合、无懈可击,见图3.42。

④衔接,是指一个体量的大空间吞进了小体量的一部分,它们相互间关系密切融洽,并形成丰富的过渡空间,见图3.43。

⑤重叠,是指两个以上的体量在垂直方向的不同组合,见图3.44。

⑥重置,即重复设置,是指两个以上体量组合在一起,小体量被大体量内部的空间包裹,见图3.45。

图3.40　体量黏结

图3.41　体量搭接

图3.42　体量楔合

图3.43　体量衔接

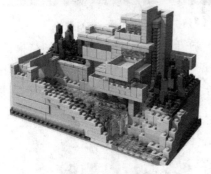

图3.44　体量重叠

图3.45　体量重置

（3）建筑立面设计

建筑立面设计,是在造型与空间设计已经定型后的深入设计。为延续设计思路,在满足使用要求的前提下打造建筑特色,应做好以下方面:

①元素组合。构成立面的元素有墙体、空间、门窗、阳台、雨篷及其他构件等,组合应不凌乱,同时讲究艺术效果和特色,见图3.46。

②光影与虚实关系。立面的光影能够有效地勾勒建筑造型和立面特色。虚实关系的处理应该分清主次,以免产生含混的效果。建筑的外墙属于"实"的部分,通透的窗、廊和洞口等属于"虚"的部分,见图3.47。

③层次。立面的层次,既体现在墙体的凹凸进退方面,也与垂直墙面的数量有关。大多数建筑仅有一个外墙面,但出于遮阳和营造光影效果等考虑,会有更多墙面叠合,见图3.48。

④材料与肌理。外立面材料会影响建筑与环境的关系,赋予建筑不同的特色,不同材料的搭配也会丰富立面效果,见图3.49。

图 3.46　立面元素的组合

图 3.47　立面的光影与虚实

图 3.48　立面的层次

图 3.49　立面材料

⑤色彩。建筑色彩一方面影响建筑与环境的关系,产生要么对比、要么协调的结果,同时也会反映建筑的特色,见图 3.50。如果需要与环境协调,一般选用环境的背景色,或选用中性色,如白色派建筑、江南传统民居以及北方的灰色民居。对比色会让建筑在环境中,在背景的衬托下更加醒目和突出,如紫禁城建筑群的色彩以及上海世博会的中国馆。

图 3.50　建筑色彩

图 3.51　像工厂的文化艺术中心

⑥性格。建筑的性格是指其使用功能在外观上的体现。建筑的造型设计和立面设计效果应能让人能够容易地辨识建筑的用途,不致产生误导,从而影响建筑功能的发挥,因为建筑的功能是第一位的。建筑外观在这方面的改进是逐渐的,使人们能够适应的,突变会让人无所适从,因此不易被接受,见图 3.51。

⑦特色。建筑的特色是指它有与众不同之处,这与设计创新密切相关,在世博会建筑这一类需尽力展示国家形象与特色的作品上,显得尤为突出。

3.3 建筑的艺术性

建筑的艺术性,体现在它的创新性、唯一性、美观和感人方面,也体现在时尚性、形式美、创作手法以及设计风格上。建筑艺术设计应力求建筑造型和内部空间美观、新颖,符合人的审美需求。

3.3.1 形式美法则

经过长期探索,人们摸索出一些基本的形式美创作的规律,作为建筑艺术创作所遵循的准则,沿用至今。这些法则包括:

(1)变化与统一

设计作品应有丰富的内涵和变化,但又特点突出,使人印象深刻,即变化丰富又不流于杂乱。体现在建筑设计方面,主要有以下内容:

①色彩的变化统一,如俄罗斯红场的伯拉仁内教堂,见图3.52。

②几何形的变化统一,如日本一家公司的"螺旋大楼"临街立面,见图3.53。

③造型风格的变化统一,如黄鹤楼,见图3.54。

图3.52 伯拉仁内教堂　　图3.53 "螺旋大楼"临街立面　　图3.54 黄鹤楼

④建筑形体与细部尺度的变化统一,见图3.55。

⑤材料的变化统一,见图3.56。

(2)对比与协调

对比是将对立的要素联系在一起,协调是要求它们产生效果而非矛盾与混乱。设计最基本的是协调,应将所有的设计要素结合在一起去创造协调,但缺少对比的协调易流于平庸。对比手法的要点是将相互对立的要素在量上分清主次,占主导地位的要素提供背景,来衬托和突出分量少的要素。

①色彩对比,见图3.57。

图 3.55　尺度的变化统一

图 3.56　材料的变化统一

②材料质地对比,如天然的材料与人造材料对比、光洁与粗糙、软与硬的对比等,见图 3.58。

图 3.57　色彩对比

图 3.58　材料质地对比

③造型风格对比:如简繁对比、虚实对比、曲直对比、几何形与随意形的对比等,见图 3.59和图 3.60。

图 3.59　简繁对比

图 3.60　虚实与曲直对比

(3)对称

对称是指设计对象在造型或布局上有一对称轴,轴两边的造型是一致的。对称的形象给人稳定、完美、严肃的感觉,但易显得呆板。重要建筑、纪念性建筑或建筑群的设计常用对称的形式,见图 3.61 和图 3.62。

(4)均衡

均衡是不对称的平衡,均衡使设计对象显得稳定,又不失生动活泼,见图 3.63。

(5)比例

比例是研究局部与整体之间在大小和数量上的协调关系,见图 3.63 和图 3.64。比是指

图3.61 太和殿的对称立面

图3.62 巴黎圣母院的对称立面

图3.63 巴西利亚议会大厦的均衡造型

图3.64 入口与建筑的比例关系

两个相似事物的量的比较,而比例是指两个比的相等关系(如黄金比),见图3.65。

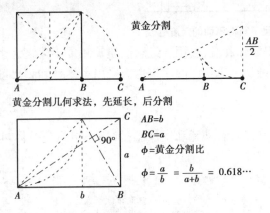

图3.65 黄金比与黄金分割

古希腊人认为,某些数量关系表明了宇宙的和谐。他们发现在人体比例中,黄金分割起着支配性作用,认为人类或是其供奉的庙宇都属于高级的宇宙秩序,因此人体的比例关系也应体现在庙宇建筑中,雅典帕提农神庙即是典型代表,见图3.66。

(6)尺度

这一法则要求建筑应在大小上给人真实的感觉。大小要通过尺子才能衡量,所以人们常用较熟悉的门窗和台阶等作为尺子去衡量未知大小的建筑,如果改变这些尺子的大小,就同

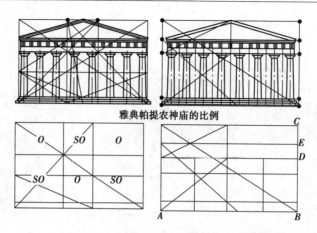

雅典帕提农神庙的比例

图 3.66　帕提农神庙立面的比例关系

时会改变人对建筑大小的正确认识。例如,图 3.67 中所示的同样面积的外墙,左图看上去是一幢大的建筑,而右边却显现为一幢小建筑,虽然它们的高度和宽度尺寸是一样的。这一法则同时要求建筑的空间和构件等,其大小尺度应符合使用者。例如幼儿园,无论什么尺度都要缩小,才适合儿童使用,见图 3.68。

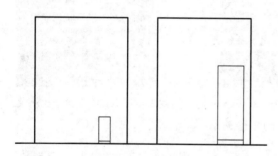

图 3.67　以"门"作为尺子获得不同的尺度感

图 3.68　幼儿园卫生间设施的尺度

　　大的尺度使建筑显得宏伟壮观,多用于纪念性建筑和重要建筑。小的以及人们熟悉的尺度用于建筑,会让人感到亲切。风景区的建筑也应采用小体量和小尺度,争取不煞风景、不去本末倒置地突出建筑。

　　(7)节奏

　　节奏是机械地重复形成的,有动感和次序感,常用来组织建筑体量或构件(例如阳台、柱子等),见图 3.69 和图 3.70。

图 3.69　威尼斯总督府立面的节奏

图 3.70　美国杜勒斯机场候机楼

（8）韵律

韵律是一种既变化又重复的现象,饱含动感和韵味,见图3.71—图3.73。

图3.71 佛塔的韵律　　　图3.72 伦敦奥运会场馆方案之一　　　图3.73 穿斗式建筑群

3.3.2 常用的一些建筑艺术创作手法

（1）仿生或模仿

仿生是模拟动植物形态来塑造建筑,模仿是通过仿制人们熟悉的造型来塑造建筑,见图3.74—图3.76。

图3.74 1976年蒙特利尔奥运会主场馆　　　　图3.75 仿生

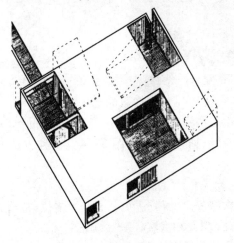

图3.76 模仿　　　　　　　图3.77 加法与减法示意

（2）造型的加法和减法

"加法"是在设计时对建筑体量和空间采取逐步叠加和扩展的方法,见图 3.77 虚线部分; 而"减法"是在设计时对已大体确定的体量或空间采用逐步删减和收缩的方法,见图 3.78。 两种方法同时使用,可使建筑形式产生无穷变化,见图 3.79。

图 3.78　以"减法"形成的立面效果

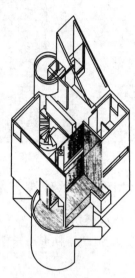

图 3.79　共同作用效果

（3）母题重复

母题重复的特点是将某种元素或特征反复运用,不断变化,不停地强调,直到产生强烈的 效果,见图 3.80—图 3.82。这些元素可大可小,还可以是片段,变化丰富又效果统一。

图 3.80　帕拉提奥母题　　图 3.81　以圆形作为母题　　图 3.82　以色列的"外星屋"

（4）基于网格或模数的统一变化

基于网格或模数的统一变化,是借助单一的元素,通过多样组合产生丰富变化,同时又保 持其特性,见图 3.83 和图 3.84。这种方法与母题重复不一样,特点是重复时元素的大小 不变。

（5）错位

在造型、表面或认知习惯上的错位,常给人新奇的印象,见图 3.85 和图 3.86。

（6）象征和寓意

象征就是用具体的事物表达抽象的内容。例如用莲花代表佛学和佛教,见图 3.87;如柏林

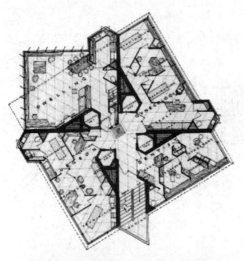

图3.83 三角形或平行四边形网格

图3.84 以单一体量作为模数

图3.85 元素排列上的错位

图3.86 认知习惯或观念的错位

犹太人纪念馆的平面造型(图3.88),出自第二次世界大战前许多著名犹太人在柏林的住处的分布图形,既象征着已被战争毁掉的过去,也与场地能很好地协调;又如美国越战纪念碑造型(图3.89),按照设计师的解释,像是地球被战争砍了一刀,象征战争在人们心中造成的不能愈合的伤痕;再如南京中山陵(图3.90),其总平面设计图为钟形,寓意警钟长鸣,应革命不止。

图3.87 佛教建筑

图3.88 柏林犹太人纪念馆

(7)缺损与随意

这种手法打开了人们的想象空间,激发了人们欲将其回归完美的冲动,使作品有了更丰

图 3.89　美国越战纪念碑

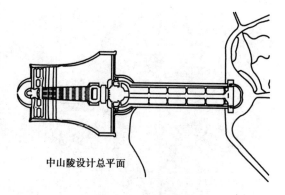

中山陵设计总平面

图 3.90　象征手法

富的内涵,见图 3.91 和图 3.92。

（8）扭曲与变形

这种手法带有夸张的成分,是设计师对建筑造型另辟蹊径的尝试,它拓展了人们对建筑艺术新的认知,见图 3.93。

图 3.91　柏林犹太人纪念馆

图 3.92　珠宝店门面

图 3.93　扭曲与变形实例

（9）分解重组

如美国新奥尔良的意大利广场,将典型的古罗马建筑的元素提取出来,作为符号组装进现代建筑之中,形成既传统又现代的风格,见图 3.94。再如法国拉维莱特公园的设计,先将公园的功能分解为点(公园附属的配套设施)、线(各种交通线)和面(如水面、硬化地面和绿化地面等)的独立系统,分别进行理想化的、追求完美的设计,见图 3.95;随后又将 3 个系统叠加组合起来,使之产生偶然或矛盾冲突的非理性效果,见图 3.96。公园里的 50 个配套设施建筑"点",也是将简单几种造型分解后,再重新组合,从而使不多的构件类型也能组合变化出万千建筑造型,见图 3.97。

（10）表面肌理设计

表面肌理类似建筑的外衣,是建筑形象的重要组成要素,见图 3.98—图 3.100。

（11）对光影的塑造

光影能赋予建筑空间特殊的效果和氛围,见图 3.101—图 3.103。

图 3.94　新奥尔良的意大利广场

图 3.95　拉维莱特公园"点"的组成元素

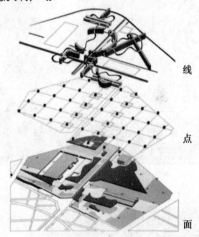

线

点

面

图 3.96　拉维莱特公园的 3 个系统

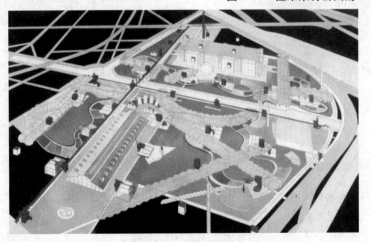

图 3.97　拉维莱特公园 3 个系统叠合的结果

图 3.98　表面肌理

图 3.99　上海世博会波兰馆

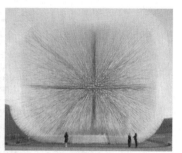

图 3.100　上海世博会英国馆

图 3.101　日本"光之教堂"

图 3.102　罗马万神庙

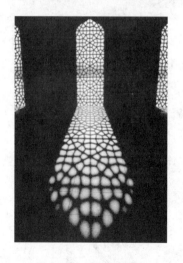

图 3.103　教堂玻璃窗

图 3.104　阳台转角位置的渐变

（12）渐变

渐变是指建筑基本形或组成元素逐渐地变化,甚至从一个极端微妙地过渡到另一极端。渐变的形式给人很强的节奏感和审美情趣,见图 3.104—图 3.106。

图3.105　立面遮阳板的渐变

图3.106　立面色彩明度的渐变

3.3.3　建筑的风格流派

建筑的艺术性也体现在各种设计风格与流派方面,例如现代主义和后现代派。一些有代表性的风格流派如下:

(1)功能派

其特点是凭借由纯几何体,以及钢筋与玻璃(特别是模板痕迹显露的素混凝土外观),使建筑物形象及材料样貌清晰可见。功能派认为"建筑是住人的机器"和"装饰就是罪恶",推崇"少就是多",代表作有萨伏耶别墅等,见图3.107。

(2)粗野主义

粗野主义是以比较粗犷的建筑风格为代表的设计倾向。其特点是着重表现建筑造型的粗犷、建筑形体交接的粗鲁、混凝土的沉重和毛糙的质感等,并作为建筑美的标准之一,见图3.108。

(3)高技术派

高技术派的作品着力突出当代工业技术成就,崇尚"机械美",在室内外刻意暴露梁板、网架等结构构件以及风管、线缆等各种设备和管道来强调工艺技术与时代感。例如法国巴黎蓬皮杜国家艺术与文化中心,见图3.109。

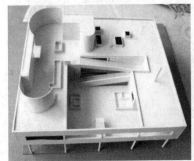

图3.107　萨伏耶别墅模型

图3.108　印度昌迪加尔立法议会大厦　　图3.109　法国蓬皮杜中心

(4)典雅主义

典雅主义的特点是吸取古典建筑传统构图手法,比例工整严谨,造型简练精致,通过运用传统美学法则来使现代的材料与结构产生规整、端庄、典雅的美感,见图3.110和图3.111。

图 3.110　美国在新德里的大使馆

图 3.111　格雷戈里联合纪念中心

（5）白色派

白色派的作品以白色为主，具有一种超凡脱俗的气质和明显的非天然效果，对纯净的建筑空间、体量和阳光下的立体主义构图和光影变化十分偏爱（见图 3.112），代表人物有理查德·迈耶等。

（6）后现代

建筑的"后现代"是对现代派中理性主义的批判，主张建筑应该具有历史的延续性，但又不拘于传统，不断追求新的创作手法，并讲求"人情味"。"后现代"常采用混合、错位、叠加或裂变的手法，加之象征和隐喻的手段，去创造一种融感性与理性、传统与现代、行家与大众于一体的，"亦此亦彼"的建筑形象，代表人物有美国的迈克尔·格雷夫斯，其代表作见图 3.113 和图 3.114。

（a）道格拉斯住宅　　　　　（b）史密斯住宅　　　　　（c）千禧教堂

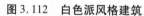

图 3.112　白色派风格建筑

图 3.113　波特兰市政厅　　　　　图 3.114　海豚天鹅度假酒店

3.4 建筑的文化性

前面提到,建筑的文化性体现在它的民族性、地域性和传统性方面。在中国,官式建筑(含宫廷建筑)和各地典型的民居和文化类建筑最具代表性,它们都是民族或地域文化的产品和载体。

3.4.1 官式建筑

官式建筑类似于今天的公共建筑,主要包括宫廷建筑、衙门建筑、寺庙建筑等。它以木制抬梁结构为主,斗拱这种建筑构件是其特色之一。官式建筑大多由下而上呈三段式,即基座、墙身、屋顶。中国古典建筑等级森严,体现在建筑规模、屋顶样式、建筑色彩以及彩绘类型诸多方面。例如,重檐庑殿等级最高,太和殿有 11 间,规模不可僭越(图 3.115);又如,明、清两代曾明文规定只有皇帝的宫室、陵墓建筑及奉旨兴建的寺庙才准使用黄色琉璃瓦;再如,和玺彩画只能用于皇族专用的重要建筑,或皇帝特批的其他建筑等,画面充斥着龙凤图案(图3.116),而其他的建筑只可以采用璇子彩画或苏式彩画。

图 3.115　太和殿

图 3.116　和玺彩画

3.4.2 典型的中国传统民居

中国地域广阔、民族众多,各具特色的民族文化融汇成为灿烂的中华文化,遍布全国各地的民居,是物质文化的重要组成部分。中国传统居民中较典型的类型如下:

(1)穿斗式民居

穿斗式民居在南方较多见,墙上遍布的小木柱和木枋是其特色。木枋和木柱相互穿插,构成木框架,木构件断面尺度小,建筑的空间也不大(见图 3.117 和图 3.118)。

(2)抬梁式

抬梁式结构是中国古代木结构的一种主要形式,多见于官式建筑中,其木构件断面尺度较大,木梁直接搁置在柱顶上,建筑也具有较大的进深和宏阔的架构,成为权力和地位的代表。北方独特的气候也让抬梁式成为官式住宅乃至民居的选择,见图 3.119 和图 3.120。

(3)井干式民居

井干式民居常见于木材资源丰富地区,例如山区和森林里,它的墙体全部由木材甚至原木建成,具有冬暖夏凉的特点,见图 3.121。

图 3.117　穿斗式民居内部

图 3.118　穿斗式民居外部

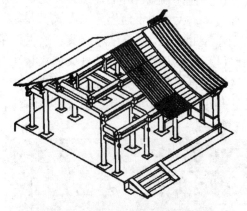

图 3.119　抬梁式建筑

图 3.120　抬梁式建筑内部

图 3.121　井干式传统建筑

图 3.122　毡包

（4）毡包

毡包是游牧（猎）民族（如蒙古族、哈萨克族、达斡尔和鄂伦春族等）的传统住房，一般为穹窿形或圆锥形，用条木结成网壁与伞形顶，上盖毛毡或兽皮，顶中央有天窗通风透气，易于拆卸和安装，便于迁移，见图 3.122。

（5）干栏式

干栏式民居多以竹木建造，一般是两层，下层架高养殖动物和堆放杂物，上层供人居住使用，见图 3.123。

图 3.123　干栏式建筑

图 3.124　藏区高碉

（6）碉楼

碉楼的特色是兼具居住和防卫功能，代表性的碉楼有藏区高碉和广东开平碉楼。藏区高碉融入了藏族人们的生活方式和历史变迁。开平碉楼融合了汉族传统的乡村建筑文化，也融合进了华侨文化，见图 3.124。

（7）阿以旺

"阿以旺"是维吾尔族典型的民居，维语"阿以旺"的意思是"明亮的处所"，这种民居将若干房间连成一片，庭院在四周。带天窗的前厅称"阿以旺"，又称"夏室"，有起居、会客等多种用途。还有称"冬室"的房间，是卧室，通常不开窗。民居依据地形灵活布置，见图 3.125 和图 3.126。

图 3.125　阿以旺民居

图 3.126　阿以旺内部

图 3.127　下沉式窑洞

图 3.128　靠崖式窑洞

图 3.129　福建永定土楼

（8）窑洞

窑洞是中国黄土高原上的一种典型民居。人们利用高原有利的地形,凿洞而建,创造出被称为绿色建筑的窑洞建筑。窑洞有靠崖式窑洞、下沉式窑洞、独立式窑洞等形式,其中靠崖窑应用较多,见图 3.127 和图 3.128。

（9）土楼

土楼是利用泥沙混合加工后的材料,以夹墙板夯筑而成墙体,与木结构的楼面及屋面组成的一种民居形式,以两层以上的房屋居多。中国的土楼是世界独一无二的大型民居形式,被称为中国汉族传统民居的瑰宝,见图 3.129。

（10）四合院

四合院是中国的一种传统合院式建筑,其特点是围绕院子四面建房,从四面将庭院合围在中间。建筑和格局体现了以前中国传统的尊卑等级和伦理道德思想、八卦以及阴阳五行学说等,是中国传统文化在建筑上的体现,见图 3.130。

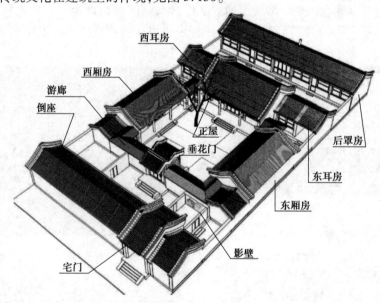

图 3.130　四合院

以上仅仅是中国丰富的传统建筑类型的一些典型而已,而这些类型又会依据地形气候等自然条件的不同,演变出万千形式,是建筑设计师取之不尽的建筑文化艺术源泉。

3.4.3　中国独有的文化建筑

中国独有的文化建筑或建筑形制(如宗祠、牌坊、戏台、道观、书院、园林等),也体现了礼制、天人合一宇的宙观、崇文、先哲崇拜等民族文化传统,见图 3.131—图 3.136。

图 3.131　宗祠

图 3.132　牌坊

图 3.133　戏台

图 3.134　道观

图 3.135　书院

图 3.136　园林

3.4.4　当代建筑对传统建筑文化艺术的传承

（1）苏州新博物馆

贝聿铭设计的苏州新博物馆,将建筑与苏州传统的城市机理融合在一起,博物馆屋顶设计的灵感来源于苏州传统建筑的飞檐翘角与细致入微的建筑细部。玻璃屋顶和石屋顶的构造系统源于传统的屋面,过去的木梁和木椽构架系统被现代的开放式钢结构、木作和涂料组成的顶棚系统所取代。怀旧的木作构架在玻璃屋顶之下作为光栅被广泛使用,以便遮挡和过滤进入展区的太阳光线,使之变得柔和。整个建筑中传统建筑元素无处不在,但却是以现代技术来建造,见图3.137。

(a)庭院　　　　　　　　　　　　　　(b)内部走道

图3.137　苏州博物馆

(2)新中式建筑

新中式建筑是在我国产生的一种新的建筑形式,它既师承中国传统建筑,又推动了传统建筑的发展;既保持了文化艺术精髓,又融合了现代建筑元素与设计手法,并改变了传统建筑的功能,给予其新的定位,见图3.138。

(a)建筑群和庭院　　　　　　　　　　(b)建筑立面及细部

图3.138　新中式建筑

值得一提的是,国外建筑师也创作过许多成功的、力求将本国传统建筑文化与当代建造技术完美结合的作品,例如日本的丹下健三和他的作品代代木体育馆,见图3.139。体育馆整个建筑特异的外部形状加之装饰性的表现,似乎可以追溯到作为日本古代原型的神社形式,丹下健三在这里最大限度地发挥出将材料、功能、结构、文化高度统一的杰出创造才能。

再如芝柏文化中心,它属于"新地域主义"设计思潮的代表作之一,既现代又很好地传承了当地的建筑文化(见图3.140)。其建筑类似不完善的编织品造型,还暗喻当地正不断发展的文化。

(a)代代木体育馆

(b)体育馆入口

图3.139 代代木体育馆

(a)建筑群

(b)建筑模型

图3.140 芝柏文化中心

3.5 建筑的创新性和先进性

　　建筑设计具有技术的特征,同时为满足人们美学欣赏的需要,又具有艺术的特征,比如唯一性、时尚性和以美为设计创作目的等。唯一性使大型的艺术性较高的建筑不得重复,可以借鉴但不许抄袭。借鉴是深刻理解后的应用,而抄袭是不加扬弃地全盘接收,它违背了艺术创作的精神——真诚、独立、自由。

　　某些经典建筑不经意地成为了后人设计的样板,或成为大家追逐的一种时尚,例如文艺复兴晚期帕拉迪奥的代表作品维晋察的圆厅别墅,就是19世纪直到20世纪初建筑师竞相模仿的对象,比较著名的还有美国的白宫和哥伦比亚大学的"低记忆图书馆"等。

3.5.1 建筑设计创新

　　①建筑形态创新:是指人们在设计中,尝试采用不同的构思方法,形成与其他建筑都不同的更新颖的形态。

　　②建筑功能创新:是指在设计和建造过程中,为使建筑满足人们新的使用需要,而采用新的途径和新的方法来建造新建筑。

③建筑技术创新:是指人们在建造的过程中采用新手段。建筑在形态和功能上的创新离不开新技术的支持,现有建筑技术条件决定着建筑设计创新的走势与趋向,而建筑技术的创新受到社会经济等方面的影响。

3.5.2 现代建筑设计的创新策略

(1)建筑设计与城市发展相结合

现代建筑设计应尊重环境的多样性与整体性,将建筑与城市发展相结合并融为一体,创造整体艺术形象,这是现代建筑设计对环境文理与城市文脉的充分尊重与认同。

(2)建筑设计应充分体现人文精神

建筑的人文趋向体现了现代人文精神的追求,也是与人们自豪感相结合的全新美学意向,它们均通过城市现代化建筑反映出来。

(3)现代建筑的智能发展趋向

现代建筑的智能化就是将智能型计算机、智能保安、多媒体现代通信和环境监控等技术与建筑艺术相融合。在智能建筑中,人们能够获得现代化的办公条件与通信手段,室内物理环境可以自动调节,能最大限度地减少能耗并创造更加人性化的室内环境。

(4)应用数字化技术

借助计算机网络技术的发展进步,人们可以足不出户地实现在家中购物、休闲、学习、工作等。西方发达国家的 SOHO 住宅概念已传入我国,它融合了高科技和网络应用的设计理念,在家办公亦成为现代住宅的一项必备功能。这种模式通过网络连接,实现了独立、自由的工作方式。数字化的住宅除了给人们的学习、工作带来自由外,还有效地节省了城市的办公建筑占地面积,减少了环境污染,缓解了城市的交通压力等。

(5)实现生态可持续发展

随着生态可持续发展概念的提出,现代建筑也开始趋向于生态建筑发展的方向,生态建筑的建设需要建筑师与其他专业工程师的共同配合。尽量降低能源消耗,提高资源循环利用,充分利用太阳能、风能等减少环境污染,是生态建筑采取的技术策略。

创新是建筑师的一种责任,更是一种态度,需要设计师注重自身素质的提高和各种自然知识的积累。创新是有创意的建筑师个体内部隐含着的一些要素,通过长期积累,在合适状态下的实现。创作灵感是可遇而不可求的,这就像画家在创作前都要经过大量的写生与临摹一样,创新的源泉都在平常的生活之中。

复习思考题

1.简述民用建筑设计的要点。

2.简述形式美法则。

3.简述建筑的创作手法。

4.强化建筑文化特征的途径有哪些?

5.什么是传统文化与当代建造技术的结合?

6.中国独特的文化建筑有哪些?

习　题

一、判断题

1. 建筑的经济性,主要指设计应认真考虑建造的成本。　　　　　　　　　(　　)

2. 好的建筑属于艺术品,应该大量复制和推广。　　　　　　　　　　　(　　)

3. 受《著作权》法保护的建筑,是以建筑物或者构筑物形式表现的有审美意义的作品。
　　　　　　　　　　　　　　　　　　　　　　　　　　　　　　(　　)

4. 在中国大多数地区,好朝向是指南北朝向,能使建筑内部能获得好的采光和通风、好的景观和节能效果。　　　　　　　　　　　　　　　　　　　(　　)

5. 保证建筑的日照,是为了大量节省能耗。　　　　　　　　　　　　　(　　)

6. 建筑留出足够的防火间距,是为了便于进行消防扑救。　　　　　　　(　　)

7. 丘陵地区建筑群的总平面布置,可以不做竖向设计,但山地必须做。　(　　)

8. 出入口的大小和数量设计,以满足人们通过的需要为主要目的。　　　(　　)

9. 视听要求较高的大型公共建筑平面,采用矩形较为理想。　　　　　　(　　)

10. 住宅内部的空间通常采用并列式组合。　　　　　　　　　　　　　　(　　)

11. 总平面图主要描述建筑与环境的关系。　　　　　　　　　　　　　　(　　)

12. 建筑的保温和隔热,在设计和构造上是一回事。　　　　　　　　　　(　　)

13. 建筑距离高压线的距离,按照规定应是一样的。　　　　　　　　　　(　　)

14. 建筑场地的道路系统,一般有 2 个。　　　　　　　　　　　　　　　(　　)

15. 不同用途的办公用房,其面积大小的确定,国家或行业标准里,一般有相关指标。
　　　　　　　　　　　　　　　　　　　　　　　　　　　　　　(　　)

二、选择题

1. 建筑立面的重点处理常采用(　　)手法。

　A. 对比　　　　　B. 均衡　　　　C. 统一　　　　　D. 韵律

2. (　　)是建筑外部环境的组成要素。

　A. 内部空间　　　B. 水文条件　　C. 电梯　　　　　D. 防火门窗

3. 建筑在场地的位置布置不当,就可能(　　)。

　A. 交通方便　　　　　　　　　B. 采光通风好

　C. 增加施工土方量　　　　　　D. 增加私密性

4. 在我国,(　　)属于北方地区,设计要考虑冬季避风的问题。

　A. 东北和华北　　　　　　　　B. 长江以北

　C. 黄河以北　　　　　　　　　D. 秦岭与淮河以北

5. 居住小区内的道路转弯缘石半径不得小于(　　)。

　A. 4 m　　　　　B. 6 m　　　　　C. 10 m　　　　D. 12 m

6. 场地竖向设计主要内容是确定(　　)。

　A. 道路走向　　　B. 建筑布置　　C. 房屋间距　　D. 设计高程

7. 房间平面大小的设计,应该考虑(　　)。

A. 通风　　　　　B. 日照　　　　　C. 室内布置　　　D. 保温

8. 门厅的主要用途是(　　　)。

A. 展示　　　　　B. 运输　　　　　C. 集散人流　　　D. 客人休息

9. 矩形平面房间的优点是(　　　)。

A. 美观　　　　　　　　　　B. 便于室内布置

C. 构建尺寸小　　　　　　　D. 容易布置门窗

10. 空间序列设计属于(　　　)设计。

A. 二维空间　　B. 三维空间　　C. 四维空间　　D. 交通组织

三、填空题

1. 建筑师设计应解决好防灾和＿＿＿＿＿＿＿等问题,保证＿＿＿＿＿＿＿的牢固,而建筑主体结构的牢固和使用安全,归＿＿＿＿＿＿＿负责。

2. 受《著作权》保护的建筑作品,是指以建筑物或者构筑物形式表现的＿＿＿＿＿＿＿的作品。

3. 建筑与规划红线、＿＿＿＿＿＿＿、建筑控制线之间,与道路之间等,应留有＿＿＿＿＿＿＿。

4. 建筑内部应能获得足够的采光和日照,才＿＿＿＿＿＿＿,并且＿＿＿＿＿＿＿。

5. 设置建筑之间防火间距的主要目的,是避免＿＿＿＿＿＿＿的时候,危及＿＿＿＿＿＿＿。

6. 若干＿＿＿＿＿＿＿组成居住小区;若干居住小区组成＿＿＿＿＿＿＿;若干＿＿＿＿＿＿＿组成一个城市。

7. ＿＿＿＿＿＿＿点,是国家标准规定的,观众厅内每个观众都能看到的那一点。

8. 设计尺寸应尽量符合＿＿＿＿＿＿＿,使得易于建造,节省＿＿＿＿＿＿＿,利于工业化生产。

9. 层高是指＿＿＿＿＿＿＿的高度,净高是指下层楼地面到上层＿＿＿＿＿＿＿或＿＿＿＿＿＿＿或吊顶底部的高度。

11. 空间穿套,是指若干空间＿＿＿＿＿＿＿,不需要专门的＿＿＿＿＿＿＿就组合成空间群体。

四、简答题

1. 建筑在总平面布置的时候,应注意留足哪些间距?

2. 居住小区的人行道和车行道之间的关系如何?

3. 视听要求较高的房间,设计应注意哪些要点?

4. 政府办公建筑设计,对各类办公室大小的确定,主要有什么依据?

5. 公共建筑内部的公共卫生间设计时,卫生洁具数量的确定,除了考虑使用人数,还要考虑什么?

6. 视听空间剖面高度的确定,主要须考虑什么要求? 应保证什么参数的大小适量?

7. 建筑的形式美法则有哪些?

8. 中国古代建筑的彩画有什么类型? 各主要用于什么建筑?

9. 比较抬梁式与穿斗式木构建筑的主要区别。

10. 建筑的创新主要体现在哪些方面?

五、作图题

1. 设计一个两层 360 m² 的别墅方案,出齐全部的方案图纸文件,并进行客厅、主卧室、厨房和主要卫生间的室内布置,同时绘制平面布置图。

2. 设计一个教学楼的公共卫生间,可供 400 人使用,并绘制平面图。

3. 手绘建筑布局必须考虑的一些间距的示意图。

<big>**4**</big>

建筑的技术性和经济性

[本章导读]
通过本章学习,应熟悉建筑设计与建造的有关技术手段和重要技术参数,包括内部环境的有关指标及保障措施;熟悉保障建筑建造和使用安全的措施;了解常用建筑结构的特点及适用范围,了解如何控制建造的成本等。

4.1　建筑的内部环境与工程技术

绝大多数建筑建造的终极目的,是营造适宜人类活动和有益身心健康的内部空间环境。环境与人有着互动关系,好的环境应使人们在生理上感到舒适,在心理上感到愉悦,从而在意志上乐不思蜀,在行为上流连忘返。环境的营造应首先从使人们能够获得良好的感受着手,包括好的视觉、听觉、嗅觉、触觉甚至味觉感受。

工程技术是保障建筑内部环境质量、建筑的牢固、安全使用和降低造价的手段。内部环境的营造也需获得相应的建筑技术的支撑,才能达到设计目的。

4.1.1　视觉效果设计

视觉效果设计的目的,是使建筑内部环境能符合人们的视觉规律,满足各项活动对视觉效果的要求。与人的视觉感受和效果密切相关的因素有如下几种:

（1）人的视距和视角

对观看效果要求高的场所,例如剧场、电影院乃至教室等,国家标准有明确规定。例如电影院设计的一些主要设计参数要求,见图4.1和表4.1。

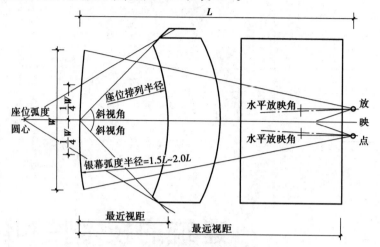

图4.1 电影院的视觉效果要求

W—银幕最大画面宽度,m;L—放映距离,m。

表4.1 观众厅视距、视点高度、视角放映角及视线超高值

项目\电影院等级	特 级	甲 级	乙 级	丙 级
最近视距/m	≥0.60W	≥0.60W	≥0.55W	≥0.50W
最远视距/m	≤1.8W	≤2.0W	≤2.2W	≤2.7W
最高视点高度/m	≤1.5	≤1.6	≤1.8	≤2.0
仰视角/(°)	≤40		≤45	
斜视角/(°)	≤35	≤40	≤45	
水平放映角/(°)	≤3			
放映俯角/(°)	≤6			
视线超高值/m	C 值取 0.12 m,需要时可增加附加值 C'			C 值可隔排取 0.12 m

（2）环境的照度

照度是一个物理指标,用来衡量作业面上单位面积获得的光能的多少,单位是 Lx。而计量光能多少的单位是 Lm,照度单位即是 Lm/m^2。作业面是人们从事各种活动时,手和视线汇集的地方,或场所里最需要照明的部位,如教室的课桌面、工厂的操作台面等。

各种场所的作业面高度,在国家标准《建筑照明设计标准》(GB 50034—2013)中有明确规定,例如对住宅建筑的规定见表4.2。光能是由光源呈圆锥角发送出来,因此离光源越近,单位面积获得的光能越密集,照度越高,这说明了为什么离灯越近的东西被照得越发明亮。照度由人工照明或天然采光保证,人工照明设计由电气照明工程师负责,而天然采光可以通过建筑设计、控制采光屋面和窗洞口的面积等来实现,如"窗地比"的要求,参见《建筑采光设计标准》(GB/T 50033—2001)。

窗地比是指房间窗洞口面积与该房间内的净面积之比,按照规定,住宅内主要房间的窗地面积比不应小于1/7(《住宅建筑规范》GB 50096—2011);办公楼内主要房间为1/5~1/3.5(《办公建筑设计规范》2006年版)。

表4.2　住宅建筑照明标准值　　　　单位:Lx

房间或场所		参考平面及高度	照度标准值	显色指数 Ra
起居室	一般活动	0.75 m 水平面	100	80
	书写、阅读	0.75 m 水平面	300	80
卧室	一般活动	0.75 m 水平面	75	80
	书写、阅读	0.75 m 水平面	150	80
餐厅		0.75 m 餐桌面	150	80
厨房	一般活动	0.75 m 水平面	100	80
	操作台	台面	150	80
卫生间		0.75 m 水平面	100	80
电梯前厅		地面	75	60
走道、楼梯间		地面	30	60
公共车库	停车位	地面	20	60
	行车道	地面	30	60

注:①宜用混合照明。

②引自国家标准《建筑照明设计标准》(GB 50034—2013)。

（3）光源的色彩与室内环境氛围

人们用黑体的色温来描述光源的色彩。能把落在它上面的辐射全部吸收的物体称为黑体,黑体加热到不同温度时会发出的不同光色。例如,某一光源的颜色与黑体加热到绝对温度5 000 K(华氏温度,开尔文)时发出的光色相同,该光源的色温就是5 000 K。在800~900 K时,光色为红色;3 000 K时为黄白色;5 000 K左右时呈白色;8 000~10 000 K时为淡蓝色。人们对光源的色彩与室内环境有着习惯的对应关系,见表4.3。

表4.3　光源色表分组

色表分组	色表特征	相关色温/K	适用场所举例
Ⅰ	暖	<3 300	客房、卧室、病房、酒吧、餐厅
Ⅱ	中间	3 300~5 300	办公室、教室、阅览室、诊室、检验室、机加工车间、仪表装配
Ⅲ	冷	>5 300	热加工车间、高照度场所

注:引自《建筑照明设计标准》(GB 50034—2004)。

（4）视线遮挡

大量性修建的居住建筑，为节省土地，在保证日照或防火等间距要求的前提下，相互之间的距离大多都尽可能缩小，因此众多住户之间普遍存在视线相互干扰的问题，日常起居均感到不便。然而设计时许多建筑忽略了这个问题，导致住户入住后，为保护隐私常需拉满窗帘，从而影响室内的采光和通风（图4.2）；如果采用人工照明和通风，又会造成能源的浪费；即使是住户入住后采取贴膜的方法解决这个问题，也会增加不必要的费用。

如果在设计时就确定外墙窗采用磨砂、压花和磨花玻璃等（图4.3），并与滑拉窗扇结合，就可较简便或较好地解决这一问题。这一类玻璃既挡视线又可采光，窗扇开启一些还可以通风透气。同样，这种措施也适用于写字楼内部的玻璃隔断，可避免办公用房使用上的不便，同时减少内部二次装修形成的浪费。

图4.2　虽挡视线但影响采光通风的窗帘

图4.3　平白玻璃与磨砂玻璃的外墙窗比较

4.1.2　听觉效果设计

听觉效果的设计目的主要是降低和控制环境噪声，保证足够的音量和声音的质量。声音的质量主要体现在技术指标"混响"声方面。

1）降低环境噪声

降低环境噪声是指通过隔离噪声源、减少噪声传播，使室内外环境的噪声值，达到国家标准《民用建筑隔声设计规范》（GB 50118—2010）和《民用建筑设计通则》（GB 50352—2012版）的规定。例如对一般民用建筑的规定，见表4.4。

表4.4　室内允许噪声级（昼间）

建筑类别	房间名称	允许噪声级（A 声级，dB）			
		特级	一级	二级	三级
住宅	卧室、书房	—	≤40	≤45	≤50
	起居室	—	≤45	≤50	≤50
学校	有特殊安静要求的房间	—	≤40	—	—
	一般教室	—	—	≤50	—
	无特殊安静要求的房间	—	—	—	≤55

建筑类别	房间名称	允许噪声级（A 声级,dB）			
		特级	一级	二级	三级
医院	病房、医务人员休息室	—	≤40	≤45	≤50
	门诊室	—	≤55	≤55	≤60
	手术室	—	≤45	≤45	≤50
	听力测听室	—	≤25	≤25	≤30
旅馆	客房	≤35	≤40	≤45	≤55
	会议室	≤40	≤45	≤50	≤50
	多用途大厅	≤40	≤45	≤50	—
	办公室	≤45	≤50	≤55	≤55
	餐厅、宴会厅	≤50	≤55	≤60	—

注:夜间室内允许噪声级的数值比昼间小 10 dB(A)。

2)搞好室内的音质设计

室内音质设计是依一个固定程序,一步接一步按照顺序完成的。其步骤如下:

(1)确定建筑空间的用途

因为用途不同,对音质的要求不同,所以对混响时间长短的需要就不同。混响是指一个声源发出声音,达到稳定状态后突然停止,其声能衰减 60 dB 所花的时间。室内的混响时间越短,声音越清晰,直至干涩;混响越长,声音越饱满,直至含混。因此,以语言为主的室内,要求混响偏小;以音乐声为主的,要求混响偏长。影响混响长短的因素主要是空间容积,室内每座(每人)的容积越高,混响越长,见图4.4。还有就是原声与电声厅堂的要求不同,电声是指借助电声设备,对声源的声音进行修饰和放大后的结果;原声是指人或乐器的自然发声,如果不借助电声,其声能和响度都是有限的,此时空间容积就不宜过大,以免声音太小不能满足要求。

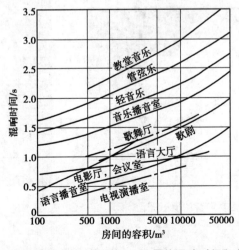

图 4.4　各种用途厅堂的中频(500 Hz)最佳混响时间和容积的关系

（2）确定空间合适的形状

确定空间合适的形状可以避免声缺陷，使音质不致受损。声缺陷主要包括以下几类：

①声影。障碍物会阻挡声能的传播，使背后的区域形成所谓"声影"区，见图4.5。

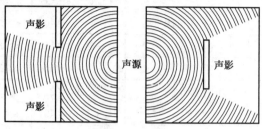

图4.5　声影

②回声。直达声到达后50 ms以内到达的反射声会加强直达声，直达声到达50 ms后再到达的"强"反射声会产生"回声"，见图4.6。

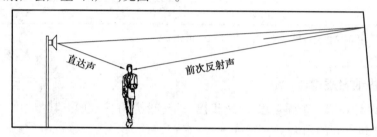

图4.6　直达声与反射声

③颤动回声。声音在两个平行界面间或一平面一凹面之间会发生反射，界面之间距离大于一定数值时，所形成的一系列回声称为颤动回声。因此在视听空间内，一般在平面和剖面都很少有平行界面。

④声聚焦。声能遇到凹形界面反射，反射声能会集中到一个小的区域，使空间或场地的声能分布不均而影响音效，见图4.7。

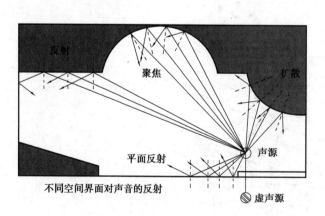

图4.7　空间界面对声音的反射图

图4.8　天坛回音壁的声爬行现象

⑤声爬行。声波会沿圆形平面的墙体逐渐反射爬行,最后又到达声源起点,这种现象会使墙体附近的观众感到声源位置难以捉摸。例如天坛回音壁的声爬行现象,见图4.8。此外,还有声反馈、声耦合、简振等。

（3）确定空间容积

空间容积与混响时间成正比关系。确定空间容积的大小需要确定两个指标：一是空间特定的使用功能对最大容积的限制；二是应根据使用功能先确定人均容积,再确定空间容积。室内混响计算公式伊林公式为 $T_{60} = -0.161V/[S \ln(1 - \overline{\alpha}) + 4mV]$。

（4）合理布置声学材料

无论是自然声还是电声厅堂,在厅堂内布置的装修和吸声材料,在舞台（主席台）周围界面,应以反射材料（质地密实）为主；舞台正对的墙面,因为易产生回声,以吸声材料或构造为主；两侧墙面及部分吊顶,以扩散和吸声为主,见图4.9。普通的视听空间如大型会议室等,可采用 SLM 吸声扩散材料做墙和吊顶的装修,以改良室内音质。

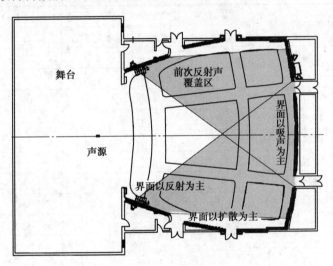

图4.9　剧场各界面的声学特点

（5）确定"理想的频率特性曲线"

依据空间的用途和规模,先找到500 Hz（中频）的混响（图4.4）,再依据其和其他频率和谐比例关系（图4.10）,求出125,250,1 000,2 000,4 000 Hz 这几个倍频程的混响值,光滑连接这些数值得到的曲线,即"理想的频率特性曲线"。它可用作设计追求的效果和混响设计的依据。

（6）室内混响计算

利用伊林公式,按照一定程序,计算厅堂的满场及空场的频率特性曲线,与理想的曲线比较,再根据结果对设计作调整,直至满足要求,见表4.5。

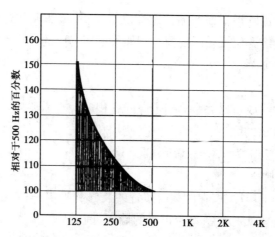

图 4.10　中频(500 Hz)与其他倍频程之间较好的比例关系

表 4.5　室内混响计算表格

项目		材料与安装位置	面积 S/m^2	125		250		500		1 000		2 000		4 000	
				α	S_α	α	S_α	α	S_α	α	S_α	α	S_α	α	S_α
墙面		材料1													
		材料2													
		⋮													
地面		材料1													
		材料2													
		⋮													
顶		材料1													
		材料2													
		⋮													
其他		材料1													
		材料2													
		⋮													
	X	室内基本吸声量 $\sum S\alpha$	S	$\sum S_\alpha 125$		$\sum S_\alpha 250$		$\sum S_\alpha 500$		$\sum S_\alpha 1\,000$		$\sum S_\alpha 2\,000$		$\sum S_\alpha 4\,000$	
空场混响	Y	座椅的吸声量													
	空场总吸声量 $\sum S_\alpha = X + Y$														
	空场的平均吸声系数 $=(X+Y)/S$														
	空场 $T_{60} = -0.161V/[\,S\ln(1-\bar{\alpha}) + 4mV\,]$														
满场混响	Z	观众坐在座椅上的吸声量													
	满场总吸声量 $\sum S_\alpha = X + Z$														
	满场的平均吸声系数 $=(X+Y)/S$														
	满场 $T_{60} = -0.161V/[\,S\ln(1-\bar{\alpha}) + 4mV\,]$														

注:α 为材料的吸声系数,S_α 代表吸收量(面积×吸声系数)。

3)原声厅堂与电声厅堂的声学设计差别

原声厅堂的室内声学设计,必须按照室内音质设计的步骤,确定空间形状,限定空间容积,布置各种材料,最终满足理想频率特性曲线(图4.11)的混响和其他音质要求。重要的电声厅堂也应照此程序先处理好室内音质,再配备合适的电声设备。一般小型的厅堂可作简单吸音处理,如采用 MLS 材料装修墙面等来改善室内的音质。

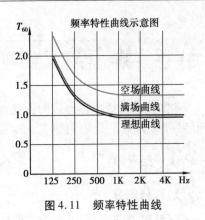

图4.11　频率特性曲线

4.1.3　触觉效果设计

室内环境中让人的触觉感到舒适的因素,包括材料、温度、湿度和空气流速等。在材料运用方面,可铺设地毯、室内装修采用"软包"等措施;又如在人们经常接触的地面和墙面采用蓄热系数高的装修材料,这些材料自身的温度变化缓慢,不易受外界温度急剧变化的影响,可始终让人感到舒适。对于住宅和办公建筑,合适的相关指标详见《室内空气质量标准》(GB/T 18883—2002),以及《民用建筑供暖通风与空气调节设计规范》(GB 50736—2012)。例如室内空气的物理指标,见表4.6。

表4.6　室内空气的物理指标

序号	参数类别	参　数	单　位	标准值	备　注
1	物理性	温度	℃	22~28	夏季空调
				16~24	冬季采暖
2		相对湿度	%	40~80	夏季空调
				30~60	冬季采暖
3		空气流速	m/s	0.3	夏季空调
				0.2	冬季采暖
4		新风量	$m^3/(h \cdot p)$	30	

注:h 代表小时,p 代表人。

4.1.4　环境卫生与有害物质控制

环境卫生与有害物质控制具体详见《室内空气质量标准》(GB/T 18883—2002)和《民用建筑供暖通风与空气调节设计规范》(GB 50736—2012)。为保持室内空气的清新,减少有害物质,国家标准以"换气量"这个指标来规定,室内环境应有足够的自然通风或机械送风。如表4.6 中规定为,每人每小时换气量(新风量)不低于 30 m^3。新鲜空气除有益健康外,还让人嗅觉舒适、心情舒畅。

4.2 建筑结构技术简介

建筑结构简称结构,是指在建筑中受力并传力的、由若干构件连接而构成的平面或空间体系,类似动物的骨骼系统。结构必须具有足够的强度、刚度和稳定性。

4.2.1 结构类型

1)按材料分

按材料不同,一般可分为木结构、砖石结构、混凝土结构、钢筋混凝土结构、钢结构、预应力钢结构、砖混结构等。

（1）木结构

木结构是指以木材为主制成的结构（图4.12）,一般用榫卯、齿、螺栓、钉、销、胶等连接。其优点是取材容易、加工简便,木结构自重较轻,便于运输、装拆,能多次使用;不足之处是易燃烧,且易受侵蚀及腐朽。木结构建筑已成为我国休闲地产、园林建筑的新宠,许多建筑、园林设计公司已经开始将木结构建筑作为体现自然趣味、增加商品附加值的首选。

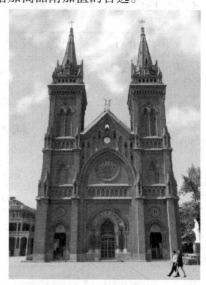

图4.12　木结构建筑　　　　　　　**图4.13　砖石结构建筑**

（2）砖石结构

砖石结构指用胶结材料（如砂浆等）,将砖、石、砌块等砌筑成一体的结构（图4.13）,可用于基础、墙体、柱子、烟囱、水池等。砖石结构具有就地取材、造价低、耐火性、耐久性好以及施工简便等优点,不足的是抗拉、抗剪强度低,抗震较差,砌筑劳动强度大,不利于工业化施工等缺点。此外,现在的"砖",仅指烧结砖一类,黏土砖因为耗能占地早已严禁使用。砖石结构是一种古老的传统结构,从古至今一直被广泛应用,如埃及的金字塔、罗马的斗兽场,我国的万里长城、河北赵县的安济桥、西安的大小雁塔、南京的无梁殿等,现在一般用于民用和工业建筑的墙、柱和基础等。

（3）素混凝土结构

素混凝土结构是由无筋或不配置受力钢筋的混凝土制成的结构。其优点是整体性好、可塑性好，可整体灌筑成各种形状和尺寸的结构；耐久性和耐火性好；工程造价和维护费用低。不足之处是：抗拉强度低，容易出现裂缝；结构自重比钢、木结构大；室外施工受气候和季节的限制；新旧混凝土不易连接，增加了补强修复的困难。

适用范围：广泛适用于地上、地下、水中的工业与民用，水利、水电等各种工程。

（4）钢筋混凝土结构

钢筋混凝土结构是指采用钢筋增强的混凝土结构（图4.14）。其优点是坚固、耐久、防火性能好、比钢结构节省钢材和成本低等；不足之处是自重大、费工、费模板、施工周期长，并受季节影响，补强修复困难。

适用范围：在土木工程中的应用范围极广，各种工程结构都可由钢筋混凝土建造。

图4.14　钢筋混凝土结构　　　　　　图4.15　钢结构

（5）钢结构

钢结构是以钢材制成的结构（图4.15）。如果型材是由钢带或钢板经冷加工而成，再以此制作的结构，则称为冷弯钢结构。钢结构由钢板和型钢等制成的钢梁、钢柱、钢桁架组成，各构件之间采用焊缝、螺栓或铆钉连接。其优点是质量轻、承载力大、可靠性较高、能承受较大动力荷载、抗震性能好、安装方便、密封性较好；不足之处是耐锈蚀性较差，需要经常维护，耐火性也较差。

适用范围：常见于跨度大、高度大、荷载大、动力作用大的各种工程结构中。

（6）预应力钢结构

预应力钢结构是指在结构负荷以前，先施以预加应力，使内部产生对承受外荷有利的应力状态的钢结构。其优点是钢结构可扩大工作范围、减少挠度，能更有效地利钢材性能，改善结构或构件的状况；不足之处是结构设计要求较高而且复杂。凡是钢结构适用的地方，都可以用预应力钢结构来取代，以改善结构性能和降低钢耗，尤其在跨度大、荷载重的情况下，预应力钢结构的经济效益更为显著。预应力钢结构广泛应用于大型建筑结构，如体育场馆、会展中心、剧院、商场、飞机库、候机楼等。

（7）砖混结构

砖混结构是指建筑物的墙、柱等采用砖或者砌块砌筑,梁、楼板、屋面板等采用钢筋混凝土构件的结构(图4.16)。其优点是便于就地取材,施工简单,不需要大型机械设备和造价低廉(图4.17),具有良好的耐火性和耐久性;不足之处是建筑的整体性差,抗震能力弱。砖混结构在我国应用较普遍,适合开间进深较小、房间面积小、多层或低层的建筑,楼高一般不超过6层。它与砖石结构的区别是:砖石结构的水平构件是用拱来替代。

图4.16 砖混结构房屋

图4.17 砖混结构施工

2)按构筑形式及构件组合形式分

按构筑形式及构件组合形式,一般分为砌体结构、墙板结构、现浇式墙板结构、装配式大板结构、框架结构、剪力墙结构、框架-剪力墙结构、筒体结构、壳体结构、网架结构、悬索结构、框架轻板建筑、大模板建筑、升板建筑和滑模建筑等。

（1）砌体结构

砌体结构是指在建筑中以砌体为主制作的结构(图4.18)。一般民用和工业建筑的墙、柱和基础都可采用砌体结构。烟囱、隧道、涵洞、挡土墙、坝、桥和渡槽等,也常采用砖、石或砌块砌体建造。其优点是容易就地取材;砖、石或砌块具有良好的耐火性和耐久性;砌筑时不需要模板和特殊的施工设备;砖墙和砌块墙体隔热和保温性能较好;砌体既是较好的承重结构,也是较好的围护结构。不足之处是:与钢和混凝土相比,砌体的强度较低,因而构件的截面尺寸较大、自重大;砌筑主要是手工方式;砌体的抗拉和抗剪强度都很低,因而抗震性较差。多层住宅和办公楼等民用建筑广泛采用砌体承重,它适用于5~8层的房屋,或中、小型厂房和多层轻工业厂房,以及影剧院、食堂、仓库等低层建筑的承重结构。

（2）墙板结构

墙板结构是指由墙和楼板组成承重体系的房屋结构(图4.19),是居住建筑中最常用且较经济的结构形式。在墙板结构中,墙既作承重构件,又作房间的隔断,既承重又分隔空间,一材多用,经济性好。但因为这种结构体系主要为墙承重,所以平面布置不够灵活,多用于住宅、公寓,也可用于办公楼、学校等公用建筑。承重墙可用砖、砌块、预制或现浇混凝土做成。楼板可采用各种钢筋混凝土。

图4.18 砌体结构

图4.19 墙板结构

（3）现浇式墙板结构

现浇式墙板结构是指墙体用混凝土现浇、楼板采用预制或现浇的房屋结构（图4.20），分为墙体全部现浇混凝土，以及横墙与内纵墙现浇，但外墙采用预制大板（简称内浇外挂）或砖、块砌筑（简称内浇外砌）两类，它是我国地震区多层与高层住宅的主要结构形式之一。其优点是抗震性能好，墙面抹灰量较混合结构少，使劳动强度减轻；与装配式大板结构相比，施工更简便。

图4.20 现浇式墙板结构

图4.21 装配式大板结构

（4）装配式大板结构

装配式大板结构是指用预制混凝土墙板和楼板拼装成的房屋结构（图4.21 和图4.22）。它是一种工业化程度较高建筑结构体系，优点是可商品化生产、施工效率高、劳动强度低，自重较轻，结构强度与变形能力均比混合结构好；不足之处是造价较高，需用大型的运输吊装机械，平面布置不够灵活。装配式大板结构的连接构造，是保证建筑具备必要的刚度和整体性能的关键。

（5）框架结构

框架结构是由梁和柱组成承重体系的结构（图4.23），有钢筋混凝土和型钢框架两类。它由主梁、柱和基础构成平面框架，各平面框架再由联系梁连接成整体。框架体系可分为横向布置、纵向布置及纵横双向布置3种方案（图4.24）。横向布置是主梁沿建筑的横向布置，楼板和连系梁沿纵向布置，具有结构横向刚度好的优点，实际采用较多。纵向布置同横向布置相反，因横向刚度较差而应用较少。纵横双向布置是建筑的纵横向都布置承重框架，建筑的整体刚度好，是地震设防区采用的主要方案之一。框架结构的最大优点是承重构件与围护

图 4.22　装配式大板结构

图 4.23　钢筋混凝土框架结构

构件有明确分工,建筑的内外墙处理十分灵活,建筑内部可以形成较大的空间,因此应用范围很广;不足之处是抵抗水平荷载的能力较差。

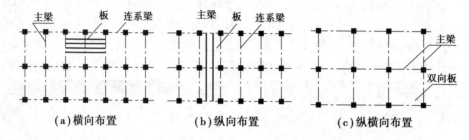

（a）横向布置　　　　　（b）纵向布置　　　　　（c）纵横向布置

图 4.24　框架结构类型

（6）剪力墙结构

剪力墙结构是利用建筑的内墙或外墙做成剪力墙,以承受垂直和水平荷载的结构(见图 4.25)。剪力墙一般为钢筋混凝土墙,高度和宽度可与整栋建筑相同。因其主要受剪受弯,所以称为剪力墙,以便与其他墙体区别。优点是侧向刚度很大、变形小、既承重又围护,适用于住宅等建筑。由于剪力墙的间距一般为 3 ~ 8 m,会使建筑平面布置受到一定限制,难以形成较大空间,因此这种结构可以建造比框架结构更高、有更多层数但是以小房间为主的房屋,如住宅、宾馆、单身宿舍等。

图 4.25　剪力墙结构

图 4.26　框架-剪力墙结构

（7）框架-剪力墙结构

框架-剪力墙结构指由若干个框架和剪力墙共同作为竖向承重结构的建筑结构体系

（图4.26）。其优点是框架结构平面布置灵活，能形成较大的空间，而剪力墙可以弥补建筑抵抗水平作用力的不足。框架-剪力墙结构使二者结合起来，取长补短，在框架的某些柱间布置剪力墙，从而形成承载能力较大、建筑布置又较灵活的结构体系，一般宜用于10~20层的建筑。

（8）筒体结构

筒体结构是将剪力墙或密柱框架集中到房屋的内部和外围而形成的空间封闭式的筒体，其特点是剪力墙集中而获得较大的自由分割空间。筒体结构适用于平面或竖向布置繁杂、水平荷载大的高层建筑。筒体结构又分筒体-框架、筒中筒、束筒3种结构，见图4.27。

①筒体-框架结构。筒体-框架结构是中心为抗剪薄壁筒、外围是普通框架所组成的结构，见图4.27（d）和（e）。

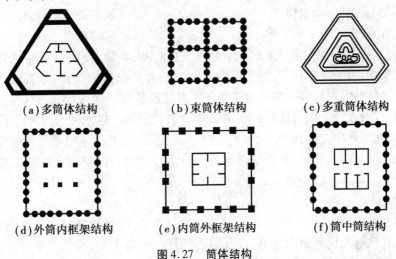

（a）多筒体结构　　　（b）束筒体结构　　　（c）多重筒体结构

（d）外筒内框架结构　　（e）内筒外框架结构　　　（f）筒中筒结构

图4.27　筒体结构

②筒中筒结构。筒中筒结构是中央为薄壁筒、外围为框筒组成的结构，见图4.27（f）。

③束筒结构。束筒结构是由若干个筒体并列连接为整体的结构，见图4.27（b）。它具有很好的空间传力性能，能以较小的构件厚度形成承载能力高、刚度大的承重结构，能覆盖或围护大跨度的空间而不需中间支柱，能兼承重结构和围护结构的双重作用，从而节约结构材料。

（9）壳体结构

壳体结构是由曲面形板与边缘构件（梁、拱或桁架）组成的空间结构，见图4.28。壳体结构可做成各种形状，以适应工程造形的需要，因而广泛应用于工程结构中，如大跨度建筑物顶盖、中小跨度屋面板、工程结构与衬砌、各种工业用管道压力容器与冷却塔、反应堆安全壳、无线电塔和储液罐等。工程结构中采用的壳体多由钢筋混凝土做成，也可采用钢、木、石、砖或玻璃钢。

（10）网架结构

网架结构是由众多杆件按照一定的网格形式通过节点连接而成的空间结构，见图4.29。它具有质量轻、刚度大和抗震性能好等优点。不足之处是结构会交于节点上的杆件数量较多，制作安装较复杂。网架结构按所用材料可分为钢网架、钢筋混凝土网架以及钢与钢筋混凝土组成的网架，其中，以钢网架用得较多。网架结构一般可用于体育馆、影剧院、展览厅、候车厅、体育场、看台雨篷、飞机库、双向大柱距车间等建筑的屋盖，甚至可作为墙体结构，如鸟巢、水立方、上海世博会的众多展馆等。

图4.28　壳体结构　　　　　　　　　　　图4.29　网架结构

（11）悬索结构

悬索结构是以钢索（钢丝束、钢绞线、钢丝绳等）作为主要受力构件承担建筑负荷的结构。按其表面形式不同，可分为单曲面及双曲面两类，每一类又按索的布置方式分为单层悬索与双层悬索两种。单曲面单层或双层悬索适用于矩形建筑平面；双曲面单层或双层悬索适用于圆形建筑平面；双曲面交叉索网体系的屋面因刚度大、层面轻、排水处理方便，能适应各种形状的建筑，所以在实际中应用较为广泛，见图4.30。其优点是钢索主要承受轴向拉力，可以充分利用钢索抗拉强度高的特点，从而使结构具有自重轻、用钢省、跨度大的优点；不足之处是这种结构稳定性较差。

（12）张力结构

张力结构又称张力膜结构，见图4.31。膜结构建筑是21世纪最具代表性与充满前途的建筑形式。以其独有的优美曲面造型，以及简洁、明快、刚与柔、力与美完美组合的特点让人耳目一新，同时给建筑设计师提供了更大的想象和创造空间。这种结构也极大地减轻了建筑自重，从而能够降低建造成本。张力结构在国外已逐渐应用于体育建筑、商场、展览中心、交通服务设施等大跨度建筑中。

图4.30　悬索结构　　　　　　　　　　　图4.31　张力结构

4.2.2 高层与超高层技术

1976年,我国国内建成了第一幢超过100层的超高层建筑——广州白云宾馆,楼高为112 m。1986年后,我国高层建筑的数量迅速增长,到2012年已建成94幢,其中200~300 m高的约占59%,上海中心大厦的高度已达632 m,而在建的深圳平安金融中心达到648 m。结构类型以框架-核心筒、框筒-核心筒、巨型框架-核心筒和巨型支撑框架-核心筒四种结构为主。其中,框架-核心筒和框筒-核心筒结构适用于250~400 m的高层建筑;巨型框架-核心筒适用于300 m以上的超高层建筑;巨型框架-核心筒和巨型支撑框架-核心筒,适用于300 m以上的超高层建筑。超高层建筑常采用钢结构,其常用类型及适用范围见图4.32。

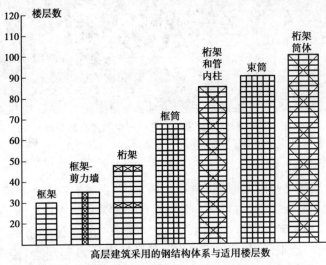

图4.32 高层建筑钢结构类型及适用范围

4.2.3 大跨度结构

大跨度结构通常是指跨度在30 m以上的结构,主要用于民用建筑的影剧院、体育场馆、展览馆、大会堂、航空港以及其他大型公共建筑,在工业建筑中则主要用于飞机装配车间、飞机库和其他大跨度厂房。

在古罗马已经有大跨度结构,如公元120—124年建成的罗马万神庙,穹顶直径达43.3 m,用天然混凝土浇筑而成。

大跨度建筑真正得到迅速发展是在19世纪后半叶以后,特别是第二次世界大战后的最近几十年中。例如1889年为巴黎世界博览会建造的机械馆,跨度达到115 m,采用三铰拱钢结构;又如法国巴黎的法国工业技术中心展览馆,它是一个三角形的建筑,每边跨度达到218 m,高48 m,总面积达9万 m^2,采用双层薄壳结构,壳的厚度仅6.01~12.1 cm,建于1959年。目前世界上跨度最大的建筑是美国底特律的韦恩县体育馆,其圆形平面的直径达266 m,为钢网壳结构。

我国20世纪70年代建成的上海体育馆,其圆形平面的直径为110 m,采用钢平板网架结构。另外,目前以钢索及膜材做成的结构最大跨度已达到320 m。

大跨度建筑迅速发展的原因,一方面是社会发展需要建造更高大的建筑空间来满足群众集会、举行大型的文艺体育表演、举办盛大的各种博览会等需求;另一方面则是新材料、新结构、新技术的出现,促进了大跨度建筑的进步,见图4.33。

图4.33　新型大跨建筑代表——中国国家体育场

1)大跨度建筑的主要几种结构类型简介

(1)拱券结构与穹隆结构

自公元前开始,人类已经对大型建筑物提出需求,但当时的技术还不能建造大型屋顶,因此,这些大型建筑都是露天的(如古罗马斗兽场),仅局部采用拱券结构图,见图4.34。

穹隆结构也是一种古老的大跨度结构,早在公元前14世纪就有采用。到了罗马时代,半球形的穹隆结构已被广泛地运用,例如万神庙。神殿的直径为43.3 m,屋顶就是一个混凝土的穹隆结构,见图4.35。

图4.34　拱券结构——古罗马斗兽场

图4.35　穹隆结构——罗马万神庙

(2)桁架结构与网架结构

桁架也是一种大跨度结构。虽然它可以跨越较大的空间,但是由于其自身较高,而且上弦一般又呈曲线的形式,所以只适合作屋顶结构,见图4.36。

(3)网架结构

网架结构是一种新型大跨度空间结构,具有刚度大、变形小、应力分布均匀、能大幅度地减轻结构自重和节省材料等优点。它可以用木材、钢筋混凝土或钢材来做,具有多种形式,使用灵活方便,可适应于多种平面形式的建筑,见图4.37。网架结构按外形有平板网架与壳形网架之分。平板网架一般是双层,有上下弦之分。壳形网架有单层、双层、单曲和双曲等。与一般钢结构相比,网架可节约大量钢材和降低施工费用。另外,由于空间平板网架具有很大的刚度,所以结构高度不大,这对于大跨度空间造型的创作,具有无比的优越性。

图4.36 桁架结构——某生产车间

图4.37 网架结构——上海体育馆

（4）壳体结构

壳体结构厚度极小却可以覆盖很大的空间。壳体结构有折板、单曲面壳和双曲面壳等多种类型。壳体结构体系非常适用于大跨度的各类建筑,如法国国家工艺与技术中心,平面为三角形,每边跨度218 m,高出地面48 m,见图4.38。悉尼歌剧院(图4.39)外观为三组巨大的壳片,耸立在一南北长186 m、东西最宽处为97 m的现浇钢筋混凝土结构的基座上。

图4.38 法国国家工艺与技术中心

图4.39 悉尼歌剧院

（5）悬索结构

悬索结构跨度大、自重轻、用料省、平面形式多样,运用范围广。它的主剖面呈下凹的曲面形式,处理得当既能顺应功能要求又可以节省空间和能耗;其形式多样,可以为建筑形体和立面处理提供新形式;由于没有烦琐支撑体系,是较为理想的大跨度屋盖结构的选型。悬索结构体系能承受巨大的拉力,但要求设置能承受较大压力的构件与之相平衡。悬索结构的典型代表有日本代代木体育馆,见图4.40。

（6）膜结构

膜结构是以性能优良的织物为材料,或是向膜内充气,由空气压力支撑膜面,或是利用柔性钢索或刚性骨架将膜面绷紧,从而能够覆盖大面积的结构体系。膜结构质量轻,仅为一般屋盖质量的1/30～1/10,见图4.41。膜结构按其支承方式的不同,有以下类型:

①空气膜结构:可用气承式作大跨度,气胀式空气膜结构是将膜材做成气囊,充气后成形并围合出空间,用在跨度较小的临时性建筑上。

②悬挂膜结构:一般采用独立的桅杆或拱作为支承结构,将钢索与膜材悬挂起来,然后利

 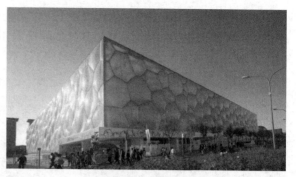

图4.40 悬索结构——日本代代木体育馆　　　图4.41 膜结构——中国国家游泳馆

用钢索向膜面施加张力将其绷紧形成屋盖。

③骨架支撑膜结构:以钢骨架作为膜的支撑结构,然后在上面敷设膜材并绷紧,适用于平面呈几何形的建筑物。

④复合膜结构:这是膜结构中新的结构体系,由钢索、膜材及少量受压的杆件组成,由于主要用于圆形平面,称为"索穹顶"。

2)大跨度建筑结构特点及适用范围

(1)平面体系大跨度空间结构

①单层刚架:跨度可达到76 m,结构简单。

②拱式结构:是一种有推力的结构,它的主要内力是轴向压力,适宜跨度为40~60 m。

③简支梁结构:跨度在18 m以下的屋盖适用。

④屋架:所有杆件只受拉力和压力,常适用于24~36 m跨度。

(2)空间结构体系

①网架结构:整体性强,稳定性好,空间刚度大,抗震性能好,经济跨度在30 m以内。

②薄壳:种类多,形式丰富多彩。形式有旋转曲面、平移曲面、直纹曲面等。

③折板:跨度可达27 m,类似于筒壳薄壁空间体系。

④悬索:材料用量大,结构复杂,施工困难,造价很高。

(3)大跨度空间结构选型的原则

● 满足功能;

● 造型美观;

● 实用耐久;

● 受力合理;

● 施工安装简便;

● 经济合理。

4.2.4　异形造型简介

当今世界,出现了越来越多的具有异形化造型倾向的建筑。地标性建筑如体育场馆、博物馆、展览馆、音乐厅、电视台、歌剧院等往往采用复杂的曲面造型来传达设计师的理念,形成带冲击力的视觉效果,并营造独特的文化氛围。从国家大剧院的"巨蛋"、奥运会的"鸟巢"、央视大楼的"大裤衩",再到东方之门的"秋裤",人们对异形建筑的争议从来没有停止过。

异型建筑有很多突破常规的地方,这使得它的设计、施工均存在诸多需要解决的课题。与常规造型的结构相比,它的形体建模、表面划分、结构模型提取及分析、光学声学分析、冷热负荷计算、可持续优化等诸多方面均需要通过特定的手段才能加以解决,异型建筑的绘图也需采用专门软件才能完成。施工方面,异型建筑只能结合三维数字模型,并借助于一定的程序代码才能提取出信息指导构件的加工制作安装。

4.3 建筑的安全性

建筑的安全性体现在场地安全、建筑防灾(如防火和防震)、结构安全、设备安全和使用安全等各方面。

4.3.1 建筑防火设计

任何一幢或一群建筑物设计,都要满足国家有关防火设计规范的要求,包括《建筑设计防火规范》(GB 50016—2014),以及《建筑内部装修设计防火规范》(GB 50222—95)(2001 年修订版)。

(1)建筑的防火间距要求

建筑设计应满足表 3.1 的要求,以免建筑发生火灾时殃及相邻建筑。

(2)建筑防火分区的要求

设置防火分区的目的,是当火灾发生后能够阻止其在建筑内部的蔓延。防火分区是由防火墙、楼面、屋面以及防火门窗等,在建筑内部分隔出的更小空间,其大小的要求见表4.7。

表 4.7 不同耐火等级建筑的允许建筑高度或层数、防火分区最大允许建筑面积

名称	耐火等级	允许建筑高度或层数	防火分区的最大允许建筑面积/m²	备注
高层民用建筑	一、二级	按规范第5.1.1条确定	1 500	对于体育馆、剧场的观众厅,防火分区的最大允许建筑面积可适当增加
单、多层民用建筑	一、二级	按规范第5.1.1条确定	2 500	
	三级	5 层	1 200	—
	四级	2 层	600	—
地下或半地下建筑(室)	一级	—	500	设备用房的防火分区最大允许建筑面积不应大于1 000 m²

注:①表中规定的防火分区最大允许建筑面积,当建筑内设置自动灭火系统时,可按本表的规定增加1.0 倍;局部设置时,防火分区的增加面积可按该局部面积的1.0 倍计算;
②裙房与高层建筑主体之间设置防火墙时,裙房的防火分区可按单、多层建筑的要求确定。

(3)建筑构件耐火极限要求

耐火极限是指在标准耐火试验条件下,建筑构件、配件或结构从受到火的作用开始,到失去稳定性、完整性或隔热性时为止的时间。建筑构件的耐火极限要求见表4.8。

表4.8　不同耐火等级建筑相应构件的燃烧性能和耐火极限　　　　单位:h

构件名称		耐火等级			
		一级	二级	三级	四级
墙	防火墙	不燃性 3.00	不燃性 3.00	不燃性 3.00	不燃性 3.00
	承重墙	不燃性 3.00	不燃性 2.50	不燃性 2.00	难燃性 0.50
	非承重外墙	不燃性 1.00	不燃性 1.00	不燃性 0.50	
	楼梯间和前室的墙电梯井的墙住宅建筑单元之间的墙和分户墙	不燃性 2.00	不燃性 2.00	不燃性 1.50	难燃性 0.50
	疏散走道两侧的隔墙	不燃性 1.00	不燃性 1.00	不燃性 0.50	难燃性 0.25
	房间隔墙	不燃性 0.75	不燃性 0.50	难燃性 0.50	难燃性 0.25
柱		不燃性 3.00	不燃性 2.50	不燃性 2.00	难燃性 0.50
梁		不燃性 2.00	不燃性 1.50	不燃性 1.00	难燃性 0.50
楼板		不燃性 1.50	不燃性 1.00	不燃性 0.50	可燃性
屋顶承重构件		不燃性 1.50	不燃性 1.00	可燃性	可燃性
疏散楼梯		不燃性 1.50	不燃性 1.00	不燃性 0.50	可燃性
吊顶(包括吊顶搁栅)		不燃性 0.25	难燃性 0.25	难燃性 0.15	可燃性

注:除本规范另有规定外,以木柱承重且墙体采用不燃材料的建筑,其耐火等级应按四级确定。

(4)建筑装修材料的燃烧性能等级要求

国家标准《建筑内部装修设计防火规范》(GB 50222—95)(2001 年修订版),将建筑内部的装修材料等分为七类,又依据其燃烧性能分为 4 个等级,详见表4.9 和表4.10。

表4.9　七类装修材料

类别	一	二	三	四	五	六	七
装修材料	顶棚装修材料	墙面装修材料	地面装修材料	隔断装修材料	固定家具	装饰织物	其他装饰材料七类

注:①引至《建筑内部装修设计防火规范》GB 50222—95(2001 年修订版);

　　②装饰织物系指窗帘、帷幕、床罩、家具包布等;

　　③其他装饰材料系指楼梯梯扶手、挂镜线、踢脚板、窗帘盒、暖气罩等。

表4.10　装修材料燃烧性能等级举例

等级	装修材料燃烧性能
A	不燃性(例如花岗石、大理石、水磨石、水泥制品、混凝土制品、石膏板、石灰制品、黏土制品、玻璃、瓷砖、马赛克、钢铁、铝、铜合金等)
B1	难燃性(例如纸面石膏板、纤维石膏板、矿棉装饰吸声板、玻璃棉装饰吸声板、珍珠岩装饰吸声板、难燃胶合板、难燃中密度纤维板等)

等级	装修材料燃烧性能
B2	可燃性(例如各类天然木材、木制人造板、竹材、纸制装饰板、装饰微薄木贴面板、印刷木纹人造板、塑料贴面装饰板、聚脂装饰板等)
B3	易燃性(例如纯毛装饰布、纯麻装饰布、经阻燃处理的其他织物等)

注:引至 GB 50222—95《建筑内部装修设计防火规范》(2011 年修订版)

4.3.2　建筑的安全疏散设计

安全疏散设计的目的,是为保证在各种紧急情况例如火灾或地震时,建筑内部的人员能够快速转移到建筑外面去。

安全疏散设计应使安全出口(含疏散楼梯间、房间门和建筑通往外面的门)的数量、大小和位置,以及安全疏散通道大小和疏散距离的设计,满足国家标准要求。安全出口和疏散楼梯的数量应满足国家标准要求。

1)公共建筑

(1)安全口数量

①公共建筑内每个防火分区或一个防火分区的每个楼层,安全出口的数量应经计算确定,且不少于两个。两个安全口之间的距离不应小于 5 m(否则只算作一个)。

②公共建筑内的房间,除表 4.11 所列的一些特殊条件外,应经过计算并设两个安全出口或更多。

表 4.11　可以仅设一个安全出口的房间举例

建筑类型	房间位置	房间大小	门宽	室内任一点到门的直线距离	常用人数
托幼建筑、老人建筑	两个安全出口之间或袋形走道两侧	≤50 m²	—	—	—
医疗建筑、教育建筑	两个安全出口之间或袋形走道两侧	≤70 m²	—	—	—
其他建筑及场所	两个安全出口之间或袋形走道两侧	≤120 m²	—	—	—
歌舞娱乐放映游艺场所	—	≤50 m²	—	—	≤15 人
所有建筑	位于走道尽端	<50 m²	≥0.9 m	—	—
所有建筑	位于走道尽端	≤200 m²	≥1.4 m	≤15	—

注:引自 GB 50016—2014。

(2)疏散楼梯的数量

按照安全疏散要求,建筑应经计算设置两个或更多的楼梯。仅下列特殊情况,可以只设一个楼梯,详见表 4.12。

表 4.12 可设置 1 部疏散楼梯的公共建筑

耐火等级	最多层数	每层最大建筑面积/m²	人 数
一、二级	3 层	200	第二、三层的人数之和不超过 50 人
三级	3 层	200	第二、三层的人数之和不超过 25 人
四级	2 层	200	第二层人数不超过 15 人

注:引自 GB 50016—2014。

（3）疏散楼梯间类型及适用范围,除表 4.13 所示外,多层建筑一般采用敞开式梯间。

表 4.13 疏散楼梯间的类型及适用范围

建筑类型	建筑高度	任何疏散门到楼梯间	封闭楼梯间	防烟楼梯间	可采用防烟剪刀楼梯间
高层公共建筑	≤10 m				√
一类高层公共建筑				√	
二类高层公共建筑	>32 m			√	
裙房或二类高层	≤32 m		√		
多层医疗建筑			√		
多层旅馆建筑			√		
多层公寓建筑			√		
多层老人建筑			√		
多层商店			√		
多层图书馆			√		
多层展览建筑			√		
多层会议中心及类似建筑			√		
6 层及以上其他多层建筑			√		

（4）和安全疏散有关的楼梯间类型

和疏散有关的楼梯间,分为 3 种形式:敞开式楼梯间、封闭式楼梯间和防烟楼梯间。

①敞开式楼梯间一般用于低层和多层建筑,如图 4.42 所示。

②封闭式楼梯间:是用耐火建筑构件分隔,以乙级防火门隔开梯间和公共走道,能够天然采光和自然通风,能防止烟和热气进入的楼梯间,封闭楼梯间的门应向疏散方向开启,如图 4.43 所示。

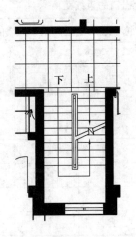

图 4.42

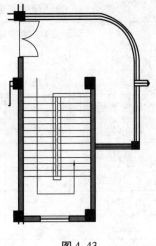

图 4.43

③防烟梯间,如图 4.44 所示。

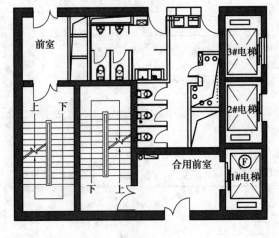

图 4.44

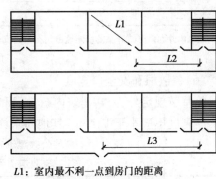

L1:室内最不利一点到房门的距离
L2:房门到楼梯间的距离
L3:底层楼梯间到建筑出口的距离

图 4.45

(5)安全疏散距离

如图 4.45 所示,设计应使 3 个主要的疏散距离满足国家标准要求:房间内部任何一点到房间门的距离;房间门到梯间或建筑外部出口之间的距离;底层梯间门至建筑外部出口的距离。

①房间内任一点至房间直通疏散走道的疏散门的直线距离,不应大于袋形走道两侧或尽端的疏散门至最近安全口的直线距离。一、二级耐火等级建筑内疏散门或安全出口不少于两个的观众厅、展览厅、多功能厅、餐厅、营业厅等,其室内任一点至最近疏散门或安全出口的直线距离不应大于 30 m。

②房间门至安全口或梯间的距离,详见表 4.14。

表 4.14　直通疏散走道的房间疏散门至最近安全出口的直线距离　　单位:m

名　称		位于两个安全出口之间的疏散门			位于袋形走道两侧或尽端的疏散门		
		一、二级	三级	四级	一、二级	三级	四级
托儿所、幼儿园、老年人建筑		25	20	15	20	15	10
歌舞娱乐放映游艺场所		25	20	15	9	—	—
医疗建筑	单、多层	35	30	25	20	15	10
	高层 病房部分	24	—	—	12	—	—
	高层 其他部分	30	—	—	15	—	—
教学建筑	单、多层	35	30	25	22	20	10
	高层	30	—	—	15	—	—
高层旅馆、公寓、展览建筑		30	—	—	15	—	—
其他建筑	单、多层	40	35	25	22	20	15
	高层	40	—	—	20	—	—

注:建筑内开向敞开式外廊的房间疏散门至最近安全出口的直线距离可按本表的规定增加 5 m。

(6)疏散门和安全口宽度

除特殊规定外,公共建筑内疏散门和安全口的净宽度不应小于 0.9 m,疏散走道和疏散楼梯的净宽度不应小于 1.1 m。其他要求详见表 4.15。

表 4.15　高层公共建筑内楼梯间的首层疏散门、首层疏散外门、
疏散走道和疏散楼梯的最小净宽度　　单位:m

建筑类别	楼梯间的首层疏散门、首层疏散外门	走　道		疏散楼梯
		单面布房	双面布房	
高层医疗建筑	1.30	1.40	1.50	1.30
其他高层公共建筑	1.20	1.30	1.40	1.20

(7)人数众多场所的"百人指标"

国家标准规定,剧场、电影院、礼堂、体育馆等,其疏散走道、疏散楼梯、疏散门、安全出口的各自总净宽度,应符合下列规定:

①观众厅内疏散走道的净宽度应按每百人不小于 0.60 m 计算,且不应小于 1.00 m;边走道的净宽度不宜小于 0.80 m。

②剧场、电影院、礼堂等场所,供观众疏散的所有内门、外门、楼梯和走道的各自总净宽度,应根据疏散人数按每 100 人的最小疏散净宽度不小于表 4.16 的规定计算确定。

表 4.16　剧场、电影院、礼堂等场所每100人所需最小疏散净宽度　单位:m/百人

观众厅座位数(座)			≤2 500	≤1 200
耐火等级			一、二级	三级
疏散部位	门和走道	平坡地面	0.65	0.85
		阶梯地面	0.75	1.00
	楼梯		0.75	1.00

③体育馆供观众疏散的所有内门、外门、楼梯和走道的各自总净宽度,应根据疏散人数按每100人的最小疏散净宽度不小于表4.17的规定计算确定。

表 4.17　体育馆每100人所需最小疏散净宽度　单位:m/百人

观众厅座位数范围(座)		3 000~5 000	5 001~10 000	10 001~20 000
疏散部位	门和走道 平坡地面	0.43	0.37	0.32
	阶梯地面	0.50	0.43	0.37
	楼梯	0.50	0.43	0.37

④除剧场、电影院、礼堂、体育馆外的其他公共建筑,其房间疏散门、安全出口、疏散走道和疏散楼梯的各自总净宽度,应符合下列规定:

a.每层的房间疏散门、安全出口、疏散走道和疏散楼梯的各自总净宽度,应根据疏散人数按每百人的最小疏散净宽度不小于表4.18的规定计算确定。

b.当每层疏散人数不等时,疏散楼梯的总净宽度可分层计算,地上建筑内下层楼梯的总净宽度应按该层及以上疏散人数最多一层的人数计算;地下建筑内上层楼梯的总净宽度应按该层及以下疏散人数最多一层的人数计算。

表 4.18　每层的房间疏散门、安全出口、疏散走道和疏散楼梯的每百人最小疏散净宽度　单位:m/百人

建筑层数		建筑的耐火等级		
		一、二级	三级	四级
地上楼层	1~2层	0.65	0.75	1.00
	3层	0.75	1.00	—
	≥4层	1.00	1.25	—
地下楼层	与地面出入口地面的高差 ΔH≤10 m	0.75	—	—
	与地面出入口地面的高差 ΔH>10 m	1.00	—	—

2)住宅建筑

(1)安全出口数量

住宅建筑的安全出口数量,详见表4.19。

表4.19 住宅的安全出口数量

建筑高度/m	单元每层建筑面积/m²	户门至最近安全出口距离/m	安全出口数量/单元每层
≤27	>650	>15	≥2
>27,且≤54	>650	>10	≥2
>54	—	—	≥2
>27,且≤54	—	—	可通过屋面到其他单元,1个

注:摘自 GB 50016—2014。

(2)住宅疏散楼梯的设置要求

不同的住宅类型,应国家标准的规定,设置相应的梯间,详见表4.20。

表4.20 住宅建筑疏散楼梯设置要求

住宅建筑高度/m	户门至最近楼梯距离/m	可采用楼梯类型
≤21		敞开式
>21,且≤33		封闭式
>33		防烟楼梯间
	<10	剪刀楼梯

(3)住宅的安全疏散距离

①直通疏散走道的户门至最近安全出口的直线距离不应大于表4.21 的规定。

②楼梯间应在首层直通室外,或在首层采用扩大的封闭楼梯间或防烟楼梯间前室。层数不超过4 层时,可将直通室外的门设置在离楼梯间不大于15 m 处。

③户内任一点至直通疏散走道的户门的直线距离不应大于表规定的袋形走道两侧或尽端的疏散门至最近安全出口的最大直线距离。

表4.21 住宅建筑直通疏散走道的户门至最近安全出口的直线距离 单位:m

住宅建筑类别	位于两个安全出口之间的户门			位于袋形走道两侧或尽端的户门		
	一、二级	三级	四级	一、二级	三级	四级
单、多层	40	35	25	22	20	15
高层	40	—	—	20	—	—

注:开向敞开式外廊的户门至最近安全出口的最大直线距离可按本表的规定增加5 m。

(4)疏散门和安全出口宽度

住宅建筑的户门、安全出口、疏散走道和疏散楼梯的各自总净宽度应经计算确定,且户门和安全出口的净宽度不应小于0.90 m,疏散走道、疏散楼梯和首层疏散外门的净宽度不应小于1.10 m。

建筑高度不大于18 m的住宅中一边设置栏杆的疏散楼梯,其净宽度不应小于1.0 m。

4.3.3　建筑抗震设计

1)基本概念

地震主要是因为地球板块运动突变时,在板块边缘(断层)某一点释放超常能量造成的,这一点称为震源,其在地面的投影点,称为震中(图4.46)。别的一些因素也会诱发或造成地震,例如核爆等。

(1)地震的震级

震级是衡量地震释放能量大小的尺度。我国同国际上一样,用里氏震级作为标准,共12级。每一级之间,大小相差约31.6倍。如果一级地震是1,则二级是一级的31.6倍,三级就是一级的约1 000倍,以此类推。

(2)地震的烈度

烈度是衡量地震破坏力大小的尺度,其大小与地震震级的大小成正比,与某地至震中的距离以及震源至震中的距离成反比。地震烈度共分为12度,详见表4.22。其中1~5度是"无感至有感";6度是"有轻微损坏";7~10度为"破坏性";11度以上是"毁灭性"地震。

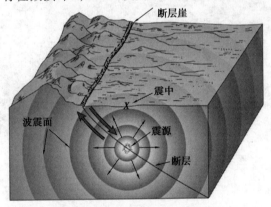

图4.46　地震有关概念

表4.22　地震震中烈度与震源和震级的关系　　　单位:度

震级 震源深度	7级	6级	5级	4级	3级
5 km	11.0	9.5	8.0	6.5	5.0
10 km	10.0	8.5	7.0	5.5	4.0
15 km	9.4	7.9	6.4	4.9	3.4
20 km	9.0	7.5	6.0	4.5	3.0

（3）《中国地震动参数区划图》（GB18306—2015）

2016 年 6 月 1 日实施的《中国地震动参数区划图》，是确定地震烈度的重要依据。地震动峰值加速度是地震时地面运动加速度的最大值。相较于《中国地震动参数区划图》（GB 18306—2001），新一代区划图对全国抗震设防要求有所提高。其中，地震动峰值加速度小于 0.05 g（设防烈度Ⅵ度）的分区不再出现；基本地震动峰值加速度 0.10 g（即Ⅶ度）级以上地区面积有所增加，从 49% 上升到 58%。图 4.47 即为 2016 年 6 月 1 日开始实施的《中国地震动参数区划图》（GB 18306—2015）中的附件之一。

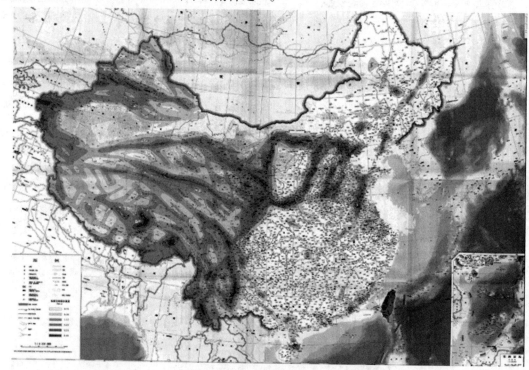

图 4.47　中国地震烈度区划图（2016 年版）

2）建筑抗震设计

建筑工程抗震设计，首先是确定设防目标，其次是选址，然后是结构选型，再由结构工种进行相关计算及结构设计，其他工种也须按照国家标准的要求，一一落实到自己的设计之中。其中建筑设计主要做以下工作：

（1）落实抗震设防烈度

抗震设防烈度是建筑抗震设计的重要依据之一，可以查阅最新的《中国地震烈度区划图》等资料。国家标准《建筑抗震设计规范》（GB 50011—2010）规定，抗震设防烈度为 6 度及以上地区的建筑，必须进行建筑抗震设计。

（2）确定设防目标

我国建筑抗震设防目标是：当建筑遭受低于本地区抗震设防烈度的多遇地震影响时，一般不受损坏或不需修理即可继续使用；当遭受相当于本地区抗震设防烈度的地震影响时，可能损坏，经一般修理或不需修理仍可继续使用；当遭受高于本地区抗震设防烈度预估的罕遇地震影响时,不致倒塌或发生危及生命的严重破坏。通俗地讲,即"小震不坏,中震可修,大震不倒"。

（3）建筑选址

建筑选址应避开不利地形和地段,如软弱场地土,易液化土,易发生滑坡、崩塌、地陷、泥石流、断裂带、地表错位等地段,以及其他易受地震次生灾害波及的地方（如污染、火灾、海啸等）,见图4.48至图4.53。

图4.48　滑坡

图4.49　坍塌

图4.50　地陷

图4.51　泥石流

（4）建筑结构选型

在建筑方案设计阶段,建筑师就应与结构工程师一起确定合理的建筑结构选型,使建筑能更好地抵御地震的损害,具体详见《建筑抗震设计规范》（GB 50011—2001）的要求。地震区的建筑,平面布置宜规整,剖面不宜错层。

（5）负责建筑细部构造设计的抗震设防设计

建筑师的工作负责建筑细部设计,其他主要依靠结构工程师。

图4.52　海啸

图4.53　地裂

4.3.4　建筑结构安全

《建筑结构可靠度设计统一标准》(GB 50068—2001)规定,建筑结构设计时,应根据结构破坏可能产生的后果的严重性,采用不同的安全等级。

(1)结构设计使用年限分类

设计使用年限是设计规定的一个时期,在此时期内,只需正常维修(不需大修)就能完成预定功能。房屋建筑在正常设计、正常使用、正常使用和维护下所应达到的使用年限,见表4.23。

表4.23　建筑结构与使用年限的关系

类别	使用年限	示　例
1	5	临时性结构
2	25	易于替换的结构构件
3	50	普通房屋和构筑物
4	100	纪念性建筑和特别重要的建筑结构

(2)建筑结构的安全等级

建筑结构设计时应根据结构破坏可能产生的后果(危及人的生命造成经济损失产生社会影响等)的严重性,采用不同的安全等级,见表4.24。

表4.24　建筑结构的安全等级

安全等级	破坏后果	建筑物类型
一级	很严重	重要的房屋
二级	严重	一般的房屋
三级	不严重	次要的房屋

4.3.5 建筑的使用安全

对建筑物的安全使用,应注意防止如防滑、下坠、砸伤、防雷、漏电、危害结构安全和其他危害生命财产安全的隐患等。例如,北京市在2011年颁布了《北京市房屋建筑使用安全管理办法》,明文禁止下列影响房屋建筑使用安全的行为:

①擅自变动房屋建筑主体和承重结构。

②违法存放爆炸性、毒害性、放射性、腐蚀性等危险物品。

③超过设计使用荷载使用房屋建筑。

④损坏、挪用,或者擅自拆除、停用消防设施及器材。

⑤占用、堵塞、封闭房屋建筑的疏散通道和安全出口,以及其他妨碍安全疏散的行为。

⑥在人员密集场所门窗上设置障碍物。

⑦损坏或者擅自拆改供水、排水、供电、供气、供热、防雷装置、电梯等设施设备。

⑧其他违反法律、法规、规章的行为。

4.4 建造的经济性

建筑设计与施工必须考虑建造的经济性,从设计开始就应一直贯彻到底。建筑的经济性要求考虑节省造价以及合理降低建筑的使用及围护费用,同时要考虑降低社会的环境的成本和代价。

2005年住建部有一个统计,当时建造和使用建筑时,直接和间接消耗的能源已经占到全社会总能耗的46.7%。当时的建筑有95%达不到节能标准,新增建筑中节能不达标的也超过八成,单位建筑面积能耗是发达国家的2~3倍,对社会造成了沉重的能源负担和严重的环境污染。

建设中还存在土地资源利用率低、水污染严重、建筑耗材高等问题,许多公共投资项目建成之日即亏损之时。究其原因,是很多大型建筑盲目求大求新求洋,在一次性的高额投资之后,往往还伴随着长期的高额运营维持费用。改良建筑的经济性,应做到以下几个方面的合理:

(1)建筑设计合理

建筑造价控制与建筑工程设计,与建筑设计密切相关,具体可以落实的工作有:

①场地设计,如注意控制挖填方平衡,尽量避免对地形地面做大的改动等。

②满足技术经济指标要求,例如工业建筑指标、建筑密度、土地利用系数、绿化系数等。

常见的居住建筑指标包括:居住面积系数、辅助面积系数、结构面积系数、建筑周长系数、每户面宽、平均每户建筑面积、平均每户居住面积等。

常见的居住小区及公共建筑指标包括总建筑面积(地上、地下)、容积率、建筑密度、绿化率、建筑高度、建筑层数、停车位等。对于公共建筑,大多数公共建筑设计规范都有明确的人均面积指标规定,设计时应认真落实。

③充分利用建筑面积和空间,如合理地降低层高、提高建筑的使用面积比重。

④利用新材料和新技术,减轻建筑自重。

⑤提倡材料的循环利用和"变废为宝"。例如许多的工业废料(如煤矸石等),可被用作生产建筑材料或构件的原料。

⑥减少"建筑垃圾"。设计时,应考虑构件的尺寸与下料的关系。如小墙段的长度设计,要符合砖或砌体的模数,这样可使施工现场少砍砖,减少废料,提高功效。

⑦提倡标准设计与模数设计,有利于大规模、低成本地生产建筑构件和建造建筑。

⑧减少施工的湿作业以节约用水。

(2)结构选型与设计合理

①合理确定主要建筑构件的类型(包括基础和上部构件),避免不负责地一味追求"肥梁、胖柱、深基础"。

②合理利用材料性能,如合理确定钢筋类型及混凝土强度等。

③减少结构构件的规格。例如悉尼歌剧院的"壳",只采用一种球形模具,在制造时以不同的长度来区分不同部位的壳,既节省模具成本、提高工效、降低造价,又达到了设计目标。

(3)选材合理

①高材精用,中材高用,地材广用。

②取材方便,节省运费,减少排放,缓解交通压力。

③"变废为宝",如将石材加工后的边角余料用于铺装广场道路,既美化环境,又减少了"建筑垃圾",见图4.54。

④新型材料和设备的推广应用。

(4)施工方案合理

①提高功效,节省工期和劳动力成本。

②通过管理节约费用如机械费、材料费、人工费。

(5)后期使用和维护费用合理

建筑设计和建造,还要为其后期低成本使用创造条件,如围护结构的保温隔热措施、利用天然采光的措施到位,能节省大量用电。

(6)其他

①减少社会与环境成本。例如,节省土地和不可再生能源,利用清洁能源如太阳能和光伏技术在建筑中的利用(图4.55)。

②力求设计与建造有助于污染治理,如噪声污染和光污染治理等。

③节省水资源。例如大力推广渗水的地面或道路,取代传统的混凝土路面或广场,既对收集和利用雨水有利,也会减轻城市市政排水管网的压力,见图4.56。又如推广中水利用技术。中水是指生活废水乃至雨水,经处理达到规定的水质标准后,可在一定范围内重复使用的非饮用水,中水利用就是循环使用水资源,体现了节水的"优质优用、低质低用"的原则,是环境保护、水污染防治的主要途径,是社会、经济可持续发展的重要措施,见图4.57。

图4.54 边角材料拼贴地面

图4.55 光伏与建筑

图4.56 渗水材料地面

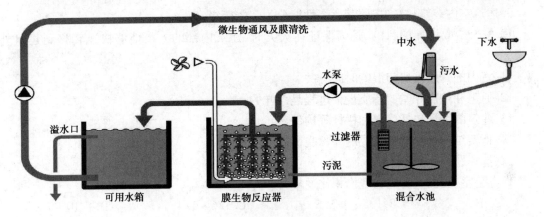

图4.57 中水利用技术之一

④大力推广节能、环保、绿色、生态低碳等方面的新技术,如 Led 光源的推广使用。

复习思考题

1.室内环境设计要点有哪些?
2.简述什么是建筑的经济性。
3.建筑的结构类型有哪些?
4.建筑的新技术与发展趋势有哪些?
5.建筑安全应把握哪些方面?
6.为什么设计要反对抄袭照搬?

习　题

一、判断题

1.绝大多数建筑建造的终极目的,是营造适宜人类活动和有益人类健康的内部空间环境。

（　　）

2. 照度是一个物理指标,用来衡量作业面上单位面积获得的光能的多少,单位是 Lm。

        (   )

3. 色温是用来描述光源的色彩的,等同于黑体被加热后的温度所对应的色彩。 (   )

4. 直达声到达 50 ms 后再到达的"强"反射声会产生"回声"。 (   )

5. 我国国家标准规定,室内的换气量(新风量)不低于 60 m³/(P·h)。 (   )

6. 无论居住建筑还是公共建筑,高度超过 100 m 的都是超高层建筑。 (   )

7. 建筑高度是指室外地面到平屋面的屋面,到坡屋面檐口或屋脊的高度。 (   )

8. 防火分区是由防火墙、楼面、屋面以及防火门窗等,在建筑内部分隔出的更小的空间。

        (   )

9. 建筑室内装修材料,按照其燃烧性能分为 7 个等级。 (   )

10. 安全疏散设计的目的,是为保证在火灾时,建筑内部的人员能够快速转移到建筑外面去。 (   )

11. 室内的音质主要与混响时间有关。 (   )

12. 原声和电声厅堂的音质设计过程是一样的。 (   )

13. 建筑的结构包括门窗和栏杆等构件。 (   )

14. 框架结构是由梁柱组成的并承受荷载的体系。 (   )

二、选择题

1. 办公室、制图室房间窗地面积比通常为(   )。

    A. 1/2   B. 1/5 ~ 1/3.5   C. 1/6 ~ 1/4   D. 1/10 ~ 1/6

2. 民用建筑中,窗户面积的大小主要取决于(   )的要求。

    A. 室内采光   B. 室内通风   C. 室内保温   D. 立面装饰

3. 外开门的厕所隔间大小为(   )。

    A. 800 mm × 1 000 mm   B. 1 200 mm × 1 400 mm

    C. 900 mm × 1 200 mm   D. 900 mm × 1 400 mm

4. 走道宽度要能满足来往人流股数的使用,每股人流宽度是按照(   )考虑。

    A. 500 mm   B. 550 mm   C. 600 mm   D. 650 mm

5. 框架梁和简支梁的高跨比分别为(   )。

    A. 1/15 ~ 1/10, 1/12 ~ 1/8   B. 1/12 ~ 1/8, 1/15 ~ 1/10

    C. 1/12 ~ 1/10, 1/10 ~ 1/8   D. 1/15 ~ 1/10, 1/10 ~ 1/5

6. 空间常用的组合方式有(   )。

    A. 模糊空间   B. 多边形空间

    C. 空间序列   D. 大厅式和并列式

7. 建筑的艺术性表现在设计以(   )为重要目标。

    A. 合理性   B. 独特性   C. 创新性   D. 美观

8. 建筑形式美的法则归纳起来,大致有(   )方面。

    A. 4 个   B. 6 个   C. 8 个   D. 10 个

9. 艺术设计所用的象征创作手法,是(   )的手法。

    A. 夸张   B. 具象代表抽象   C. 比喻   D. 联想

10. 阿以旺主要是(   )民族的传统民居。

A. 瑶族 　　　　B. 白族 　　　　　　　C. 哈萨克 　　　　D. 维吾尔

三、填空题

1. 绝大多数建筑建造的终极目的,是营造_____和有益人类健康的_____。

2. 环境的营造应首先从如何使人们能够获得良好的感觉着手,包括_____、听觉、嗅觉、_____和味觉。

3. 光能是由光源呈_____发送出来,因此离光源越近,单位面积_____越密集,照度越高。

4. 窗地比是指房间_____与_____之比。

5. 人们用黑体加热到不同温度时所发出的不同光色来表示_____。这时的黑体温度称为光源的_____。

6. 室内的混响时间越短,声音_____,直至干涩。混响越长,声音_____,直至含混。

7. 在我国的建筑内部,换气量的标准是不低于_____。

8. 砖石结构指用_____如砂浆等,将砖、石、_____等砌筑成一体的建筑结构。

9. 钢结构不足的方面是,_____,需要经常维护,_____也较差。

10. 剪力墙承受的主要荷载是_____,主要受力特点是_____,与一般承受垂直荷载的墙体不同。

四、简答题

1. 为保证室内良好的视觉效果,应注意把控好哪些技术参数?

2. 小于3 300色温的光源,一般适合哪些室内环境?

3. 什么是混响时间,其长短大小首先与什么因素有关?

4. 理想的频率特性曲线是如何得到的?

5. 钢筋混凝土结构的住宅有什么特点?

6. 什么是筒体结构,有什么主要类型和特点?

7. 悬索结构和张力结构主要有什么异同?

8. 建筑防火设计要处理好哪些方面的问题?

9. 建筑安全疏散设计,应控制好哪些疏散距离,使其不能超标?

10. 地震的震级和烈度有何不同? 建筑在什么情况下应作防震设计?

五、作图题

1. 设计一个高层建筑的防烟楼梯间,并绘制平面图。

2. 绘制示意图来表示几个重要的安全疏散距离,这些距离设计时不能超标。

5

建筑构造概述

[本章导读]

通过本章学习,应熟悉建筑的组成,掌握构造工艺和工序的概念;掌握建筑构件安装连接的主要手段;熟悉建筑的牢固性(如强度、刚度、整体性和稳定性等)对构造的要求及其相应的构造措施。

构造和建造是同义词。建筑构造以研究建筑的建造(特别是建筑师负责设计并交付施工的内容)为主,这些内容大多与建筑施工图设计和施工建造关系紧密。构造设计的原则是:

①满足建筑使用功能的要求。

②确保建筑结构及构件安全。

③适应建筑工业化和建筑施工的需要。

④注重社会、经济和环境效益。

⑤注重美观。

建筑构造学是主要针对建筑物及组成建筑物的,它主要对建筑师设计的建筑构件部分进行建造方法的总结和研究,同时对相关内容进行介绍,重点针对大量性修建的建筑物和成熟的建造技术。

5.1 建筑物组成

建筑主要由基础与地下室、墙与柱、楼地(板)面、门窗、楼(电)梯、屋顶面等组成,见图5.1。这些组成部分之间还可以整合,例如曲面钢网架建筑,其外墙与屋顶就合二为一,见图

5.2。有的建筑的组成部分更少,如张力结构建筑、充气建筑等,见图 5.3。

图5.1 建筑物的组成部分示意图

①基础:建筑物最下部的承重构件,其作用是把建筑上部的荷载传给地基。

②地下室:房间地面低于室外地平面的高度超过该房间净高 1/3 者为地下室。

③墙:用砖石等材料砌筑的,垂直的,支承楼板、房顶或分隔、围合与围护空间的建筑构件。

④楼地(板)面:在竖向分隔和围合建筑内部空间的构件,主要承担建筑平面的荷载。

⑤门:建筑物的出入口或安装在出入口能开关的装置。门是分割空间的构件之一,可以连接和隔离两个或多个空间。

⑥窗:主要用于建筑空间的采光和通风,并围护室内空间。

⑦楼梯:垂直交通用的构件。

⑧屋顶:区分建筑内部或外部空间的建筑构件,起遮蔽和围护建筑空间的作用。

⑨雨棚:设在建筑物出入口或顶部阳台上方用来挡雨、挡风、防高空落物砸伤的构件。

⑩阳台:提供楼层居住者进行室外活动、晾晒衣物等用途的开敞空间的建筑构件。

建筑的主要组成部分是基础、墙柱、楼地板(面)、门窗、楼梯和屋面 6 个部分。

图5.2 钢网架

图5.3 充气建筑

5.2　建筑构造与工艺和工序

任何建筑构件或建筑细部的施工,都是按照工艺和质量要求,依顺序和特定步骤(即工序)先后进行的。

5.2.1　施工工艺和工序

工艺是劳动者利用生产工具对原材料、半成品进行增值加工或处理,最终使之成为制成品的方法与过程。工序是指建造的顺序和特定步骤。绝大多数建筑的建造是从基础开始的,然后是底层、楼层直至屋面。从小的方面说,例如金属栏杆这样一个小构件的做法,就有加工成型、安装固定、除锈、刷防锈漆、罩面漆等工序,每个环节都不容出错,最后才能完成符合要求的产品。建筑从图纸到完工的成品,全过程都应按照有关国家标准和行业标准认真履行。

为实现一种建造结果,一般会在若干相关的工艺当中选择一种,以追求最合理的方式和最好的性价比,即技术上的先进和经济上的合理。

例如:在墙面上安装石材饰面,就有湿贴(图5.4)、湿挂(图5.5)、干贴(胶粘贴而非水泥砂浆粘贴,现场没有湿作业,图5.6)、干挂(图5.7)等工艺,其中干挂的方式又因龙骨系列不同而分多种。不同的做法适用于不同的条件,也会产生品质和造价的差异。

图5.4　石材湿贴　　图5.5　石材湿挂　　图5.6　石材干粘　　图5.7　石材干挂

再如墙面做涂料时,就有刷涂(图5.8)、滚涂(图5.9)、喷涂(图5.10)、抹涂和弹涂等方法,具体采用哪种好,需依具体情况而定。各种工艺和要求,设计时应在施工图里明确规定,以作为施工和计算工程造价的依据。

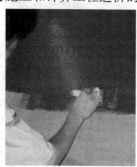  

图5.8　刷涂　　　　　图5.9　滚涂　　　　　图5.10　喷涂

5.2.2 构造层次

为满足设计和使用要求,建筑的各种围护结构或空间界面的表面会用若干的材料进行组合,形成不同的层次,既起到各自的作用,又共同保证质量和建筑的使用。例如,一个卷材防水的保温非上人屋面,就有 10 个层次之多,这些层次都不可或缺,其各自的作用分析如下(由下而上):

- (屋面结构层):属于建筑结构部分,起承重和围合空间作用,由结构设计确定;而以上的层次,当由建筑设计确定。
- 20 厚 1:3 水泥砂浆找平层:弥补结构面层表面的缺陷,为后续作业打好基础。
- 隔汽层:避免室内水蒸气侵入保温层等,降低其保温效能。
- 20 厚 1:3 水泥砂浆:既保护隔汽层又为铺装保温层创造好条件。
- 保温层:起阻绝室内外热交换的作用。
- 20 厚 1:3 水泥砂浆找平层:既保护保温层,又为铺装防水层作好准备。
- 刷底胶剂一道:增强卷材黏结剂与水泥砂浆的附着力。
- 防水卷材一道,黏结剂两道:防雨水等用。
- 20 厚 1:3 水泥砂浆找平层:为铺装下一道防水层作好准备(两道防水要求)。
- 防水卷材一道,黏结剂两道:增加一道防线。
- 20 厚 1:2.5 水泥砂浆保护层,分格缝间距小于 1 m。

这样的构造,可以满足屋面防水和保温要求,并确保建造建筑的质量和耐久性。其他构造层次举例,见图 5.11。

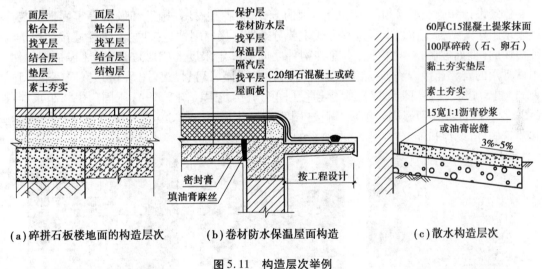

(a) 碎拼石板楼地面的构造层次   (b) 卷材防水保温屋面构造   (c) 散水构造层次

图 5.11 构造层次举例

5.2.3 做法及质量要求

建筑设计时如何确定这些构造层次,需懂得构造原理,并有丰富的实践经验和对材料性能有充分认识。

在设计和施工中,每一个工艺或工序都有其质量要求,体现在施工图或标准设计图中,经常会有"满刷""满焊""钉牢""三道成活"等字眼。

5.2.4　施工缝的处理

　　各种材料与构件之间,在施工安装前后会留下缝隙,称为施工缝。对施工缝的处理,常用弥合、填充和遮饰的方式。弥合方式一般是采用细石混凝土浇筑,将脱开的混凝土构件结合成整体,或采用水泥砂浆抹平缝隙;填充是采用油膏或嵌缝胶等弹性材料填塞缝隙;遮饰一般是用抹灰或金属板、石板、木板等遮挡缝隙。遮缝构件的安装,有一边或两边固定之分。另外,建筑本身还可能用到3种变形缝,处理的方法详见有关章节。

5.2.5　不同地区的差异

　　在国内,建筑的构造会因所在地区不同有所差异。我国以秦岭山脉和淮河流域作为南北方的分界,两者在气候等诸方面,存在显著差异,这也影响建筑物的建造及其他,在设计与施工时应区别对待。例如在北方地区以建筑保温为主,还要考虑防冻,而南方是以隔热通风等为主,但在考虑建筑节能时,南方地区也会用到建筑保温的构造做法。

　　在建筑防震方面,不同地区的设防要求不一,不同地区能够提供的主要建筑材料存在差异,不同地区的建筑传统存在差异,等等。由于存在这些差异,所以在建筑设计与建造时应当区别对待。

5.3　材料和构件的安装连接固定方法

　　建筑设计和施工都必须决定以最合理的方式,将各种材料、构件和设备等牢固地安装连接固定于建筑结构主体之上。这些方式主要分柔性连接和刚性连接两类,柔性连接适用于易被损坏的(例如玻璃)一类构件,它允许构件之间有一定限度的相对位移,刚性连接则不然。构件常用的安装连接方法有:黏结(图5.12)、钉接(图5.13)、焊接(图5.14)、嵌固(图5.15)、夹固(图5.16)、挂接(图5.17)、螺栓连接(图5.18)、锚固(图5.19)、压固(图5.20)、拴固(图5.21)、敷设(类似嵌固)、铺设、铆接(图5.22)、卡固(图5.23)等,分别适用于不同的材料和建筑构件,设计和施工时应当选取适合的方法,确保施工方便和质量可靠。

图5.12　黏结

图5.13　钉接

图5.14　焊接

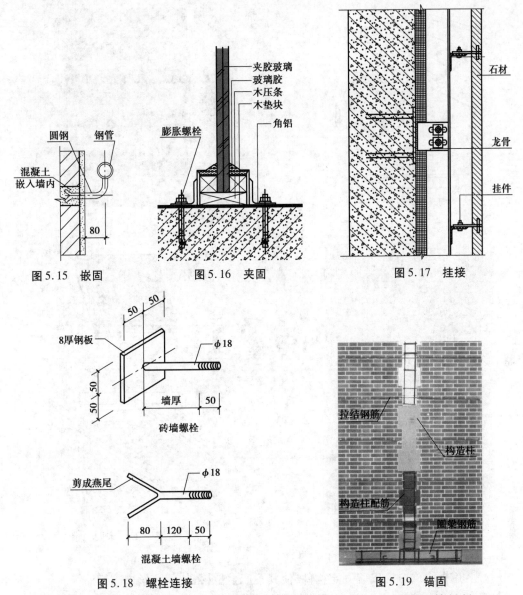

图 5.15 嵌固　　　　图 5.16 夹固　　　　图 5.17 挂接

图 5.18 螺栓连接　　　　图 5.19 锚固

①黏结:利用水泥砂浆或胶水,用于较薄材料的安装固定,如地砖,墙纸等材料。

②钉接:采用木钉、水泥钉、螺钉、膨胀螺栓、直钉或马钉(靠压缩空气作用钉接),以及射钉等连接。

③焊接:用于金属构件的安装、连接或固定。

④嵌固:先预留孔洞或沟槽,插入或埋入构件后再固定牢靠,如栏杆扶手与墙体连接等。

⑤夹固:常用于不宜钻孔或黏结、钉接的材料如玻璃等的安装。

⑥挂接:采用挂件固定构件,如各种幕墙或吊顶龙骨的安装固定。

⑦螺栓连接:用金属螺栓、螺杆或膨胀螺栓等拧紧固定。

⑧锚固拉结:如利用柱子的拉结钢筋锚进墙体内部,来维系墙体的稳定性。

⑨压固:如墙承式悬臂楼梯踏步的安装,踏步板靠墙体的重量限制其位移,其他悬挑构件也多是如此。

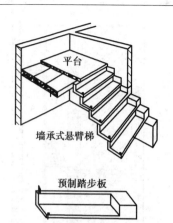

图 5.20　压固

图 5.21　拴固

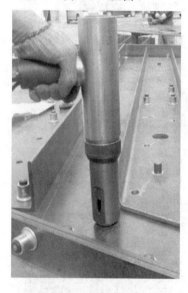

图 5.22　铆固

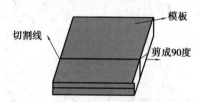

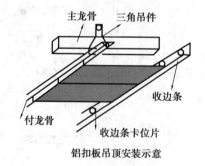

图 5.23　卡固

⑩卡固:如一些金属扣板吊顶的安装。

⑪拴固:用捆绑的方法安装固定构件,使其不产生位移,如用扎丝绑固钢筋等。

⑫铆固:用各种铆钉连接,复合板或金属构件常用,如铝塑板幕墙安装。

⑬吊装:如大多数吊顶的安装等。

5.4　强度、刚度、稳定性、挠度

构造措施的选择,要使建筑及构件具备足够的强度、刚度、整体性、稳定性和安全的要求,也要满足如挠度和施工缝控制等方面的要求,以便于施工并保证质量。

①强度,是指构件抵抗因外力作用而破坏的能力。例如,当砌体局部抗压能力不达标时,设计和施工会采取增大断面或设置钢筋混凝土构造柱的方式来提高这个局部的强度,保证其不会因受压力作用而破坏。这些外力通常包括压力、拉力、剪力和扭转力等,见图5.24。

②刚度,是指建筑构件抵抗因外力作用而弹性变形的能力。例如一个厚度较薄的轻质隔墙,相对于较厚的隔墙,它更容易受外力作用而弯曲变形。刚度高的建筑在地震中最易受损或破坏,见图5.25。

图5.24　强度不够

图5.25　刚度不够

③挠度,是指建筑构件等在弯矩作用下因挠曲引起的垂直于轴线的线位移。构件的刚度降低,挠度就会增大。大多数水平构件都会产生挠度,挠度过大时即使不至于破坏构件,也会影响建造质量和美观。设计和建造时应按照要求控制好建筑构件的挠度,见图5.26和表5.1。

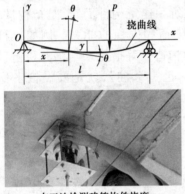

在工地检测建筑构件挠度

图5.26　挠度示意图

图5.27　增强整体性的措施

表5.1　金属及玻璃屋面构件挠度

支承构件或面板			最大相对挠度(L为跨距)
支承构件	单根金属构件	铝合金型材	$L/180$
		钢型材	$L/250$
玻璃面板 (包括光伏玻璃)	简支矩形		短边/60
	简支三角形		长边对应的高/60
	点支承矩形		长边支承点跨距/60
	点支承三角形		长边对应的高/60

续表

支承构件或面板		最大相对挠度(L为跨距)
独立安装的光伏玻璃	简支矩形	短边/40
	点支承矩形	长边/40
金属面板	铝合金板	$L/180$
	钢板,坡度≤1/20	$L/250$
	钢板,坡度>1/20	$L/200$
	金属平板	$L/60$
	金属平板中肋	$L/120$

注:引至《采光顶与金属屋面技术规程》(JGJ 255—2012)。

图 5.28 稳定性差的比萨斜塔

④整体性,是指建筑物或构件抵抗因外力作用而分解和解体的能力。例如,砖砌体外墙常设圈梁来保证其整体性,这个圈梁就像木桶的箍能确保其不解体一样,确保建筑不至于受外力作用而解体,见图 5.27。

⑤稳定性,对于建筑和建筑构件而言,是指构件抵抗因外力作用或其他原因而失衡和失稳的能力。例如,当砌体墙面过长或过高时,会利用构造柱等措施来增强其稳定性,使其不易垮塌。所谓"一个篱笆三个桩",就是要设桩来稳定篱笆。地面的不均匀下沉也可能会导致建筑的倾覆,如著名的比萨斜塔,见图 5.28。

5.5 构件尺寸

构件设计和生产的尺寸应该不一致,这是考虑了制作和安装的需要。与构件和施工有关的尺寸类型有标志尺寸、构造尺寸和实际尺寸。设计图中,绝大多数的尺寸单位是 mm,通常不注明。

(1)标志尺寸

标志尺寸用于标注建筑物定位轴线之间的距离(如跨度、柱距、层高等),建筑制品、构配件所占空间尺寸,以及有关设备位置界限之间的尺寸等。它应符合模数数列的规定,标志尺寸 = 构造尺寸 + 施工缝尺寸。

(2)构造尺寸

构造尺寸是建筑制品和构配件等的设计尺寸。为便于安装,构造尺寸通常比标志尺寸小,因为考虑了施工缝。施工缝隙尺寸的大小,宜符合模数数列的规定,见图 5.29。

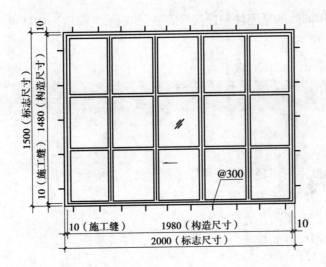

图 5.29 构件的尺寸

(3)实际尺寸

实际尺寸是按照构造尺寸生产制造的构件成品尺寸,因存在加工精度误差,所以与构造尺寸有出入,这种误差应由允许偏差值加以限制,如 1480 ±5。

5.6 相关标准

建筑的设计阶段应严格按照有关国家设计规范,行业标准,以及地方或行业的相关条例、规定执行,以确保工程质量。目前已颁布的与建筑工种有关的设计规范已有约 170 个。而施工建造时,主要按照建筑行业有关标准(数量更多,例如关于材料的、构件的,关于施工安全和施工质量的)和图纸规定执行,当设计图纸与国家标准和行业标准有冲突时,以国家标准和行业标准为准。

5.7 材料的正确使用

在设计和建造时,材料选用以及各种材料之间的组合,应注意以下几点:

(1)适用性

例如,石灰砂浆仅适用于干燥的环境,红丹漆仅用于钢铁构件的防锈,而铝材和铝合金构件的防锈蚀却应采用锌黄底漆这一类。

(2)相容性

如涂料、油漆及配套辅料的使用,化学成分要一致或相容。

(3)防电化学腐蚀

不同的金属材料相连接易产生电化学腐蚀,例如铜板上的铁铆钉更易生锈。施工安装中,金属构件应采用同质的紧固件和连接件安装,如铝板之间应采用铝铆钉铆接,不锈钢构件应用不锈钢焊条焊接等。

复习思考题

1. 什么是施工工艺和工序?
2. 钢筋混凝土框架内部轻质隔墙可以采用什么方法安装固定?
3. 作用于建筑构件的外力通常有哪些?
4. 构造层次可以改变吗? 为什么?
5. 为什么要控制构件的挠度?

习　题

一、判断题

1. 构造和建造是同义词,建筑构造以研究建筑的建造特别是建筑师负责设计并交付施工的内容为主。　　　　　　　　　　　　　　　　　　　　　　　　　　（　　）
2. 建筑的主要组成部分主要有 10 大类。　　　　　　　　　　　　　　（　　）
3. 基础和建筑空间没关系,是建筑以外的部分。　　　　　　　　　　　（　　）
4. 墙体主要用来支承楼板或屋面。　　　　　　　　　　　　　　　　　（　　）
5. 施工工艺是指必须遵循的施工的先后顺序。　　　　　　　　　　　　（　　）
6. 构造层次同时反映了施工工序。　　　　　　　　　　　　　　　　　（　　）
7. 遮饰施工缝或变形缝的构件的安装,有一边或两边固定之分。　　　　（　　）
8. 采取什么样的安装固定构件的方法,同安装位置以及构件的制作材料有关。（　　）
9. 强度是建筑构件抵抗因为外力作用而弹性变形的能力。　　　　　　　（　　）
10. 建筑设计有设计的标准,施工有施工的标准,材料和构件生产也有相关标准。（　　）
11. 建筑抵抗因为各种原因而导致倾覆和失稳的能力,称为稳定性。　　　（　　）
12. 雨篷和阳台属于建筑的主要组成部分。　　　　　　　　　　　　　　（　　）
13. 同一种构件一般可以选择不同的安装固定方法。　　　　　　　　　　（　　）
14. 南北不同地区的一些构造做法会有差异。　　　　　　　　　　　　　（　　）
15. 门窗设计图的构造尺寸,已包含了的施工缝的尺寸。　　　　　　　　（　　）

二、选择题

1. 玻璃的安装,不可以（　　）的方法。
   A. 钉固　　　　　B. 嵌固　　　　　C. 焊接　　　　　D. 挂接
2. 为减少构件的挠度,不可以（　　）。
   A. 选择刚度大的材料　　　　　　　B. 缩小构件的长度
   C. 一端固定构件　　　　　　　　　D. 加大断面尺寸

3.为增加墙体的稳定性,较好的方法是( )。

　　A.减轻自重　　　　　　　　B.增加水平支撑

　　C.缩小构件的断面尺寸　　　D.增强构件的刚度

4.楼地面的面层,与以下构造层次无直接联系的是( )。

　　A.保护层　　　B.垫层　　　C.结合层　　　D.找平层

5.以下的施工方法不是用于涂料的是( )。

　　A.抹涂　　　B.弹涂　　　C.粘贴　　　D.喷涂

6.20 厚 1∶2.5 水泥砂浆,不能作为( )。

　　A.找平层　　　B.结合层　　　C.防水层　　　D.保护层

7.以下( )的说法是错误的。

　　A.施工过程中不能留缝　　　B.各种缝可以通过装修来消除

　　C.建筑常会设置变形缝　　　D.有些缝的存在并不表示施工质量不好

8.柱子常会受到各种力的作用,但不包括( )。

　　A.压力　　　B.剪力　　　C.弹力　　　D.扭转力

9.建筑因为外力作用而解体(和破坏有所不同),最主要原因是( )。

　　A.稳定性差　　　B.刚度差　　　C.整体性差　　　D.强度差

10.穹窿形的空间,有( )围合和围护界面。

　　A.0 个　　　B.1 个　　　C.2 个　　　D.3 个

三、填空题

1.建筑主要由基础与_____、墙与柱、楼地(板)面、_____、楼(电)梯、屋顶面等主要部分组成。

2.地下室是指房间地平面低于_____的高度超过该房间_____者。

3.窗是主要用于建筑空间的采光和_____,并_____空间的构件。

4.为实现一种建造结果,常会在若干相关的工艺当中选择一种,以追求_____和_____。

5.建筑的各种围护结构或空间界面的_____,为满足设计和使用要求,会用若干的_____进行组合,形成不同的_____,即构造层次。

6._____允许构件之间有一定限度的_____,刚性连接则不然。

7.构件_____的安装方法是,先预留孔洞或_____,插入或_____后再固定牢靠。

8.刚度是建筑构件抵抗因_____作用而_____的能力。

9.稳定性是构件抵抗因_____或其他原因而_____的能力。

10.在_____中,发现设计图纸要求低于_____和行业标准要求时,当以_____和行业标准为准。

四、简答题

1.建筑的牢固体现在哪些方面?

2.试想玻璃构件可以采用哪些方法安装到墙面上?

3.试想较轻的金属构件,可以用哪些方法安装到楼板下面去?

4.试想可以用哪些方法,保证一堵 120 厚、6 m 长、3 m 高的景墙,具备足够的稳定性?

5.构件的设计尺寸和施工缝有无关系?为什么?

6. 如果楼板的刚度不够,虽然肯定不会破坏,但会产生什么现象而影响使用?

7. 试想哪些建筑的部位和构件,宜采用柔性连接的安装方式?

8. 要将一个每边 300 mm 的混凝土立方块,搁置到墙面上,可以采用哪些方法,使之既牢固又美观?

9. 如果一段砖砌墙体因承受梁的荷载而强度不够,可采取哪些构造手段加强?

10. 不同金属构件连接时,应注意避免什么问题?

五、作图题

1. 绘制一个剖面图,能够反映出建筑的几个主要组成部分。

2. 绘制室内玻化砖地面的构造大样,并以文字标明构造层次。

6

地基基础和地下室

[本章导读]

通过本章学习,应了解地基和基础与建筑的关系;了解地基的类型和加固措施;熟悉基础的类型、适用范围和构造;熟悉地下室防水和排水的措施和构造做法。

6.1 地基与基础

6.1.1 地基与基础的基本概念

(1)地基与基础

基础是建筑地面以下的承重构件,是建筑的重要组成部分。地基是承受由基础传下的荷载的土层(岩层),包括持力层和下卧层,见图6.3。地基土的种类有岩石、碎石土、砂土、黏性土和人工填土。

(2)天然地基与人工地基

①天然地基:不需经过人工加固,具有足够的承载力的天然岩层或土层。

②人工地基:经人工处理、加固的土层。如果天然地基的承载力不能满足要求,需经人工处理后作为地基的土层称为人工地基。处理方法视具体情况有多种选择,如换土法(图6.1)、预压法、强夯法(图6.2)、振冲法、砂石桩法、石灰桩法、柱锤冲扩桩法、土挤密桩法、水泥土搅拌法、高压喷射注浆法、单液规划法、碱液法等。

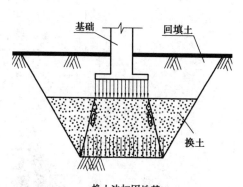

换土法加固地基

图6.1　换填法加固地基

图6.2　强夯法加固地基

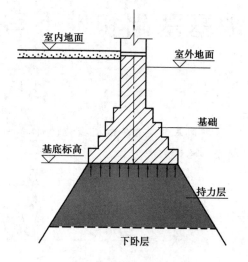

图6.3　地基与基础

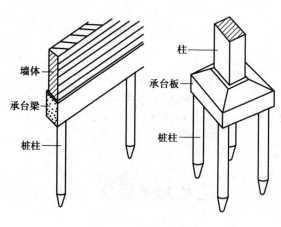

图6.4　桩基础

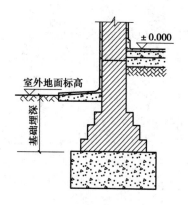

图6.5　基础埋置深度

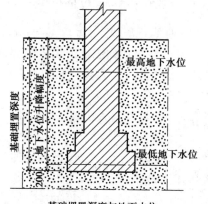

基础埋置深度与地下水位

图6.6　基础埋深与地下水位

（3）基础埋深

基础埋置深度是由室外设计地面到基础底面的垂直距离,见图6.5。基础的埋置深度≥0.5 m;深基础≥5 m或埋深≥基础宽度的4倍;浅基础<5 m或埋深小于基础宽度的4倍。影响基础埋深的因素主要有以下方面:

①建筑物的用途。有无地下室、设备基础和地下设施,基础的形式和构造等,对埋深都有影响。

②作用在地基上的荷载大小和性质。基础应埋置在坚硬的土层上。

③工程地质和水文地质条件。基础应埋在地下水位以上,当地下水位较高时,当埋置在全年最低地下水位以下,且不少于200 mm,见图6.6。

④相邻建筑物的基础埋深。当存在相邻建筑物时,新建建筑物的基础埋深不宜大于原有建筑基础。当埋深大于原有建筑基础时,两基础间应保持一定净距,其数值应根据建筑荷载大小、基础形式和土质情况确定,通常是新基础埋深较旧基础大,是二者基础垫层净距的1~2倍。

⑤地基土冻胀和融陷的影响。为避免冻土层长年周期性膨胀和塌陷的不良影响,基础应埋置在冰冻线以下不小于200处,见图6.7。

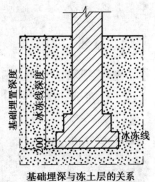

图6.7 基础埋深与冻土层

注:与基础埋深有关的更具体的规定,详见《建筑地基基础设计规范》(GB 50007—2011)。

6.1.2 基础的类型和适用范围

1)基础类型

①以形式分:分为带(条)形基础、独立式基础、桩基础、筏形基础、箱型基础、壳体基础和联合基础等。

②以材料分:分为砖、石、混凝土、毛石混凝土、钢筋混凝土基础。

③以传力特点分:分为刚性基础和柔性基础。

④以埋置深度分:分为浅基础和深基础。

2)不同形式基础的特点和适用范围

（1）条形基础

条形基础是指基础长度远远大于宽度的一种基础形式,按上部结构分为墙下条形基础[图6.8(a)]和柱下条形基础[图6.8(b)],一般用于采用砖混结构的居住建筑和低层公共建筑。

（2）独立基础

独立基础适用于框架及排架等柱子承重的结构,常见的有台阶形[图6.9(a)];锥形基础、杯口基础[图6.9(b)]等。台阶形的踏步高为300~500,锥形或杯口基础边缘的厚度不小于200,混凝土强度不低于C20,垫层厚度不小于70。

（3）桩基础

桩基础由基桩和联结于桩顶的承台板或梁共同组成。按照基础的受力原理可分为摩擦

（a）墙下条形基础图

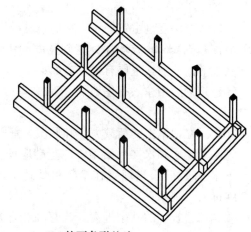

（b）柱下条形基础

图6.8　条形基础

（a）台阶形独立基础

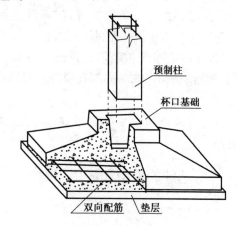

（b）杯口形独立基础

图6.9　独立基础

桩和端承桩。端承桩支承在地下较深处坚硬的持力层上，可支撑上部荷载，同时避免大开挖施工；摩擦桩是依靠桩群刚度，保证在自重或相邻荷载影响下不产生过大的不均匀沉降，确保建筑物的倾斜不超过允许范围。桩基础可凭借巨大的单桩侧向刚度或群桩基础的侧向刚度及其整体抗倾覆能力，抵御由于风和地震引起的水平荷载与力矩荷载，保证高层建筑的抗倾覆稳定性，见图6.4。桩基础有时也采用钢桩。

桩的类型主要有预制钢筋混凝土桩、预应力钢筋混凝土桩、钻（冲）孔灌注桩、人工挖孔灌注桩、钢管桩等。

预制桩基础在软土地基中广泛采用，其特点是在预制场或施工现场制成各种形式的桩，用沉桩设备将桩打入、压入或振入土中，上面再做承台或梁来承担建筑荷载。其类型有预应力钢筋混凝土管桩（PC）、高强预应力钢筋混凝土管桩（PCH）、预应力钢筋混凝土方管桩（KFZ）、钢筋混凝土方桩等，见图6.10。

灌注桩适用于地质条件复杂、持力层埋藏深、地下水位高等不利于人工大规模开挖施工基础的情况，有挖孔桩和钻孔桩两种。待孔形成并达到设计要求后，再植入钢筋网，浇筑混凝土，见图6.11。

(a) 预制方桩　　　　　　　　　　　(b) 打入地下

图 6.10　预制桩及施工

(a) 挖孔灌注桩　　　　　　(b) 钻孔灌注桩　　　　　　(c) 放入钢筋网

图 6.11　灌注桩及施工

爆扩桩是指用爆破方法将孔底端部扩大,然后浇灌混凝土而成的短桩,顶端再设平台或梁承担建筑荷载,这样既对地基进行了处理,又提高了桩基础的承载力,见图 6.12。

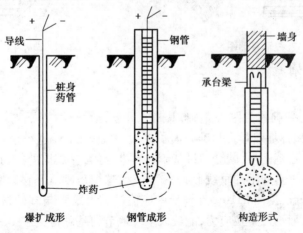

图 6.12　爆扩桩成形原理

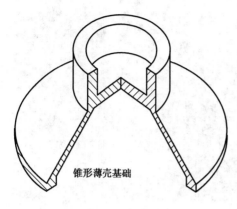

锥形薄壳基础

图 6.13　壳体基础

（4）壳体基础

烟囱、水塔、贮仓、中小型高炉等各类筒形构筑物基础,因为平面尺寸较大,为节约材料并使基础结构有较好的受力特性,常将基础做成壳体形式的独立基础,称为壳体基础。其常用形式有正圆锥壳、M 形组合壳、内球外锥组合壳等,见图 6.13。

（5）筏形基础

当建筑物上部荷载较大而地基承载能力又比较弱时,独立基础或条形基础已不适用,这时可将墙或柱下基础连成一片,使建筑物的荷载承受在一块整板上,做成筏形基础,也称满堂基础。其特点是底面积大、基底压强小,同时可提高地基土的承载力,并能更有效地增强基础的整体性,调整不均匀沉降,见图 6.14。

（6）箱形基础

箱形基础是由钢筋混凝土的底板、顶板和若干纵横墙组成的一个中空的箱形整体结构,共同承受上部的荷载。箱形基础整体空间刚度大,对抵抗地基的不均匀沉降有利,适用于高层建筑或在软弱地基上建造的上部荷载较大的建筑物。当基础的中空部分较大时,还可加以利用,见图 6.15。

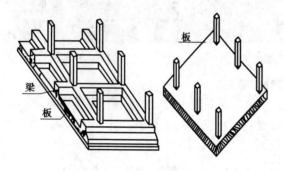

图 6.14　筏形基础图

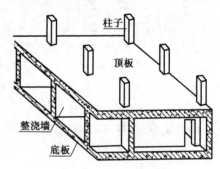

图 6.15　箱型基础

3）刚性基础及柔性基础

（1）刚性基础

受刚性角限制的基础称为刚性基础,其特点是抗压好,但抗拉、弯、剪差,常见的有砖基础、毛石混凝土基础和石基础等。基础底面积越大,其底面压强越小,对地基的负荷越有利,但放大的尺寸超过一定范围时,就会超过基础材料本身的抗拉、抗剪能力,引起破坏。折裂的方向与柱或墙的外侧垂直向下的垂线形成一个角度,这个角度就是材料刚性角。受刚性角限制的基础称为刚性基础,见图 6.16。在设计中应使基础大放脚与基础材料的刚性角相一致,这样可使刚性基础底面不产生拉应力,能最大限度地节约基础材料。

（2）柔性基础

柔性基础是指钢筋混凝土材料做的基础,其抗拉、抗压、抗弯、抗剪性能均较好,不受刚性角的限制,可做成条形或独立形基础,一般用于地基承载力较差、上部荷载较大、设有地下室且基础埋深较大的工程。多适用于 6 层和 6 层以下的一般民用建筑和整体式结构厂房。柔

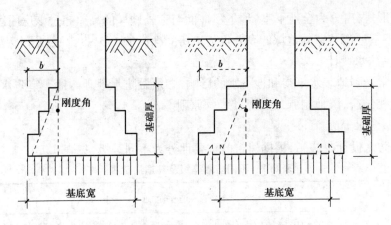

图 6.16　刚性基础

性基础还可节省大量的混凝土材料和挖方。

　　钢筋混凝土基础可以做成四棱锥形,最薄处不小于 200 mm,也可以做成阶梯型,每步高 300~500 mm,混凝土强度等级不应低于 C20。垫层的厚度不宜小于 70 mm,垫层混凝土强度等级应不小于 C10,见图 6.17。

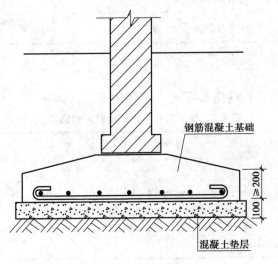

图 6.17　柔性基础

6.2　地下室

6.2.1　地下室设计一般原则

　　建筑物底层以下的房间称为地下室,可用作设备用房、车库、库房、商场、餐厅以及战备防空等。

　　(1)地下室类型

　　①按功能分:分为普通与防空地下室。

②按构造形式分:分为全地下室(地下室地面与室外地坪的高差超过该房间净高的1/2),半地下室(地下室地面与室外地坪的高差仅为该房间净高的1/3~1/2),以及多层地下室。

(2)地下室防水设计

地下室经常受到地表水下渗和地下水的影响,必须做防水处理。地下室防水设计应遵循"防、排、截、堵相结合,因地制宜,综合治理"的原则。

(3)地下室防水等级

①地下室防水设计与施工,根据建筑的重要性分为不同等级,见表6.1。

表6.1　不同防水等级及其适用范围

防水等级	适用范围
一级	人员长期停留的场所;因有少量湿渍会使物品变质、失效的储物场所及严重影响设备正常运转和工程安全运营的部位;极重要的战备工程、地铁车站
二级	人员经常活动的场所;在有少量湿渍的情况下不会使物品变质、失效的储物场所及基本不影响设备正常运转和工程安全运营的部位;重要的战备工程
三级	人员临时活动场所;一般战备工程
四级	对渗漏水无严格要求的工程

注:引自《地下工程防水技术规范》(GB 50108—2008)。

②在设计与施工时,不同的防水等级,设防要求不同,见表6.2。

表6.2　地下工程主体结构防水设防要求

防水措施＼防水等级	一级	二级	三级	四级
防水混凝土	应选	应选	应选	宜选
防水卷材、防水涂料、防水砂浆、塑料防水板、金属防水板	应选一至两种	应选一种	宜选一种	—

注:引自《地下工程防水技术规范》(GB 50108—2008)。

③地下室防水措施:主要是借助防水混凝土和防水卷材进行防水,其质量要求分别见表6.3和表6.4。

表6.3　防水混凝土设计抗渗等级

工程埋置深度 H/m	设计抗渗等级	工程埋置深度 H/m	设计抗渗等级
$H < 10$	P6	$20 \leqslant H < 30$	P10
$10 \leqslant H < 20$	P8	$H \geqslant 30$	P12

注:引自《地下工程防水技术规范》(GB 50108—2008)。

表6.4　防水卷材厚度

卷材品种	高聚物改性沥青类防水卷材			合成高分子类防水卷材			
	弹性体改性沥青防水卷材、改性沥青聚乙烯胎防水卷材	自粘聚合物改性沥青防水卷材		三元乙丙橡胶防水卷材	聚氯乙烯防水卷材	聚乙烯丙纶复合防水卷材	高分子自粘胶膜防水卷材
		聚酯毡胎体	无胎体				
单层厚度/mm	≥4	≥3	≥1.5	≥1.5	≥1.5	卷材：≥0.9 黏结料：≥1.3 芯材厚度：≥0.6	≥1.2
双层厚度/mm	≥(4+3)	≥(3+3)	≥(1.5+1.5)	≥(1.2+1.2)	≥(1.2+1.2)	卷材：≥(0.7+0.7) 黏结料：≥(1.3+1.3) 芯材厚度：≥1.5	·

注：引自《地下工程防水技术规范》(GB 50108—2008)。

6.2.2　地下室的防水、排水构造

1)地下室防水

地下室防水主要是"以防为主,以排为辅",一般是在外墙迎水面做卷材或涂料外防水,有"外防内贴法"和"外防外贴法"两种。

"外防内贴法"是先浇筑混凝土垫层,在垫层上砌筑永久性保护墙,抹水泥砂浆找平层,将卷材防水层直接铺贴在垫层和永久性保护墙内表面上,再浇筑地下室底板和外墙,见图6.18。

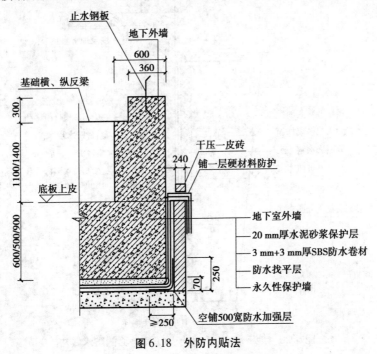

图6.18　外防内贴法

　　"外防外贴法"是先在垫层上铺贴底层卷材,四周留出接头,待地下室底板和外墙浇筑完毕,再将卷材防水层直接铺设在外墙外表面上,见图6.19。

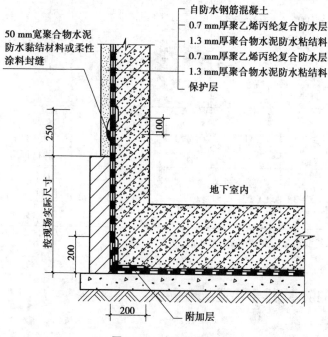

图 6.19　外防外贴法

　　当地下最高水位高于地下室的地面时,地下室应做整体钢筋混凝土结构,以保证防水效果,见图6.20。此外,地下室防水还可按照具体情况选择其他方案,见图6.21。

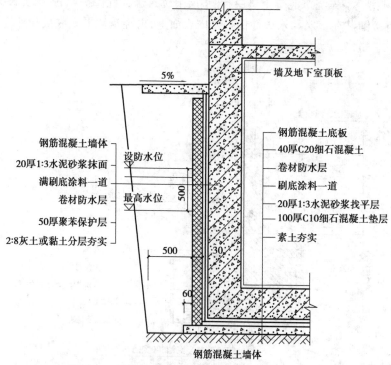

图 6.20　地下最高水位高于地下室地面的防水做法

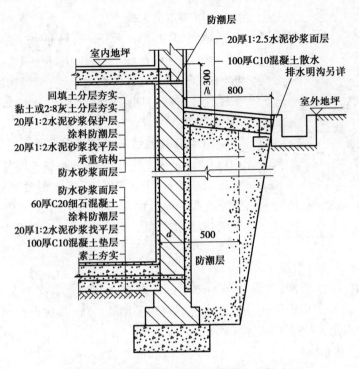

图 6.21　地下室砌体墙面涂料内防水做法

当地下最高水位低于地下室的地面时,地下室也应做防潮处理,见图 6.22(a)和(b)。

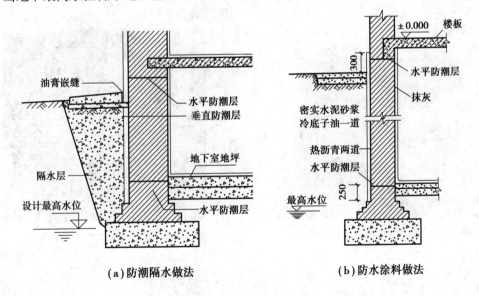

(a)防潮隔水做法　　　　(b)防水涂料做法

图 6.22　地下室防潮

2)地下室排水

地下室排水的原理是:利用地漏、水篦子、水管和水沟等,将地面水收集到集水井(坑),最后通过水泵抽取出去。常用方法如下:

图6.23　地下车库排水沟

（1）排水沟系统

地面以 0.5% ~1% 的坡度坡向水沟，沟一般宽300 mm、深300 mm。也有以0.5% ~1% 的坡度坡向集水坑（井）的，沟上覆盖铸铁箅子，一般结构底板为架空板或无梁楼板（厚板）时采用这种方式，见图6.23。

（2）地漏系统

用地漏-排水管方式排至集水井。地下室地面从各方向以0.5% ~1% 的坡度坡向地漏。地漏与水管相通，水管再以0.5% ~1% 的坡度，将水汇集到集水坑。一般地下室底板为梁板结构形式时采用这种方式。优点是不影响结构层、造价低；不足之处是大量排水时不很通畅、不易清理。

（3）地漏与明沟联合系统

在地下室面层内做明沟，沟深一般为100 mm，借助地漏和水管排至集水坑（井），见图6.24和图6.25。底板为梁板形式且较薄的地下室多采用此系统，其优点是可以清扫、不破坏构层、造价低，缺点是大量排水时明沟太浅。

（4）箅子井排水系统

在底板上每隔一定距离设置一个600 mm×600 mm 的箅子井，通过排水管排至集水坑（井）。任何形式的结构底板均可采用此种排水方式，它是明沟和地漏两种方式结合的变通，既解决了大量排水时的通畅问题，又便于清通，可保持地面平整。

图6.24　地下室底板和集水坑施工

图6.25　地下车库集水坑盖板

复习思考题

1. 对不理想的地基，有哪些改良方法？
2. 简述基础埋深与地下水位的关系。
3. 简述基础埋深与冻土层的关系。
4. 不同基础类型的适用范围是什么？

5. 地下车库的排水原理是什么?

6. 地下室常用的防水材料有哪些?

7. 柔性基础与刚性基础的差别有哪些?

习 题

一、判断题

1. 当地下水常年水位和最高水位都在地下室地坪标高以上时,地下室应采用防水处理。 (　　)

2. 基础埋深是指从建筑的 ±0.000 处到基础底面的距离。 (　　)

3. 钢筋混凝土基础底面宽度的增加,应控制在刚性角的范围内。 (　　)

4. 受刚性角的限制的基础称为刚性基础,特点是抗压好,抗拉、弯、剪差,包含砖、石材基础等。 (　　)

5. 按受力方式分,桩基础包括端承桩基础和摩擦桩基础。 (　　)

6. 箱形基础整体空间刚度大,对抵抗地基的不均匀沉降有利,适用于高层建筑或在软弱地基上建造的上部荷载较大的建筑。 (　　)

7. 地下室因为在地下,没办法开设窗户。 (　　)

8. 地下室应特别注意防水,依据建筑的重要性,分有五个防水等级。 (　　)

9. 地下室的防水层主要设置在迎水一面。 (　　)

10. 地下室内的水,是采取措施现将其汇集到集水坑,再用水泵抽取走。 (　　)

11. 钢筋混凝土基础抗压好,属于刚性基础。 (　　)

12. 筏形基础底面的平均压强较小。 (　　)

13. 强夯法是人工基础的处理方法之一。 (　　)

14. 地下水位较高时,基础应埋置在地下水位以下 200 mm 处或更深。 (　　)

15. 条形基础一般用于砖混结构建筑。 (　　)

二、选择题

1. 当地下水位很高,基础不能埋在地下水位以上时,应将基础底面埋置在(　　)以下,从而减少和避免地下水的浮力和影响等。

  A. 最高水位 200 mm　　　　　　B. 最低水位 200 mm

  C. 最高水位 500 mm　　　　　　D. 最高和最低水位之间

2. 基础埋置的最小深度应为(　　)。

  A. ≥0.3 m　　　B. ≥0.5 m　　　C. ≥0.6 m　　　D. ≥0.8 m

3. 地下室墙面防水有(　　)的做法:

  Ⅰ. 涂沥青两遍Ⅱ. 设置多道水平防水层Ⅲ. 外贴防水卷材Ⅳ. 外墙采用防水混凝土

  A. Ⅰ和Ⅱ　　　　B. Ⅱ和Ⅲ　　　　C. Ⅲ和Ⅳ　　　　D. Ⅰ和Ⅳ

4. 深基础是指建筑物基础的埋深大于(　　)。

  A. 6 m　　　B. 5 m　　　C. 4 m　　　D. 3 m

5. (　　)不是建筑常用基础的类型。

    A.条形基础   B.单独基础

    C.片筏基础   D.砂基础

    E.箱形基础

6.当设计最高地下水位(　　　)时,必须作好地下室的防水构造。

    A.低于地下室地层标高   B.高于地下室地层标高

    C.低于基础底面标高   D.低于室内地面标高

7.设计与施工时,不考虑刚度角的基础类型是(　　　)。

    A.石材砌筑的基础   B.砖基础

    C.混凝土基础   D.钢筋混凝土基础

8.地下工程防水等级总共有(　　　)。

    A.3个   B.4个   C.5个   D.6个

9.当地下最高水位高于地下室的地面时,地下室应做(　　　)。

    A.混凝土结构   B.砌体结构

    C.整浇钢筋混凝土结构   D.剪力墙结构

10.箱形基础适用于(　　　)。

    A.硬质地基及荷载大的建筑   B.承载力不一致的地基

    C.多层建筑   D.柔软地基及荷载大的建筑

三、填空题

1.基础是_____的承重构件,是_____的重要组成部分。

2.天然地基是不需经过_____加固,就具有足够的_____的_____。

3.基础埋置深度是由_____到基础_____的距离,基础的埋置深度≥0.5 m;深基础埋深_____;浅基础是指_____。

4.基础应埋在_____以上,若不行,当埋置在_____以下,且不少于200。

5.在有冻土层的地方,基础应埋置在_____,不小于_____之处。

6.以材料分:基础主要有_____、石、_____、毛石混凝土、_____基础。

7.条形基础按上部结构分为_____基础和_____基础。

8.受_____限制的基础称为刚性基础。特点是抗_____好,抗_____、剪差。

9.钢筋混凝土基础可以做成四棱锥形,最薄处厚度不能小于_____;也可以做成阶梯型,每踏步高_____,其混凝土强度等级不应低于_____。

10.筏形基础的特点是_____,可减小基底压强,同时提高地基土的承载力,并能更有效地增强基础的_____,调整_____沉降。

四、简答题

1.地基是建筑的组成部分吗?按照构造形式一般主要分为哪些类型?

2.基础的埋置深度,受哪些因素的影响?

3.有冻土层的地方,基础的埋深要注意什么要点?

4.柔性基础有什么特点,可以做成什么形式?

5.基础的刚性角是指什么?

6.摩擦桩基础的特点是什么?

7.地下室排水的要点是什么? 如果是一个仅一层的地下车库,怎样防止暴雨时淹没车库?

　　8.什么是全地下室? 构造的重点是什么?

　　9.地下室的防水有哪些构造做法?

　　10.地下室防水的外防外贴法的特点是什么?

五、作图题

　　1.手绘一个基础"刚度角"的示意图。

　　2.手绘一个地下水位高于地下室地面时,地下室墙体、地面及防水层的设计简图。地下室层高3.6 m,地坪标高 -3 m,地下水位 -2 m。

7 墙体构造

[本章导读]
　　通过本章学习,应了解建筑内外墙体的围护作用和相关构造要求;了解墙体常用材料和构造措施;了解墙体的节能措施;熟悉不同墙体的类型和构造原理;掌握墙体的加固措施。

7.1　建筑墙体

　　墙体是建筑的重要组成部分,它起着承受建筑荷载和自重、分隔建筑内部空间、围护建筑内部使之不受外界侵袭和干扰等作用。本章介绍的墙体,以围护墙、隔墙等作为建筑构件的墙体为主,而作为结构构件的墙体(如剪力墙等),不在其中。

7.1.1　墙体类型

　　①按所处位置,分为外墙(外围护墙)和内墙。
　　②按布置方向,分为纵墙和横墙(山墙),见图7.1(a)。
　　③按与门窗的位置关系,分为窗间墙和窗下墙,见图7.1(b)。
　　④按构造方式,分为实体墙、组合墙和空心墙等,见图7.1(c)。
　　⑤按受力方式,分为承重墙和非承重墙。承重墙要承受来自屋面和楼面的荷载和自重;非承重墙(图7.2)如框架填充墙、轻质隔墙和幕墙等,仅承受自重。
　　⑥按施工方法,分为块材墙、板筑墙及板材墙等。

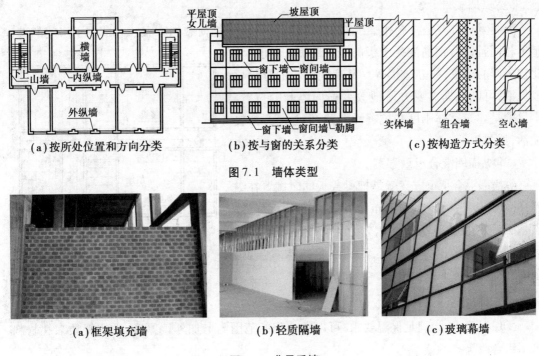

（a）按所处位置和方向分类　　　（b）按与窗的关系分类　　　（c）按构造方式分类

图 7.1　墙体类型

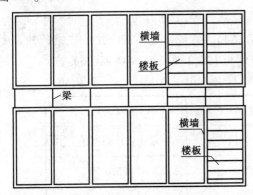

（a）框架填充墙　　　　（b）轻质隔墙　　　　（c）玻璃幕墙

图 7.2　非承重墙

7.1.2　墙体的设计要求

1）考虑承重方案的不同特点

墙体的承重方案分为横墙承重方案、纵墙承重方案和纵横墙混合承重方案。

（1）横墙承重方案

横墙承重方案的特点是：将板和梁放置在横墙上，楼板荷载由横墙承担。它适用于房间多而且开间较小的建筑，如学生公寓等。其建筑横向刚度好，抗震性高，但立面开窗受限，见图 7.3。

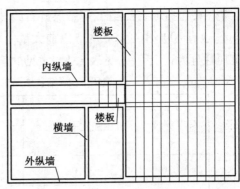

图 7.3　横墙承重方案　　　　　　　图 7.4　纵墙承重方案

（2）纵墙承重方案

纵墙承重方案是将板和梁放置在纵墙上,由纵墙承担荷载的方案。它适用于房间的进深基本相同且符合钢筋混凝土板的经济跨度、开间尺寸比较多样的建筑,如办公楼等。其房间大小的分隔比较灵活,可以根据需要方便地改变横向隔断的位置,不足的是建筑整体刚度和抗震性能差,但立面开窗较灵活,见图7.4。

（3）纵横墙混合承重方案

纵横墙混合承重方案就是把梁或板同时搁置在纵墙和横墙上。其优点是房间布置灵活,整体刚度好;缺点是所用梁、板类型较多,施工较为麻烦,见图7.5。

无论具体采用哪种方案,都应满足结构对强度、刚度和抗震等方面的要求。

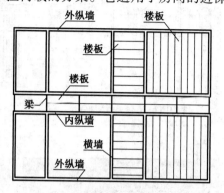

图7.5　纵横墙混合承重方案

2)功能要求

①保温要求:为满足保温要求,可以在合理的范围内增加外墙厚度,选用轻质多孔材料,采用组合墙等。

②隔声要求:与材料的密度和厚度有关,此二者较大时,隔声效果好。

③其他方面的要求:防火、防水、遮挡各种干扰(如视线干扰、噪声干扰)等。

7.1.3　砌体

砌体是用砂浆等胶结材料将砖、砌块或石块组砌成的形体,如砖墙、石墙及各种砌块墙等。砌体常用的块材有烧结砖、石块或砌块等,胶结材料有水泥砂浆和混合砂浆等。

1)块材

（1）烧结砖

烧结砖包括烧结页岩砖、烧结煤矸石砖、烧结粉煤灰砖等,通常尺寸为 $240 \text{ mm} \times 115 \text{ mm} \times 53 \text{ mm}$,也有 $200 \times 100 \times 50$ 的。以前大量使用的烧结黏土砖现已逐渐被淘汰。烧结砖的强度按抗压性分为 5 个等级,见表7.1。常见的墙体厚度为120,180,240,370,490 mm。

表7.1　**烧结普通砖的强度等级**（GB 5101—2003）　　　单位:MPa

强度等级	抗压强度平均值 f	变异系数 $\delta \leqslant 0.21$	$\delta > 0.21$
		强度标准值 $f_k \geqslant$	单块最小抗压强度值 $f_{min} \geqslant$
MU30	30.0	22.0	25.0
MU25	25.0	18.0	22.0
MU20	20.0	14.0	16.0

续表

强度等级	抗压强度平均值 f	变异系数 δ≤0.21	δ>0.21
		强度标准值 f_k ≥	单块最小抗压强度值 f_{min} ≥
MU15	15.0	10.0	12.0
MU10	10.0	6.5	7.5

（2）小型砌块

砌块依据规格尺寸分为小型、中型和大型砌块。小型砌块块体高度为 115～380 mm，包括混凝土小型空心砌块、轻骨料混凝土小型空心砌块、蒸压加气混凝土砌块、加气混凝土砌块等；中型砌块块体高度为 380～980 mm；块体高度大于 980 mm 的，为大砌块。我国目前中小型砌块用得较多，大型砌块使用极少。

图7.6　混凝土小型空心砌块

①混凝土小型空心砌块：以水泥、砂、碎石或卵石、水等预制成。特点是自重轻、热工性能好、抗震性能好、砌筑方便、墙面平整度好、施工效率高等，见图7.6、图7.7。大量用的规格有 390×190×190 和 390×240×190，其他规格见图7.8。它的强度分为 MU5、MU7.5、MU10、MU15、MU20 这5个强度等级。

图7.7　空心砌块筑墙图

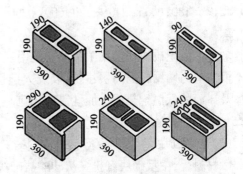

图7.8　混凝土小型空心砌块规格

②轻质料混凝土小型空心砌块：是以水泥和轻质骨料，按一定的配合比拌制成的混凝土拌合物，再经成型和养护而制成的轻质墙体材料。轻质料主要有三类：天然轻质料（如珍珠岩）、工业废渣轻骨料（如炉渣）和人造轻骨料（如陶粒等），其强度等级见表7.2。

表7.2　轻质料砌块强度等级（GB/T 15229—2011）

强度等级	砌块抗压强度（MPa）		密度等级范围（kg/m³）
	平均值不小于	最小值不小于	
MU2.5	≥2.5	2.0	≤800
MU3.5	≥3.5	2.8	≤1 000

续表

强度等级	砌块抗压强度（MPa）		密度等级范围（kg/m³）
	平均值不小于	最小值不小于	
MU5	≥5.0	4.0	≤1 200
MU7.5	≥7.5	6.0	≤1 200① ≤1 300②
MU10	≥10.0	8.0	≤1 200① ≤1 400②

注：①除自然煤矸石掺量不小于砌块质量35%以外的其他砌块；
②自然煤矸石掺量不小于砌块质量35%的砌块。

③加气混凝土砌块（图7.9）：是在钙质材料（如水泥、石灰）和硅质材料（如砂子、粉煤灰、矿渣）的配料中加入铝粉作加气剂，经加水搅拌、浇注成型、发气膨胀、预养切割，再经高压蒸汽养护而成的多孔硅酸盐砌块。其单位体积质量是黏土砖的1/3，保温性能是其3.4倍，隔音性能是其2倍，抗渗性能在1倍以上，而耐火性能是钢筋混凝土的6.8倍。

图7.9　加气混凝土砌块

加气混凝土砌块的规格有600×300×240,600×300×200,600×300×100,600×250×200,600×240×240,600×240×200,600×240×180,600×240×120,600×240×100,600×200×200等。

加气混凝土砌块一般用于工业与民用建筑墙体砌筑，主要用于钢筋混凝土框架及钢筋混凝土框架剪力墙结构的高层建筑，以及大型钢结构建筑的墙体填充，也用于工业与民用建筑墙体及屋面的保温绝热层。加气混凝土砌块按抗压强度分为A1.0、A2.0、A2.5、A3.5、A5.0、A7.5、A10.0这7个等级。

（3）中型砌块

以材料分，中型砌块有粉煤灰硅酸盐砌块[图7.10（a）]、混凝土空心砌块、加气混凝土砌块、废渣混凝土砌块、石膏砌块[图7.10（b）]和陶粒混凝土砌块[图7.10（c）]等。

（a）粉煤灰硅酸盐砌块　　　（b）石膏砌块　　　（c）陶粒混凝土砌块

图7.10　中型砌块

2)胶结材料

砌体的胶结材料以各种砂浆为主,在砂浆中加入水泥称为水泥砂浆;加入石灰(膏)称为"白灰砂浆"或"石灰砂浆";既加入水泥,又加入白灰的,称为"混合砂浆"。

石灰砂浆仅用于强度要求低和干燥的环境,成本比较低;混合砂浆和易性好,操作较方便,有利于提高砌体密实度和工效;水泥砂浆强度较高、应用较广,主要用于基础、长期受水浸泡的地下室以及承受较大外力的砌体。实际工程中常用混合砂浆,地面以上的部位均可采用。

砌筑砂浆按抗压强度划分为 M20、M15、M10、M7.5、M5、M2.5 这 6 个强度等级,强度等级越高,则强度越高,同时成本也越高。

7.1.4 砌体的组砌方式

(1)砖墙的组砌方式

组砌要求:砂浆饱满、横平竖直、避免通缝。常用的砌筑方法见图 7.11。

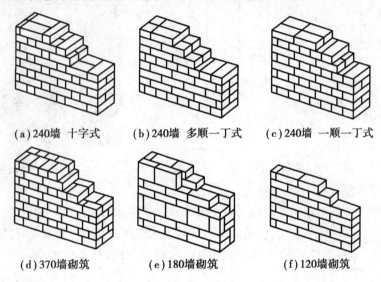

(a)240墙 十字式 (b)240墙 多顺一丁式 (c)240墙 一顺一丁式

(d)370墙砌筑 (e)180墙砌筑 (f)120墙砌筑

图 7.11 烧结砖的砌筑方式

(2)砌块墙的组砌方式

砌块组砌与砖墙的不同之处是:由于砌块规格较多、尺寸较大,为保证错缝以及砌体的整体性,应先做排列设计,并在砌筑中采取加固措施,见图 7.12。要求如下:

①砌块应整齐、统一、有规律性。

②大面积墙面上下皮砌块应错缝搭接,避免通缝。

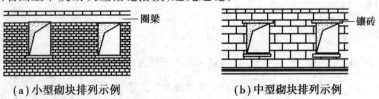

(a)小型砌块排列示例 (b)中型砌块排列示例

图 7.12 砌块砌筑方式

③内、外墙的交接处应咬接,使其结合紧密、排列有序。

④尽量多使用主要砌块,并使其占砌块总数的70%以上。

⑤使用钢筋混凝土空心砌块时,上下皮砌块应尽量孔对孔、肋对肋,以便于穿钢筋灌注构造柱。

7.1.5 砌体的细部构造

砌体的细部构造包括墙脚构造、门窗洞口构造、加固措施、变形缝构造等。

1)墙脚构造

墙脚是指室内地面以下、基础以上的这段墙体,见图7.14。而外墙的墙脚称为勒脚,勒脚应与散水、墙身水平防潮层形成闭合的防潮系统,以保护外墙脚,见图7.15。墙脚构造做法一般包括墙身防潮、勒脚构造、排水措施。

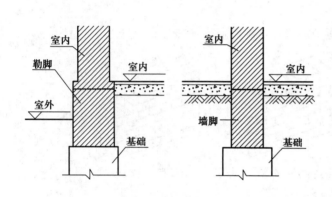

图7.13 墙脚与勒脚

图7.14 外墙勒脚

(1)墙身防潮构造

设置墙身防潮层的目的是为防止土壤中的水分沿基础墙上升和位于勒脚处的地面水渗入墙内,使墙身受潮,常用防水砂浆、油毡或细石混凝土做防潮层。垂直防潮层在墙体迎水面处,水平防潮层的位置有3种情况:在垫层范围内、在踢脚范围内、室内地坪以下一匹砖处(即-0.06 m处),见图7.15。

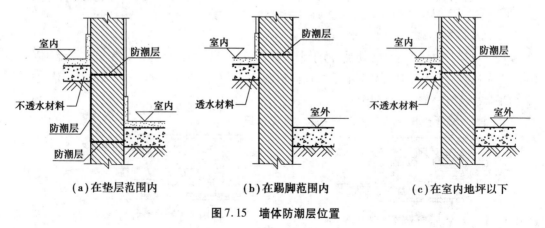

(a)在垫层范围内　　(b)在踢脚范围内　　(c)在室内地坪以下

图7.15 墙体防潮层位置

（2）水平防潮层的构造做法

①防水砂浆防潮层,为30 mm厚1∶3水泥砂浆掺5%的防水剂配制成的防水砂浆,也可以用防水砂浆砌筑4～6皮砖,位置在室内地坪上下。用防水砂浆做防潮层较适用于有抗震设防要求的建筑。

②细石混凝土防潮层,常用60 mm厚的配筋细石混凝土防潮带。该做法适用于整体强度要求较高的建筑。

③油毡防潮层,在防潮层底部抹20 mm厚的砂浆找平层,再干铺油毡一层或用热沥青粘贴一毡二油。油毡防潮层一般用于环境潮湿和使用年限较短的建筑,但特别不能用于抗震要求高的建筑,因为油毡做防潮层不能与砌筑砂浆很好地结合,墙体在这个位置类似于出现断层。

④墙脚为条石、混凝土或地圈梁时,可不设防潮层。

（3）勒脚构造

勒脚是外墙的墙脚,它接地气并易受雨雪侵蚀,需采取加固措施。勒脚防潮和加固的构造做法见图7.16。

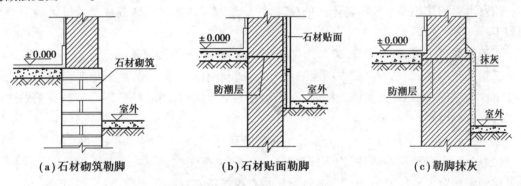

（a）石材砌筑勒脚   （b）石材贴面勒脚   （c）勒脚抹灰

图7.16　勒脚防潮和加固措施

（4）外墙脚的排水措施

外墙脚的排水措施主要借助散水、明沟或暗沟。

①散水:作用主要是保护基础和地基不受雨水的侵害,常用构造做法见图7.17。散水宽度应比挑檐多出200,散水与墙体之间应预留缝,再以柔性防水材料嵌缝。

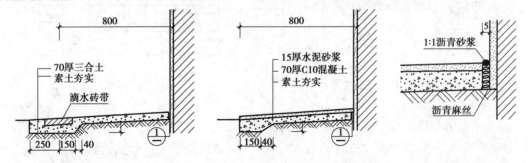

图7.17　散水构造做法

②排水沟:其纵向坡度不宜小于0.5%,沟的最浅处不宜小于150。明沟做法见图7.18,暗沟做法见图7.19。

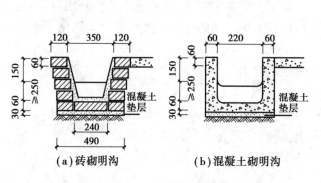

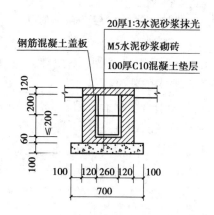

（a）砖砌明沟　　　　　（b）混凝土砌明沟

图 7.18　明沟构造做法

图 7.19　暗沟构造做法

2）门窗洞口构造

门窗洞口构造主要是门窗过梁和窗台的构造。

（1）门窗过梁构造

门窗过梁的作用是承担洞口上方的荷载,再传给洞口两边的墙体或柱子。过梁的主要类型如下:

①钢筋混凝土过梁（见图 7.20）,两端在砌体上的搁置长度≥250 mm。

②钢筋砖过梁,钢筋砖过梁在门窗口上方,将砖与墙体一样平砌,在下皮或两皮砖内配以 6～8 mm 的钢筋,钢筋砖过梁因此得名,一般用在不重要的房屋和部位,见图 7.21。采用这种过梁的洞口宽度≤1 500 mm。

③平拱砖过梁,是在门窗口上方过梁的位置将砖立砌,靠砖砌体承重的过梁形式,也称砖券。砖券分为平券和拱券两种,均不配钢筋。砖过梁一般多指平券,现在很少使用。采用这种过梁的洞口宽度≤1 200 mm。有的过梁还带有窗楣板,以挡雨、遮阳,甚至作为防火板。

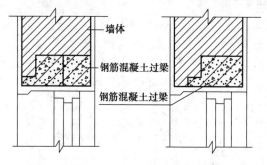

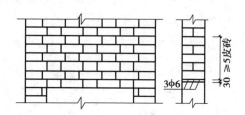

图 7.20　钢筋混凝土过梁

图 7.21　钢筋砖过梁

（2）窗台构造

窗台构造的作用是排水、防渗、保护墙面免受污染,其类型有钢筋混凝土预制板、平砌挑砖、侧砌挑砖等,分别详见图 7.22（a）、（b）、（c）。内墙或阳台处、外墙为面砖时,可不设挑窗台。

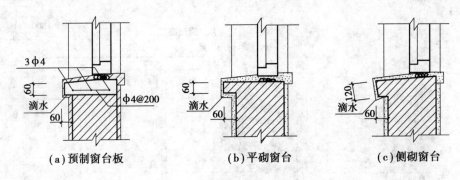

图 7.22 窗台常用构造做法

3)墙身加固措施

(1)门垛和壁柱

门垛和壁柱的主要作用,一是增加墙身的稳定性;二是增加墙体局部的抗压强度。由于其尺度较小,设计时应注意符合砌体的模数,避免现场施工时"砍砖",见图 7.23。

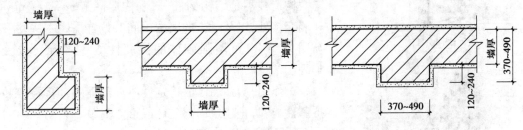

图 7.23 墙垛与壁柱尺寸

(2)圈梁

①作用:增加房屋的整体性和稳定性,减轻地基不均匀下沉或抵抗地震力作用。

②构造要点:应处于同一水平高度并且闭合,外墙处与板平,内墙处在板下。圈梁有时可代替门窗过梁,其断面尺寸、宽度与墙厚一致,高度应符合砖或砌体的模数,一般为 240。圈梁因墙上开口等原因不能连续时,应采取附加圈梁搭接的措施,见图 7.24(b)。

③圈梁的设置要点:

a.砖砌体房屋,檐口标高为 5~8 m 时,应在檐口标高处设置圈梁一道,檐口标高大于 8 m 时,应增加设置数量。圈梁设置详图 7.24(a)。

b.砌块及料石砌体房屋,檐口标高为 4~5 m 时,应在檐口标高处设置圈梁一道,檐口标高大于 5 m 时,应增加设置数量。

c.对有吊车或较大振动设备的单层工业房屋,除在檐口或窗顶标高处设置现浇钢筋混凝土圈梁外,尚应增加设置数量。

d.宿舍、办公楼等多层砌体民用房屋,且层数为 3~4 层时,应在檐口标高处设置圈梁一道。当层数超过 4 层时,应在所有纵横墙上隔层设置。

e.多层砌体工业房屋,应每层设置现浇钢筋混凝土圈梁。

f.设置墙梁的多层砌体房屋,应在托梁、墙梁顶面和檐口标高处设置现浇钢筋混凝土圈梁,其他楼层处应在所有纵横墙上每层设置。

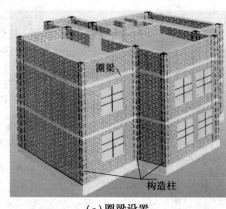

（a）圈梁设置

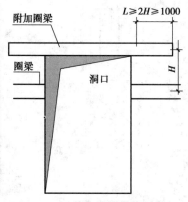

（b）附加圈梁搭接示意

图7.24　圈梁的设置

（3）构造柱

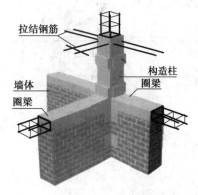

图7.25　构造柱与圈梁

构造柱不是结构构件,属于构造措施。一般在边角和墙交接处,以及过长的墙的中间等位置浇注一些柱子,与圈梁结合,可增强砌体的抗震性能等,保证建筑的牢固。

①作用:增强墙体的稳定性或局部强度,增强建筑的抗震性能,防止建筑局部破坏或整体倒塌。

②构造要点:断面尺寸设计由结构工种确定,且厚度一般同墙体。构造柱要与圈梁、地梁、基础梁整体浇筑,与砖墙体要有水平拉接筋连接。如果构造柱在建筑物、构筑物中间位置,要与分布筋做连接,见图7.25。

7.2　幕墙构造

幕墙是悬挂于主体结构上的外墙,因为类似悬挂的幕布而得名。幕墙不承重但要承受风荷载,并通过连接件将自重和风荷载传给主体结构。

幕墙装饰效果好,安装速度快,是外墙轻型化、装配化的理想形式。常见的幕墙种类有玻璃幕墙、铝板幕墙、石材幕墙和复合板幕墙、膜材幕墙(如张拉膜、ETFE 膜)等。

7.2.1　玻璃幕墙构造

玻璃幕墙分为框支承玻璃幕墙、全玻幕墙、点支承玻璃幕墙几种类型。

（1）框支承玻璃幕墙

框支承玻璃幕墙又分为明框玻璃幕墙、半隐框玻璃幕墙、隐框玻璃幕墙,这与选用的支承框的种类有关;按其安装施工方法又可分为构件式玻璃幕墙和单元式玻璃幕墙。

①明框玻璃幕墙。它的特点是玻璃镶嵌在铝框内,成为四边有铝框的幕墙构件,幕墙构件固定在横梁上,形成横梁立柱外露、铝框分格明显的立面,见图7.26。明框玻璃幕墙因工作性能可靠,所以应用最广泛。相对于隐框玻璃幕墙,它更易满足施工技术水平要求。

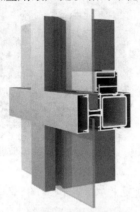 

图 7.26　明框玻璃幕墙　　　　　　图 7.27　半隐框玻璃幕墙

②半隐框玻璃幕墙。它分横隐竖不隐或竖隐横不隐两种,其特点是一对应边用结构胶粘接成玻璃装配组件,而另一对应边采用铝合金镶嵌槽玻璃装配的方式,见图7.27。玻璃所受各种荷载,总有一对应边负责通过结构胶传给铝合金框架,而另一对应边由铝合金型材镶嵌槽传给铝合金框架,从而避免形成一对应边承受玻璃全部荷载。

③隐框玻璃幕墙。它的特点是依靠结构胶,把热反射镀膜玻璃粘结在铝型材框架上,外面看不到型材框架。结构胶要承受玻璃的自重、所承受的风荷载和地震作用以及温度变化的影响,因此结构胶是隐框幕墙安全性的关键环节。结构胶必须能有效地黏结所有与之接触的材料(玻璃、铝材、耐候胶、垫块等),这称为相容性,见图7.28和图7.29。

图 7.28　隐框玻璃幕墙　　　　　　图 7.29　隐框幕墙外观

（2）全玻幕墙

全玻幕墙是由玻璃肋和玻璃面板构成的玻璃幕墙,肋玻璃垂直于面玻璃设置,见图7.30。全玻幕墙的玻璃固定有两种方式,即下部支承式和上部悬挂式(图7.31)。

图 7.30　玻璃肋和玻璃面板

图 7.31　悬挂式玻璃幕墙

（3）点支承玻璃幕墙

点支承玻璃幕墙是由玻璃面板、支承装置（驳接爪）和支承结构构成的，见图 7.32。

7.2.2　石材幕墙构造

石材幕墙由石板和支承结构（铝横梁立柱、钢结构、玻璃肋等）组成，是不承担荷载作用的建筑围护结构。根据石材面板的连接方式不同，可分为槽式、背栓式和钢销式 3 种常用的安装方式。

①槽式石材幕墙，是在石材背面嵌入专用的背槽式锚固件，锚固件与石材的接触面积较大，锚固方式合理，锚固时不产生集中应力，锚固点的承载力大，可靠性高（图 7.33）。

图 7.32　玻璃肋点支承玻璃幕墙的驳接爪

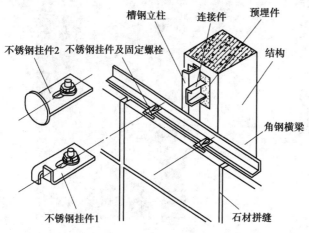

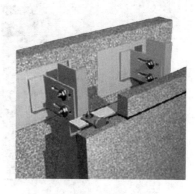

短槽式石材幕墙

图 7.33　背槽式石材幕墙构造

②背栓式石材幕墙，是通过双切面抗震型后切锚栓、连接件将石材与骨架连接的一种石材幕墙。板材之间独立受力，独立安装，独立更换，节点做法灵活；对石板的削弱较小，减少了连接部位石材的局部破坏，使石材面板有较高的抗震能力；可准确控制石材与锥形孔底的间距，确保幕墙的表面平整度；工厂化施工程度高，板材上墙后调整工作量少（图 7.34）。

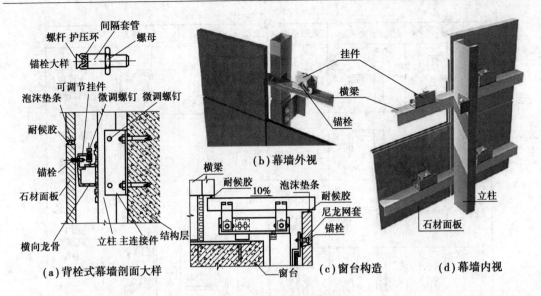

图7.34 背栓式石材幕墙构造

③钢销式石材幕墙是在石材上、下边打孔,用安装在连接板上的钢销插入孔中,再使石板材固定安装在结构体系上(图7.35)。

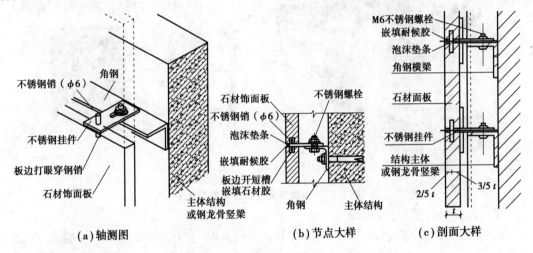

图7.35 钢销式石材幕墙构造

④其他干挂石材做法,因连接构件不同而有所区别,形成不同系列,详见图7.36。

7.2.3 金属及金属复合板幕墙

金属和金属复合板幕墙常采用框支承结构,详见图7.37。

(1)铝板幕墙

铝板幕墙外观完美,其自重仅为大理石的五分之一和玻璃幕墙的三分之一,可大幅度减少建筑结构和基础的负荷,而且维护成本低,性价比较高。铝单板幕墙采用优质高强度铝合金板材,其常用厚度为1.5,2.0,2.5,3.0 mm。

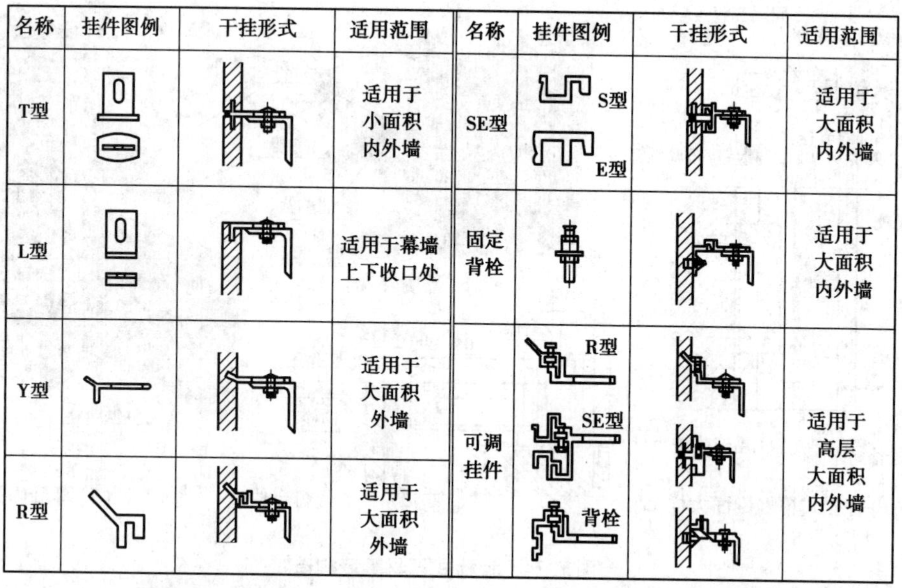

名称	挂件图例	干挂形式	适用范围	名称	挂件图例	干挂形式	适用范围
T型			适用于小面积内外墙	SE型	S型 E型		适用于大面积内外墙
L型			适用于幕墙上下收口处	固定背栓			适用于大面积内外墙
Y型			适用于大面积外墙	可调挂件	R型 SE型 背栓		适用于高层大面积内外墙
R型			适用于大面积外墙				

图7.36 其他干挂石材系列的连接构件

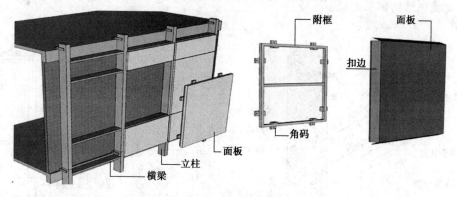

图7.37 金属及复合板幕墙安装示意

（2）复合铝板（铝塑板）幕墙

复合铝板也称铝塑板，由内外两层0.5 mm的纯铝板（室内用为0.2～0.25 mm）、中间夹层为3～4 mm厚的聚乙烯（PE或聚氯乙烯PVC）经辊压热合而成。板的规模通常为1 220 mm×2 440 mm×4.6 mm。

在安装复合铝板前，首先要根据幕墙的设计尺寸裁板，此时要考虑到折边加放的尺寸（每边加放30 mm左右），裁好的复合板需要四边切去一定宽度的内层铝板和塑料层，仅剩0.5 mm厚的外层铝板，然后向内折90°形成"扣边"，使墙板形成"扣板"（图7.38），再用L铝型材等制作挂件，将四扣边与挂件用拉铆的形式连接成一体，每边有3～4个挂件，最后通过螺钉或铆钉安装在龙骨上，在缝隙中安装密封条和耐候胶，做成幕墙（图7.39）。质量要求更高的幕墙，还会在扣板内部采用铝材附框或背衬等附件。

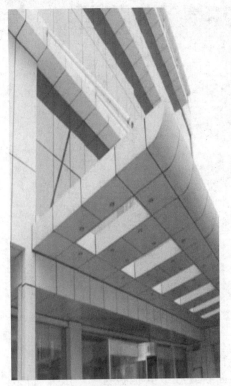

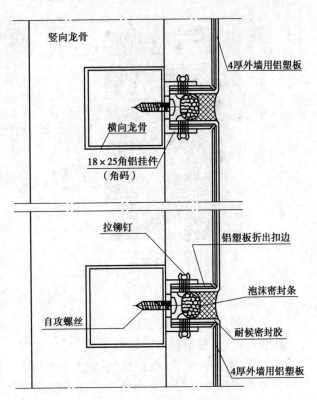

图 7.38 铝塑板幕墙　　　　　　　　图 7.39 铝塑板幕墙节点

7.3 隔墙构造

隔墙是建筑内部的非承重构件,用以分隔空间或隔绝干扰。

设计要求隔墙自重轻、厚度薄、刚度高和稳定性好、便于安装和拆卸、隔声、防火、防水和防潮。常用的种类有块材隔墙、轻骨架隔墙和板材隔墙。

7.3.1 块材隔墙

块材隔墙是指用普通砖、空心砖、加气混凝土等块材砌筑而成的隔墙,常用的有普通砖隔墙和砌块隔墙。

①普通砖隔墙,一般为半砖(120 mm)隔墙(顺砌)。优点:坚固耐久、隔声较好;缺点:自重大,湿作业多,施工麻烦,见图 7.40。

②砌块隔墙。优点:质轻、隔热性能好;缺点:隔声差、吸水性强。构造要点是为加强稳定性措施,墙下先砌 3~5 皮烧结砖,墙顶斜砌立砖,必要时设置构造柱,以增强其稳定性,见图 7.41。

图 7.40　砖砌隔墙

图 7.41　砌块隔墙

7.3.2　轻骨架隔墙

　　轻骨架隔墙由骨架和面层两部分组成,又称为立筋式隔墙。

　　①骨架:有木骨架和型钢骨架。

　　②面层:有抹灰面层(板条抹灰)和人造板材面层(纸面石膏板用得多)。

　　现在用得最多的骨架采用轻钢龙骨,面层采用纸面石膏板或其他板材。一般龙骨层厚 110 mm,可以在两面安装 12 mm 厚的墙面用纸面石膏板,形成墙体的造型,在此基础上再做饰面效果,见图 7.42。

图 7.42　轻钢龙骨纸面石膏板隔墙

图 7.43　板材隔墙

7.3.3　板材隔墙

　　板材隔墙是不依赖骨架、直接装配而成的隔墙,如加气混凝土条板、石膏条板、碳化石灰板、硅镁板和硅钙板等,特点是自重轻、施工快、标准化和湿作业少,见图 7.43。

7.3.4 其他较典型的墙体

（1）竹篾墙

就地取材，造价低，通风好，防震，适用于炎热地带的山区，还可抹泥增加其围护性。

（2）夯土墙

以前农舍使用较多，取材方便，冬暖夏凉，防火较好，甚至可建较大建筑，如福建土楼。

（3）土坯墙

制作和施工简单，取材方面，围护性能同夯土墙，还可做成通风好的空花墙建筑，例如新疆地区用于加工葡萄干的小屋。

（4）石笼墙

用钢筋笼装入石块垒成墙体，白天吸热，夜晚释放，还有合适的自然通风，适用于昼夜温差大、取材方便地区。

（5）钢丝网抹灰墙体

可塑性和整体性好，轻质高强，但热工性能差。

7.4 墙面装修

墙面装修的作用是对墙体进行保护，使墙面美观。

墙面装修的类型，根据其位置可分为外墙装修和内墙装修；根据材料和做法可分为抹灰类、涂料类、贴面类、钉挂类和裱糊类等。

7.4.1 抹灰类墙面装修

抹灰类墙面装修是用砂浆涂抹在空间界面上的一种初步装修工程，在此基础上可做各种饰面。抹灰可增强建筑的防潮、保温和隔热性能，改善室内环境和保护建筑主体等。

（1）抹灰的组成

抹灰一般分底灰、中灰、面灰3个层次，见图7.44（a）。有其他饰面层的，墙面构造层次会更多，见图7.44（b）。要求抹灰施工后墙面平整、黏结牢固、色彩均匀、不开裂。抹灰施工主要是手工操作，见图7.44（c）。

（2）各层次的作用

- 底灰（刮糙）：与基层粘结和初步找平；
- 中灰：进一步找平；
- 面灰：装饰美观。

（3）常用抹灰种类和做法

常用抹灰种类分为一般抹灰（包括石灰砂浆、水泥砂浆、混合砂浆或纸筋石灰浆等，详见表7.3）和装饰抹灰（包括水刷石、水磨石、斩假石、干黏石、弹涂等）。

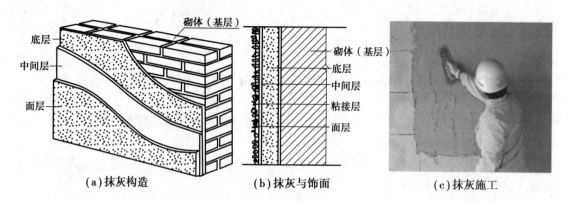

（a）抹灰构造　　　　（b）抹灰与饰面　　　　（c）抹灰施工

图 7.44　抹灰工程

表 7.3　常用抹灰做法举例

抹灰类型	抹灰做法
纸面石灰浆抹灰	墙体： 8 厚 1：2.5 石灰砂浆，加麻刀 1.5% 打底 7 厚 1：2.5 石灰砂浆，加麻刀 1.5% 找平 2 厚纸筋石灰浆，加纸筋 6%
水泥砂浆抹灰	墙体： 7 厚 1：3 水泥砂浆打底扫毛 6 厚 1：3 水泥砂浆垫层找平 5 厚 1：25 水泥砂浆罩面压光
混合砂浆抹灰	墙体： 9 厚 1：1：6 水泥石灰砂浆打底扫毛 7 厚 1：1：6 水泥石灰砂浆垫层找平 5 厚 1：3：2.5 水泥石灰砂浆罩面压光

7.4.2　涂料类墙面装修

涂料饰面是在基层表面或抹灰面上喷、刷涂料的饰面装修，常用溶剂型涂料、水溶性涂料、乳液型涂料和粉末涂料等。涂料饰面的施工一般分为底涂、中涂和面涂。如乳胶漆饰面的施工工艺为：清理墙面→修补墙面→刮腻子→刷第一遍乳胶漆→刷第二遍乳胶漆→刷第三遍乳胶漆。常用的几种典型基层及抹灰的墙面乳胶漆饰面做法，见表 7.4。

表 7.4　不同基层及抹灰的墙面乳胶漆饰面做法举例

基层类别	做法(由基层至面层)	燃烧性能等级	备　注
保温基层	墙体: 6 厚 1:3 水泥砂浆垫层; 粘接层; 保温层: 玻璃纤维网保护层; 纸面石膏板或水泥砂浆层; 满刮腻子三遍,找平,磨光; 防潮底漆一道; 刷乳胶漆	B1,B2	当采用聚苯挤塑板时, 应用增强型石膏抹面 8~10 mm 厚; 当乳胶漆湿涂覆比 < 1.5 kg/m² 时,为 B1 级
水泥砂浆面	墙体: 6 厚 1:3 水泥砂浆垫层; 5 厚 1:2.5 水泥砂浆罩面压光; 满刮腻子一道砂磨平; 刷乳胶漆	B1	
混合砂浆面	墙体: 9 厚 1:1:6 水泥石灰砂浆打底扫毛; 7 厚 1:1:6 水泥石灰砂浆垫层; 5 厚 1:0.3:2.5 水泥石灰砂浆罩面压光; 刷乳胶漆	B1,B2	当乳胶漆湿涂覆比 < 1.5 kg/m² 时,为 B1 级

7.4.3　贴面类墙面装修

贴面类装修是用水泥砂浆等粘贴材料,将饰面材料粘贴于墙面的装修做法。主要饰面材料有各类陶瓷面砖、马赛克和石材等。贴面类装修主要分为打底找平、敷设黏结层以及铺贴饰面 3 个构造层次。其具体做法及构造层次,见表 7.5。

表 7.5　几种贴面材料做法及构造层次举例

基层或贴面类别	做法(由基层至面层)	燃烧性能等级	备　注
瓷砖墙面	墙体: 10 厚 1:3 水泥砂浆(加适量建筑胶); 8 厚 1:2 水泥砂浆黏结层; 5~7 厚瓷砖或彩釉砖面层	A	
外墙面砖	墙体: 7 厚 1:3 水泥砂浆打底扫毛; 6 厚 1:2.5 水泥砂浆垫层; 7 厚 1:2 水泥砂浆结合层; 10 厚外墙面砖; 色浆或瓷砖勾缝剂勾缝	A	

续表

基层或贴面类别	做法(由基层至面层)	燃烧性能等级	备 注
保温基层贴陶瓷锦砖	墙体: 9 厚 1:3 水泥砂浆打底,两次成活; 8 厚 1:2 水泥砂浆黏结层(加适量建筑胶); 保温层材料塑料锚栓固定; 5 厚聚合物水泥砂浆,压入耐碱玻纤网格布; 6 厚 1:2 水泥砂浆黏结层(加适量建筑胶); 4~4.5 厚陶瓷锦砖; 色浆或瓷砖勾缝剂勾缝	B1,B2	塑料锚栓呈梅花状布置,间距 ≤450 mm,锚入基层深度≥25 mm,为空心砖体时,设计因对墙体做专门处理
粘贴大理石	墙体: 10 厚 1:3 水泥砂浆打底扫毛,两次成活; 7 厚 1:2 水泥砂浆黏结层(加适量建筑胶); 粘贴 10~15 厚大理石板;板材背面玻纤网贴环氧树脂粘石英砂,并做石材封闭处理; 强力胶粘贴; 色浆擦缝; 表面擦净,抛光,耐候胶勾缝		

7.4.4 钉挂类墙面装修

钉挂类装修是以附加的骨架固定或吊挂饰面板材的装修做法,如天然或人工石材、木板、金属板安装等。骨架有轻钢骨架、铝合金骨架和木骨架等。骨架与面板之间采用栓挂法或钉挂法连接。

钉挂类墙面装修分为栓挂法和钉挂法。前者例如干挂石材墙面,后者一般用于木装修,见图 7.45。

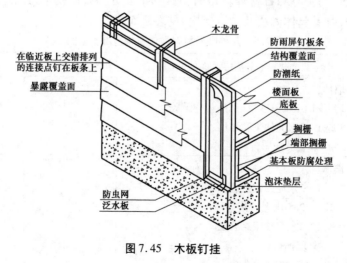

图 7.45 木板钉挂

7.4.5 裱糊类墙面装修

裱糊类墙面装修主要用于建筑内墙,是将卷材类软质饰面材料粘贴到平整基层上的装修做法。裱糊类墙面的饰面材料种类很多,常用的有墙纸、墙布、锦缎、皮革、薄木等,见图7.46。裱糊类饰面装饰性强、施工简便、效率高、维修更换方便。在施工前需对基层进行处理,处理后的基层应坚实牢固、平整光洁、线脚通畅顺直、不起尘、无砂粒和孔洞。

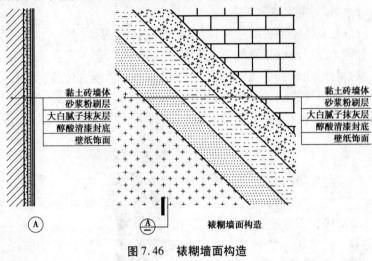

黏土砖墙体
砂浆粉刷层
大白腻子抹灰层
醇酸清漆封底
壁纸饰面

黏土砖墙体
砂浆粉刷层
大白腻子抹灰层
醇酸清漆封底
壁纸饰面

裱糊墙面构造

图7.46 裱糊墙面构造

复习思考题

1.砌体墙的主要材料有哪些?

2.保证墙体稳定性的措施有哪些?

3.轻质隔墙的类型有哪些?

4.墙体是如何防潮的?

5.圈梁的作用是什么?

6.哪些砌体应注意砌块的模数?

习　题

一、判断题

1.横墙承重的方式适合于开间较大的民用建筑。　　　　　　　　　　（　　）

2.圈梁的位置,一般来说,是外墙与楼板持平,内墙在板下。　　　　（　　）

3.圈梁是沿外墙及部分内横墙而设置的连续闭合钢筋混凝土梁。　　（　　）

4.墙体的稳定性与墙的高度、长度、厚度有关。　　　　　　　　　　（　　）

5.墙体的水平防潮层应设置在底层地坪的垫层以下。　　　　　　　　（　　）

6.砌体的胶结材料包括水泥砂浆、混合砂浆和建筑密封胶等。　　　　（　　）

7. 中小型砌块在工程中用得最多,它们是体块的高度小于 380 mm 和 980 mm 的砌块。

（　　）

8. 砌筑砂浆按抗压强度划分为 M20、M15、M10、M7.5、M5.5、M2.5 六个强度等级。

（　　）

9. 排水沟的纵向坡度不宜小于 0.5%,沟的最浅处不宜小于 150。（　　）

10. 圈梁宽度与墙厚一致,高度符合砖或砌体的模数,一般为 240。圈梁因墙上开口等原因不能连续时,应采取附加圈梁搭接的措施。（　　）

11. 构造柱应该与其他钢筋混凝土构件如圈梁等刚性连接。（　　）

12. 各种变形缝不能以刚性填充的方式来遮饰或弥合。（　　）

13. 幕墙是以板材形式悬挂于主体结构上的外墙,不承受垂直荷载。（　　）

14. 变形缝的封缝处理方法,因变形缝的类型和所设部位不同而异。（　　）

15. 对必须设伸缩缝和沉降缝甚至防震缝的建筑,一律按两种或三种变形缝结合起来处理,不必单设。（　　）

二、选择题

1. 可能产生不均匀沉降的建筑物或门窗洞口尺寸较大时,应采用(　　)过梁。

　　A. 砖砌平拱　　　　B. 砖砌弧拱　　　　C. 钢筋砖　　　　D. 钢筋混凝土

2. 勒脚是外墙身接近室外地面的部分,常用的砌筑砂浆为(　　)。

　　A. 混合砂浆　　　　B. 水泥砂浆　　　　C. 纸筋灰　　　　D. 膨胀珍珠岩

3. 对于有抗震要求的建筑,其墙身水平防潮层不宜采用(　　)。

　　A. 防水砂浆　　　　　　　　B. 细石混凝土(配 3 ϕ 6)

　　C. 防水卷材　　　　　　　　D. 圈梁

4. 墙体勒脚部位的水平防潮层一般设于(　　)。

　　A. 基础顶面

　　B. 底层地坪混凝土结构层之间的砖缝中

　　C. 底层地坪之下 60 mm 及混凝土垫层中间处

　　D. 室外地坪之上 60 mm 处

5. 关于变形缝的构造做法,(　　)的说法是正确的。

　　A. 当建筑物的长度或宽度超过一定限度时,要设伸缩缝

　　B. 在沉降缝处应将基础以上的墙体、楼板全部分开,基础可不分开

　　C. 当建筑物竖向高度相差悬殊时,应设伸缩缝

　　D. 抗震地区应严格区分三种变形缝,分别设置

6. 下列哪种做法不是砖砌墙体的加固做法? (　　)

　　A. 当墙体长度超过一定限度时,在墙体局部位置增设壁柱

　　B. 设置圈梁

　　C. 设置钢筋混凝土构造柱

　　D. 在墙体适当位置用砌块砌筑

7. 散水的构造做法,下列哪种是不正确的? (　　)

　　A. 在素土夯实上做 60 ~ 100 mm 厚混凝土,其上再做 5% 的水泥砂浆抹面

　　B. 散水宽度一般为 600 ~ 1000 mm

C. 散水与墙体之间应整体连接,防止开裂。

D. 散水宽度比采用自由落水的屋顶檐口多出 200 mm 左右。

8. 为提高墙体的保温或隔热性能,不可采取的做法( )。

  A. 增加外墙厚度   B. 采用组合墙体

  C. 在靠室外一侧设隔汽层   D. 选用浅色的外墙装修材料

9. 用标准烧结砖砌筑的墙体,下列哪个墙段的长度会出现非正常砍砖?( )

  A. 490 mm   B. 620 mm   C. 750 mm   D. 1 100 mm

10. 圈梁的主要作用是( )。

  A. 增强建筑的整体性和刚度   B. 增加墙体强度

  C. 提高建筑物的稳定性   D. 代替窗过梁

11. 圈梁遇洞口中断,所设的附加圈梁与原圈梁的搭接长度应满足( )。

  A. ≤2 h 且 ≤1 000 mm   B. ≤4 h 且 ≤1 500 mm

  C. ≥2 h 且 ≥1 000 mm   D. ≥4 h 且 ≥1 500 mm

12. 地下室墙面防水有( )等做法。

  A. 涂沥青两遍   B. 设置多道水平防水层

  C. 外贴防水卷材   D. 外贴面砖防水

三、填空题

1. 承重墙要承受来自屋面和楼面的_____和自重;非承重墙仅承受_____。

2. 横墙承重适用于房间多而且开间_____的建筑。建筑_____好,_____高,但立面开窗不灵活。

3. 烧结普通砖的通常尺寸为_____。

4. 多层建筑物墙体常选用_____作为砌筑砂浆。

5. 砌筑墙体要求砂浆饱满、横平竖直、_____。

6. 墙脚是指_____以下、_____的这段墙体,而外墙的墙脚称_____。

7. 墙脚为条石、_____或_____时,可不设防潮层。

8. 门窗过梁的类型主要有钢筋混凝土过梁、_____和平拱砖过梁。

9. 圈梁的作用是,增加房屋的整体性和稳定性、减轻地基_____或抵抗_____作用。

10. 砖砌体房屋的檐口标高为 5~8 m 时,应在_____设置圈梁一道,檐口标高大于 8 m 时,应_____数量。

11. 伸缩缝宽度一般为_____;沉降缝宽度一般为_____;防震缝一般_____,超高时还需加宽。除_____缝外,其他缝设置时_____可以不断开。

12. 框支承玻璃幕墙有_____玻璃幕墙、_____玻璃幕墙和隐框玻璃幕墙。

13. 砖混建筑的纵承重方案,特点是横向_____和抗震性较差,但立面_____比较灵活。

14. 建筑常用的砌块有加气混凝土砌块、_____、_____和石膏砌块等。

15. 砌体常用的胶结材料有水泥砂浆、_____和_____。

四、简答题

1. 烧结砖和砌块的主要区别是什么?

2. 隔墙的材料有哪几大类?

3.砌筑砂浆的强度是什么意思？有哪些等级？

4.什么是散水？它的用途是什么？通常用什么材料制作？

5.排水沟的纵向坡度一般为多大？大一点或小一点有什么不同？

6.门垛的作用是什么？

7.什么样的建筑必须在檐口高度处设置圈梁？

8.什么是构件的刚性连接和柔性连接？请举例说明。

9.两种或三种变形缝合在一起设置时,宽度如何确定？

10.常用的轻钢龙骨纸面石膏板隔墙的厚度是多少？

五、作图题

1.绘制一个烧结砖砌筑墙的勒脚和散水大样,室内外高差 600 mm,墙厚 240 mm。

2.绘制一个外墙窗洞口大样,含窗台和窗过梁(带 400 mm 宽窗楣板)的内外抹灰装修等,洞口高 1 500 mm,墙厚 240 mm。

楼地面构造

[本章导读]

通过本章学习,应了解楼地面的基本组成、作用、常见结构类型,以及这些结构类型的适用范围;了解相关标准设计的基本要求;掌握楼地面层的构造做法及楼地面层常见装饰材料的装修做法;熟悉楼地面在防水和防潮、保温节能、减噪隔声方面的构造原理和措施。

8.1 楼地面的组成与设计要求

楼地面又称楼地层,包括楼板层和地坪层。与楼板层貌合形离的楼顶(屋顶层),鉴于其特殊的功能与要求,未纳入楼地面之列。

楼板层属于水平方向的承重构件,起水平分隔、水平承重和水平支撑的作用;楼板还将承受竖向荷载(包括自重、楼面货物等荷载),并将所承受的上部荷载及自重传递给墙或柱,再传给基础;同时,楼板层还具有隔声、保温、隔热等功能要求。

地坪层将所承受的荷载及自重均匀地传给夯实的地面,具有分隔大地与底层空间的作用,同时具有保温、防潮等功能要求。

1)楼板层的组成

楼板层通常由面层、附加层、结构层和顶棚层组成,见图8.1。

楼板面层主要满足楼板层表面的各种使用要求,例如美观、舒适、防滑、耐用、易清洁、耐冲击和防静电等;附加层属于功能层,起保温、隔热、防水等功能;结构层是楼板层的承重构件,是其核心与骨架部分;顶棚层在楼板结构层以下,主要起装饰或遮饰楼板底部的作用,通常又称为吊顶。

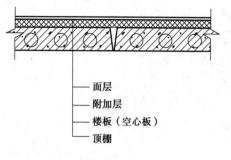

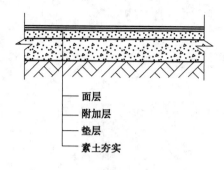

图 8.1　楼板层的组成　　　　　　　图 8.2　地坪层的组成

2)地坪层的组成

地坪层通常由面层、附加层、垫层和素土夯实层组成,见图8.2。

3)楼地面的设计要求

楼地面的设计,应满足建筑的使用、结构、施工、经济、节能、环保等多方面的要求。

(1)结构强度和刚度要求

楼层应有足够的强度能够承受荷载而不发生损坏,有足够的刚度能避免在荷载的作用下发生超标的挠度变形。

(2)楼地面的保温、隔热、防火、隔声、防水、防潮等性能要求

在不采暖的建筑中,地面应采用吸热指数小的材料,这是防止冬季人脚着凉的最低卫生要求。因此,起居室和卧室不得采用花岗石、大理石、水磨石、陶瓷地砖、水泥砂浆等高密度、大导热系数的面层材料,它们仅适用于楼梯、走廊、厨卫等人员不会长期逗留的场所。

在采暖建筑中,底层或地下室地面应设置保温隔热材料,以减少热量散失。楼地面层宜采用蓄热系数较大的材料(如木制品等),这类材料受到外界影响所发生的温度变化起伏比较平缓,会让人在四季都感到舒适。

楼板结构还应采用不燃烧体材料制造,以符合建筑物的耐火等级对其燃烧性能和耐火极限的要求。

楼板应具有较好的隔声能力,为此可采取以下措施:a.选用空心构件来隔绝空气传声;b.在楼板面铺设弹性面层,如橡胶、地毡等;c.在面层下铺设弹性垫层;d.在楼板下设置吊顶棚等。

对于厨房、卫生间和阳台等一些地面潮湿、易积水的房间及处所,应处理好楼地层的防水、防潮问题。

(3)利于施工及质量要求

楼地面的设计应尽量为建筑工业化创造条件,提高建筑质量和加快施工进度。

(4)经济要求

在满足使用功能的前提下,应合理选用结构形式和构造方案,降低楼板造价,使设计经济合理。目前,楼板一般占建筑总造价的20%~30%,选用楼板时应考虑就地取材和提高装配化的程度,以降低造价。

(5)节能、环保等多方面的要求

按照国家建筑发展战略规划,在楼地面的材料应用和施工方面,应注意环保和节能要求,符合建筑业可持续性发展趋势。

8.2　楼板类型及特点

1)楼板类型

根据使用材料的不同,常用楼板可划分为木楼板、钢筋混凝土楼板和压型钢板组合楼板等类型,见图8.3。

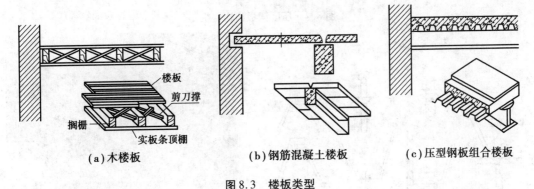

(a)木楼板　　　　　　　(b)钢筋混凝土楼板　　　　　(c)压型钢板组合楼板

图8.3　楼板类型

2)不同类型楼板的特点

(1)木楼板

木楼板具有自重轻、保温、舒适、富有弹性、环保等优点,但易燃、易腐蚀、易被虫蛀、耐久性差、强度不高、耗费木材,通常用于木材产地、有特色要求、楼层较低的建筑。木楼板相当于楼层面层;搁栅木条相当于结构层,承受楼面荷载;底部的实板条顶棚起顶棚的作用。

(2)压型钢板组合楼板

压型钢板组合楼板是在型钢梁上铺设压型钢板做底模,在其上现浇混凝土,形成整体的组合楼板。它具有强度高、刚度大、施工速度快等优点,但钢材用量大、造价高。压型钢板组合楼板由现浇混凝土、钢衬板和钢梁三部分组成,见图8.4。钢衬板采用冷压成型钢板,有单层和双层之分。双层压型钢板通常是由两层截面相同的压型钢板组合而成,也可由一层压型钢板和一层平钢板组成。采用双层压型钢板的楼板承载能力更好,两层钢板之间形成的空腔也便于设备管线敷设。钢衬板之间的连接,以及钢衬板与钢梁之间的连接,一般采用焊接、螺栓连接、膨胀铆钉或压边咬接的方式,见图8.5。

钢衬板组合楼板有两种构造方式:

其一:钢衬板在组合楼板中只起永久性模板的作用,混凝土中仍配有受力钢筋。钢衬板施工完毕不再拆卸,简化了施工程序,加快了施工进度,但造价较高。

其二:在钢衬板上加肋条或压出凹槽,钢衬板起到混凝土中受拉钢筋的作用,或在钢梁上焊抗剪栓钉,这种构造较经济,见图8.6。

(3)钢筋混凝土楼板

钢筋混凝土具有强度高、防火性能好、耐久、形式多样、便于工业化生产等优点,在我国应用最为广泛,下面主要讲解其构造做法。

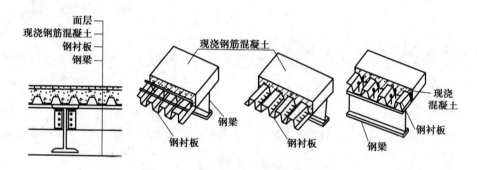

图8.4 压型钢板组合楼板

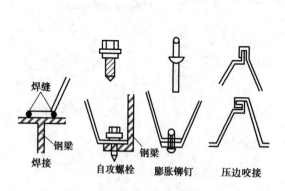

图8.5 钢衬板之间的连接

图8.6 钢衬板安装

8.3 钢筋混凝土楼板构造

根据施工方法的不同,钢筋混凝土楼板可分为现浇整体式、预制装配式、装配整体式三种类型。

1)现浇整体式钢筋混凝土楼板

现浇整体式钢筋混凝土楼板的特点是在施工现场完成支模板、绑扎钢筋、浇筑并振捣混凝土、养护和拆模等工序,将整个楼板浇筑成整体。该楼板的整体性、抗震性强、防水抗渗性好,能适应各种建筑平面形状的变化;但现场湿作业量大、模板用量多、施工速度较慢、施工工期较长、成本相对较高。

现浇整体式钢筋混凝土楼板又可分为板式楼板、梁板式楼板、无梁式楼板和压型钢板组合板等。

(1)现浇板式楼板

现浇板式楼板是将楼板现浇成一块平板,直接支承在墙或梁柱上。其优点是底面平整,便于施工支模,但仅适用于平面尺寸较小的房间,如厨房、卫生间、走廊等。板的厚度通常为跨度的1/40～1/30,且不小于60 mm。

(2)现浇梁板式楼板

对平面尺寸较大的房间,若仍采用板式楼板,会因板跨较大而增加板厚。为此,通常在板

下设梁来减小板跨,楼板上的荷载先由板传给梁,再由梁传给墙或柱。现浇梁板式楼板有以下常见类型:

①主次梁式楼板。其特点是板置于次梁上,次梁再置于主梁上,主梁置于墙或柱上,见图8.7。常用于面积较大的有柱空间。主梁通常沿房屋的短跨方向布置,其经济跨度为 5~8 m,梁高为跨度的 1/14~1/8,梁宽为梁高的 1/3~1/2。次梁把荷载传递给主梁,主梁间距即为次梁的跨度,通常比主梁跨度要小,一般为 4~6 m,次梁高为跨度的 1/18~1/12,梁宽为梁高的 1/3~1/2。板的经济跨度为 2.1~3.6 m,厚一般为 60~100 mm。主次梁的截面尺寸应符合 M 或 M/2 模数系列。

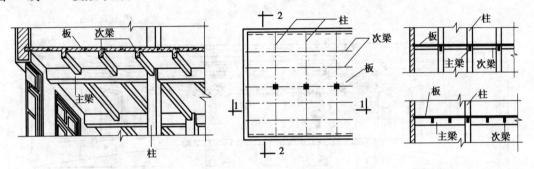

图8.7 现浇钢筋混凝土主次梁式楼板

②双向梁板楼板,是用于柱网较小且平面呈方形的楼板,见图8.8(a)。

③密肋楼盖。肋距≤1.5 m 的单向或双向肋形楼盖称为密肋楼盖。双向密肋楼盖由于双向共同承受荷载作用,受力性能较好,见图8.8(b)。

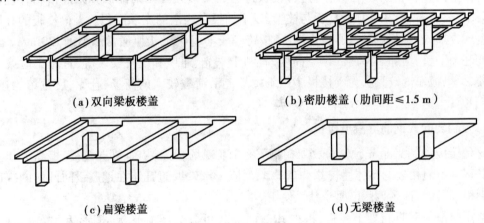

(a)双向梁板楼盖　　　　　　　　　(b)密肋楼盖(肋间距≤1.5 m)

(c)扁梁楼盖　　　　　　　　　　　(d)无梁楼盖

图8.8 现浇楼板的几种类型

④扁梁楼盖,由无梁楼盖发展而来,它在柱上设置截面很宽但较扁的梁(称为扁梁或宽扁梁),是介于肋梁楼盖与无梁楼盖之间的一种体系。宽扁梁楼盖中梁的刚度较小,只能算板的局部加强,是板的一部分而不是梁,但其力学性能又与无梁楼盖不同,见图8.8(c)。

⑤井格式楼板。当房间平面形状为方形或接近方形(长边与短边之比小于 1.5)时,两个方向梁正放正交、斜放正交或斜放斜交(图8.9),而且截面尺寸相同,呈等距离布置,无主次之分,这种楼板称为井字梁式楼板或井格式楼板(图8.10)。其梁跨可达 30 m,板跨一般为 3 m 左右,板底井格外露,自然产生一种结构美。室内少柱或不设柱,梁的断面较小,少占空间

高度,因此多用于公共建筑的门厅、大厅、会议室或小型礼堂等较大房间。

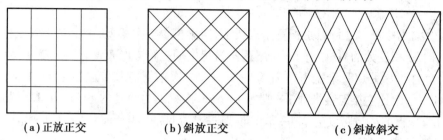

(a)正放正交   (b)斜放正交   (c)斜放斜交

图8.9 井格的几种布置

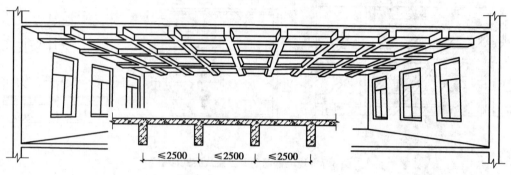

图8.10 井式楼板

(3)无梁楼板

将板直接支承在柱上,不设梁,这种楼板称为无梁楼板。无梁楼板分无柱帽和有柱帽两种,当荷载较大时,会在柱顶设托板与柱帽,以增加板在柱上的支承面积。无梁楼板的柱网一般布置成方形或近似方形,这样较为经济,板跨一般不超6 m,板厚通常不小于120 mm。无梁楼板的底面平整,增加了室内的净空高度,有利于采光、通风和设备安装等,且施工时架设模板方便,但楼板厚度较大。无梁楼板多用于楼板上活荷载较大的商场、仓库、展览馆等建筑,见图8.8(d)。

2)预制装配式钢筋混凝土楼板

这种楼板的特点是先预制好楼板,然后在施工现场装配,从而节省模板,提高劳动生产率,缩短工期,但楼板的整体性较差。鉴于其抗震性能较差,近几年在地震设防地区的应用范围受到很大限制,许多地区已明令禁止使用。

常用的预制钢筋混凝土楼板,根据其截面形式可分为实心平板、槽形板和空心板三种类型。

预制板现场安装时,会出现板缝,当缝隙小于60 mm时,可调节板缝使其≤30,缝隙为60~120 mm时,可灌C20细石混凝土,并在灌缝的混凝土中加配2φ6通长钢筋;缝隙为120~200 mm时,设现浇钢筋混凝土板带,且将板带设在墙边或有穿管的部位;缝隙大于200 mm时,应调整板的规格。

(1)实心平板

实心平板制作简单,便于预留孔洞,用于跨度小的走廊板、楼梯平台板、阳台板等处。板的两端支承在墙或梁上,板厚一般为50~80 mm,跨度在2.4 m以内为宜,板宽500~900 mm,

见图8.11。由于其构件小,所以对起吊机械要求不高。

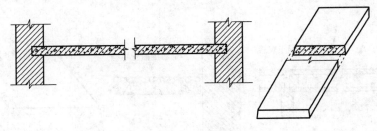

图8.11 实心平板

(2)槽形板

槽形板是一种梁板结合的构件,在实心板两侧设纵肋,构成槽形截面,具有自重轻、省材料、造价低、便于开孔等优点。槽形板跨长为3~6 m,板肋高120~300 mm,板厚可薄至30 mm。

如图8.12所示,槽形板分槽口向上和槽口向下两种,槽口向下的槽形板受力较为合理,但板底不平整、隔声效果差;槽口向上的倒置槽形板,受力不甚合理,铺地时需另加构件,但槽内可填轻质材料,顶棚处理及保温、隔热、隔声的施工较容易。

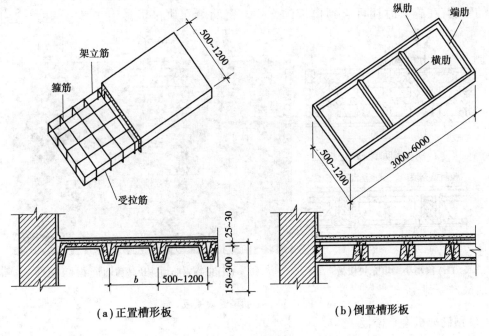

(a)正置槽形板

(b)倒置槽形板

图8.12 槽形板

(3)预制空心板

空心板孔洞形状有圆形、长圆形和矩形等(图8.12),其中以圆孔板的制作最为方便,应用最常见。板宽尺寸有400,600,900,1 200 mm等,跨度可达到7.2 m,但经济跨度为2.4~4.2 m,板的厚度为120~240 mm,两端在墙梁上的搁置长度不小于100 mm,且不能三边受力。

空心板(图8.13)节省材料,隔声、隔热性能好,但板面不能随意打洞。在安装和堆放时,空心板两端的孔需用砖块、混凝土填块填塞,以免在板端灌缝时漏浆,并保证支座处不被压坏。

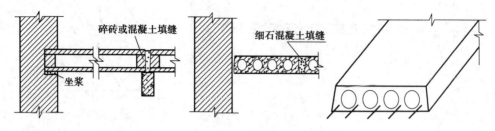

图 8.13　预制空心板

3)装配整体式钢筋混凝土楼板

这种楼板是采用部分预制构件,经现场安装、再整体浇筑混凝土面层所形成的,它兼有现浇和预制钢筋混凝土楼板的优点。

(1)密肋填充块楼板

现浇密肋填充块楼板以陶土空心砖、矿渣混凝土实心块等作为肋间填充块,再现浇或预制密肋和面板而成(图 8.14)。这种楼板板底平整,有较好的隔声、保温、隔热效果,也有利于管道的敷设,在施工时还可起到模板的作用。密肋填充块楼板常用于学校、住宅、医院等建筑。

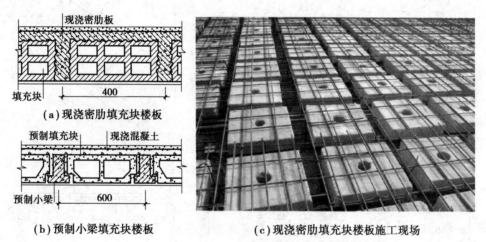

(a)现浇密肋填充块楼板

(b)预制小梁填充块楼板　　　　(c)现浇密肋填充块楼板施工现场

图 8.14　密肋填充块楼板

(2)预制薄板叠合楼板

这种楼板是由预制薄板和现浇钢筋混凝土层叠合而成的装配整体式楼板。叠合楼板的预制薄板既是永久性模板承受施工荷载,也是整个楼板结构的一部分。为使预制薄板与叠合层能很好连接,会将薄板表面作刻槽处理(图 8.15(a)),或在板面露出较规则的三角形结合钢筋等(图 8.15(b))。预制薄板跨度以 5.4 m 内较为经济,板宽为 1.1 ~ 1.8 m,板厚不小于50 mm。

现浇叠合层厚度一般为 100 ~ 120 mm,以大于或等于薄板厚度的两倍为宜。叠合楼板的总厚度一般为 150 ~ 250 mm(图 8.15(c))。这种楼板常用于住宅、宾馆、学校、办公楼、医院以及仓库等建筑。

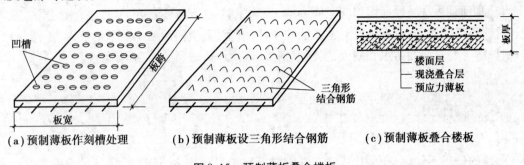

（a）预制薄板作刻槽处理　　（b）预制薄板设三角形结合钢筋　　（c）预制薄板叠合楼板

图 8.15　预制薄板叠合楼板

8.4　地坪层构造

地坪层承受底层地面上的荷载并均匀地传给基层。地坪层一般由面层、垫层和基层 3 个基本构造层次组成，有特殊要求时可在面层与垫层之间增设附加层。

（1）基层

地坪的基层一般是素土夯实层，素土为不含杂质的砂质黏土，经碾压机压实或夯实后才能承受垫层传下来的地面荷载。通常做法是填 300 mm 厚的土，夯实成 200 mm 厚，或者按照设计要求的密实度夯实。

（2）垫层

垫层是承受并传递荷载给地基的地面结构层，有刚性或非刚性垫层之分。刚性垫层常用低标号混凝土（如 C15 混凝土）制作，厚度为 80 ~ 100 mm；非刚性垫层常用 50 mm 厚砂垫层、80 ~ 100 mm 厚碎石灌浆、50 ~ 70 mm 厚石灰炉渣或 70 ~ 120 mm 厚三合土（石灰、炉渣、碎石）等制作。

当面层为薄而脆的类型（强度较低的面层），如水磨石地面、瓷砖地面、大理石地面时，必须采用刚性垫层，使得面层不至于因发生较大变形而破坏。对于较厚而且不易断裂的面层，如混凝土地面、水泥制品块地面等，可采用非刚性垫层。

室内荷载较大且地基又较差的、有保温等特殊要求的或面层装修标准较高的地面，可在基层上先做非刚性垫层，再做一层刚性垫层，即复式垫层。

常用垫层的最小厚度见表 8.1。

表 8.1　常用垫层最小厚度

垫层名称	材料强度等级或配合比	厚度/mm
混凝土	≥C15	60
四合土	1∶1∶6∶12（水泥∶石灰膏∶砂∶碎砖）	80
三合土	1∶1∶6（熟化石灰∶砂∶碎砖）	100
灰土	3∶7或2∶8（熟化石灰∶黏性土）	100
砂、矿渣、碎（卵）石		60
矿渣		80

（3）面层

和楼板面层一样,地面面层应坚固耐磨、表面平整、光洁、易清洁、不起尘;人们居住或人们长时间停留的房间,应有较好的蓄热性和弹性;浴室、卫生间等处则要求耐潮湿、不透水;厨房、锅炉房等要求地面防水和耐火;实验室则要求耐酸碱、耐腐蚀等,后有备述。

8.5 吊顶

吊顶的作用不仅仅是隔声,还能遮饰管线、隔热、美化室内、通过压缩空间容积来改良室内音质或降低能耗等。

用金属材料、矿物材料、聚氯乙烯材料（PVC）、复合材料等做吊顶较为普遍,它们的自重较轻,燃烧性能等级均为 A 级或 B1 级,基本能满足建筑防火的规定。

（1）金属材料吊顶

大量使用的有金属扣板（图 8.16）、金属格栅（图 8.17）等,造型的种类有条形、方形、多边形,燃烧性能等级均为 A 级,防水性较好。构造层次一般为楼板、膨胀螺栓、金属吊杆、金属龙骨、面板,见图 8.16。

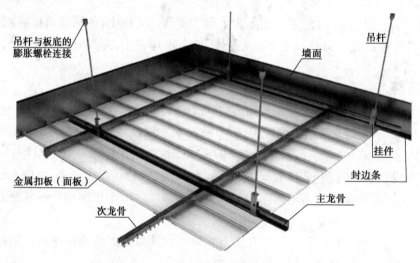

图 8.16 金属扣板构造

（2）矿物材料吊顶

大量使用的有矿棉板、纸面石膏板、硅钙板、石膏制品等,燃烧性能等级均为 A 级,防水性稍差。

构造层次一般为:楼板、膨胀螺栓、金属吊杆（丝）、金属龙骨、面板。用量最多的是矿棉吸音板（图 8.18）和纸面石膏板（图 8.19）。矿棉吸音板吊顶较轻,安装方便,不需二次装修;纸面石膏板吊顶完工后,还需对表面装修,如做乳胶漆面层等。

图 8.17　金属格栅效果

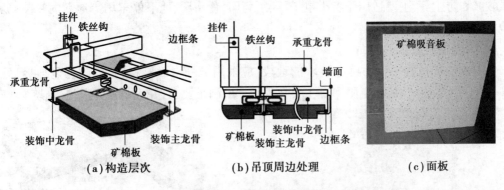

（a）构造层次　　　　（b）吊顶周边处理　　　　（c）面板

图 8.18　矿棉吸音板吊顶

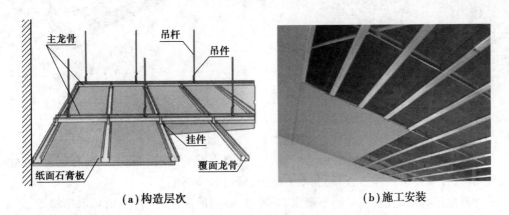

（a）构造层次　　　　　　　　（b）施工安装

图 8.19　轻钢龙骨纸面石膏板吊顶

8.6 楼地面层装修

楼地面层的构造做法,通常又称为楼地面装修。常用的楼地面材料有水泥砂浆楼地面、水磨石楼地面、大理石楼地面、地砖楼地面、木地板楼地面、地毯楼地面等。对于不同使用要求的房间,应采用不同的地面。

1) 不同类型房间地面的做法要求

(1) 有空气洁净度要求的地面

有空气洁净度要求的地面,面层要平整、耐磨、不起尘,并易除尘和清洗,底层地面应设防潮层。面层应采用不燃、难燃和燃烧时不产生有毒气体的材料,宜有弹性和较低的导热系数,表面不产生眩光,不易积聚静电。空气洁度为 100 级、1000 级、10000 级的地段,地面不宜设变形缝,可采用自流平地面,其特点是无接缝、环保不含溶剂、无毒、附着力强、耐磨、耐冲击、耐强酸碱和防尘等,主要适用于各类电子厂、医药厂、食品厂、地下停车场等地面的涂装,见图 8.20。

(2) 有防静电要求的地面

生产或使用过程中有防静电要求的地段,应采用导静电面层材料,如防静电地板,见图 8.21。其表面电阻率、体积电阻率等主要技术指标应满足要求,并应设置静电接地。

图 8.20　环氧树脂自流平地面

图 8.21　防静电地板

(3) 有水或非腐蚀液体经常浸湿的地面

有水或非腐蚀液体经常浸湿的地面,宜采用现浇水泥类面层。底层地面和现浇钢筋混凝土楼板,宜设置隔离层;装配式钢筋混凝土楼板,应设置隔离层。

经常有水流淌的地段,应采用不吸水、易冲洗、防滑的面层材料,采用防水卷材类、防水涂料类和沥青砂浆等材料设置防水层。

防潮要求较低的底层地面,可采用沥青类胶泥涂覆式隔离层或增加灰土、碎石灌沥青等垫层。

(4) 采暖房间的地面

遇下列情况之一时,应采取局部保温措施:

①架空或悬挑部分直接面对室外的采暖房间楼层地面,或直接面对非采暖房间的楼层地面。

②建筑物周边无采暖通风管沟时,严寒地区底层地面,在外墙内侧 0.5~1.0 m 宜采取保温措施,其热阻值不应小于外墙的热阻值。

季节性冰冻地区非采暖房间的地面以及散水、明沟、踏步、台阶和坡道等,当土壤标准冻深大于 600 mm,且在冻深范围内为冻胀土或强冻胀土时,宜采用碎石、矿渣地面或预制混凝上板面层。当必须采用混凝土垫层时,应在垫层下加设防冻胀层,见图 8.22。防冻胀层应选用中粗砂、砂卵石、炉渣或炉渣石灰土等非冻胀材料。其厚度应根据当地经验确定,也可按表 8.2 选用。采用炉渣石灰土作防冻胀层时,其质量配合比宜为 7∶2∶1(炉渣∶素土∶熟化石灰),压实系数不宜小于 0.85,且冻前龄期应大于 30 d。

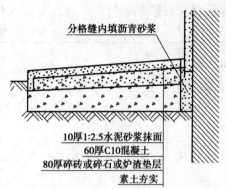

分格缝内填沥青砂浆

10厚1:2.5水泥砂浆抹面
60厚C10混凝土
80厚碎砖或碎石或炉渣垫层
素土夯实

图 8.22 散水防冻处理

表 8.2 防冻胀层厚度

土壤标准冻深/mm	防冻胀层厚度/mm	
	土壤为冻胀土	土壤为强冻胀土
600~800	100	150
1 200	200	300
1 800	350	450
2 200	500	600

(5)生产和储存食品、食料或药物,且有可能直接与地面接触的地面

生产和储存食品、食料或药物,且有可能直接与地面接触的,面层严禁采用有毒性的塑料、涂料或水玻璃类等材料,材料的毒性应经有关卫生防疫部门鉴定。

生产和储存吸味较强的食物时,应避免采用散发异味的地面材料。

2)楼地面的构造

按楼地面层材料的不同,常用楼地面有水泥砂浆楼地面、水磨石楼地面、大理石楼地面、地砖楼地面、木地板楼地面、地毯楼地面等。根据构造方法和施工工艺的不同,可以分为整体式地面、块材式地面、木地面及人造软质制品铺贴式楼地面、涂料地面等。

(1)整体式楼地面

用现场浇筑的方法做成的整片地面称为整体地面,有水泥砂浆地面、细石混凝土地面、水磨石地面等。整体地面的面层无接缝,造价较低,施工简便。

①水泥砂浆地面。又称水泥地面,构造简单、坚固、防潮、防水和造价低廉,但不耐磨,易

起砂起灰,做法见表8.3。

②细石混凝土地面。具有整体性好,强度高,抗裂,耐磨性好,材料易得,施工简便、快速、造价低等优点,做法见表8.3。

③现浇水磨石地面。具有色彩丰富、图案组合多样、平整光洁、坚固耐用、整体性好、耐污染、耐腐蚀和易清洗等优点,做法见表8.3。

表8.3 整体式楼地面做法举例

整体楼地面面层类型	燃烧性能等级	构造做法及层次	备注
水泥豆石	A	1.30厚1∶2.5水泥豆石面层铁板赶光 2.水泥浆水灰比0.4~0.5结合层一道 3.结构层	适用于大多数民用建筑 地面面层以下做法为: 1.100厚C10混凝土垫层 2.素土夯实
细石混凝土地面	A	1.40厚C20细石混凝土,表面撒1∶1水泥砂子随打随抹光 2.水泥浆水灰比0.4~0.5结合层一道	
水磨石面层1	A	1.表面草酸处理后打蜡上光 2.15厚1∶2水泥石粒水磨石面层 3.20厚1∶3水泥砂浆找平 4.水泥浆水灰比0.4~0.5结合层一道 5.结构层	地面面层以下做法为: 1.100厚C10混凝土垫层 2.素土夯实
水磨石面层2	A	1.表面草酸处理后打蜡上光 2.15厚1∶2水泥石粒水磨石面层 3.20厚1∶3水泥砂浆找平 4.改性沥青一布四涂防水层 5.1∶3水泥砂浆找坡层,最薄处20厚 6.水泥浆水灰比0.4~0.5结合层一道 7.结构层	设防水层后适用于用水房间及潮湿环境 地面面层以下做法为: 1.100厚C10混凝土垫层找坡赶平 2.素土夯实
水泥砂浆面层1	A	1.20厚1∶2水泥砂浆铁板赶光 2.水泥浆水灰比0.4~0.5结合层一道 3.结构层	地面面层以下做法为: 1.100厚C10混凝土垫层找坡赶平 2.素土夯实
水泥砂浆面层2	A	1.20厚1∶2水泥砂浆铁板赶光 2.改性沥青一布四涂防水层 3.1∶3水泥砂浆找坡层,最薄处20厚 4.水泥浆水灰比0.4~0.5结合层一道 5.结构层	设防水层后适用于用水房间及潮湿环境 地面面层以下做法为: 1.100厚C10混凝土垫层找坡赶平 2.素土夯实

(2)块料地面

把地面材料加工成块(板)状,然后借助胶结材料贴或铺砌在结构层上。胶结材料既起胶结作用又起找平作用,也有先做找平层再做胶结层的。常用胶结材料有水泥砂浆、油膏等,也有用细砂和细炉渣做结合层的。面层材料有烧结砖、玻化砖、水泥砖、大理石、缸砖、陶瓷锦砖和地砖等,见图8.23至图8.24。

①烧结砖地面。烧结砖地面可平砌和侧砌,其施工简单、造价低廉,适用于要求不高或临时建筑的地面及庭园小道等。

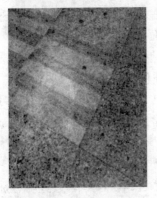

图8.23　水磨石地面

图8.24　陶土广场砖地面

图8.25　橡胶地面

图8.26　陶瓷砖地面

②水泥制品块地面。按材料分为预制水磨石块地面和预制混凝土块地面。面层与基层黏结有两种方式:预制块尺寸较大且较厚时,在板下干铺一层 20 ~ 40 mm 厚细砂或细炉渣,板缝用砂浆嵌填。这种做法施工简单、造价低,便于维修更换,但不易平整,常用于城市人行道,见图8.27(a)。当预制块小而薄时,则采用 10 ~ 20 mm 厚1∶3水泥砂浆做结合层,铺好后再用1∶1水泥砂浆嵌缝。这种做法坚实、平整,但施工较复杂,造价也较高,见图 8.27(b)。

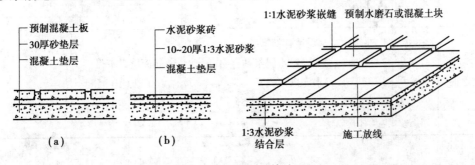

图8.27　水泥制品块地面

③缸砖地面。缸砖是用陶土焙烧而成的无釉砖块,方形尺寸为 100 mm × 100 mm 和 150 mm × 150 mm,厚 10 ~ 19 mm,还有六边形、八角形等,颜色以红棕色和深米黄色居多。缸砖可以组合成各种图案,铺贴时一般用 15 ~ 20 mm 厚 1：3 水泥砂浆。缸砖地面具有质地坚硬、耐磨、耐水、耐酸碱、易清洁等特点。

④陶瓷锦砖地面。陶瓷锦砖又称马赛克,是以优质瓷土烧制而成的小尺寸瓷砖,有不同大小、形状和颜色,并由此而可以组合成各种图案,具有多彩的装饰效果。陶瓷锦砖地面主要用于防滑要求较高的卫生间、浴室等房间的地面或墙面。

⑤陶瓷地砖地面。陶瓷地砖又称墙地砖,有釉面地砖、无光釉面砖、无釉防滑地砖及抛光同质地砖等,有红、浅红、白、浅黄、浅绿、浅蓝等各种颜色。地砖色调均匀,砖面平整,抗腐耐磨、施工方便,装饰效果好,特别是防滑地砖和抛光地砖又能防滑,因而越来越多地用于办公、商店、旅馆和住宅中。陶瓷地砖一般厚 6 ~ 10 mm,其常用规格有 500 mm × 500 mm,400 mm × 400 mm,300 mm × 300 mm,250 mm × 250 mm,200 mm × 200 mm。

⑥玻化砖是用石英砂、泥按照一定比例烧制而成,然后打磨光亮(但不需要抛光)。它的表面如玻璃镜面一样光滑透亮,是所有瓷砖中最硬的一种,在吸水率、边直度、弯曲强度、耐酸碱性等方面都优于普通釉面砖、抛光砖及一般的大理石。其常用规格为 600 × 600,800 × 800,900 × 900,1 000 × 1 000。玻化砖地面的构造层次同陶瓷地砖地面,目前使用广泛。

表 8.4　常用块料地面做法举例

块材楼地面面层类型	燃烧性能等级	构造做法及层次	备　注
陶瓷锦砖或马赛克 1	A	1. 6 厚陶瓷锦砖水泥浆擦缝 2. 20 厚 1：2 干硬性水泥浆粘合层 3. 20 厚 1：3 水泥砂浆找平 4. 水泥浆水灰比 0.4 ~ 0.5 结合层一道 5. 结构层	适用于防水防滑的场所 地面面层以下做法为: 1. 100 厚 C10 混凝土垫层 2. 素土夯实
陶瓷锦砖或马赛克 2	A	1. 1.6 厚陶瓷锦砖水泥浆擦缝 2. 20 厚 1：2 干硬性水泥浆粘合层 3. 改性沥青一布四涂防水层 4. 1：3 水泥砂浆找坡层,最薄处 20 厚 5. 水泥浆水灰比 0.4 ~ 0.5 结合层一道 6. 结构层	设防水层后适用于用水房间及潮湿环境 地面面层以下做法为: 1. 100 厚 C10 混凝土垫层找坡赶平 2. 素土夯实
地砖楼地面 1	A	1. 地砖面层水泥浆擦缝 2. 20 厚 1：2 干硬性水泥浆粘合层 3. 20 厚 1：3 水泥砂浆找平 4. 水泥浆水灰比 0.4 ~ 0.5 结合层一道 5. 结构层	地面面层以下做法为: 1. 100 厚 C10 混凝土垫层 2. 素土夯实

续表

块材楼地面面层类型	燃烧性能等级	构造做法及层次	备　注
地砖楼地面2	A	1.地砖面层水泥浆擦缝 2.20厚1：2干硬性水泥浆粘合层 3.改性沥青一布四涂防水层 4.1：3水泥砂浆找坡层,最薄处20厚 5.水泥浆水灰比0.4~0.5结合层一道 6.结构层	设防水层后适用于用水房间及潮湿环境地面面层以下做法为： 1.100厚C10混凝土垫层找坡赶平 2.素土夯实
石材楼地面1	A	1.20厚石材面层水泥浆擦缝 2.20厚1：2干硬性水泥浆粘合层 3.20厚1：3水泥砂浆找平 4.水泥浆水灰比0.4~0.5结合层一道 5.结构层	地面面层以下做法为： 1.100厚C10混凝土垫层找坡赶平 2.素土夯实
石材楼地面2	A	1.20厚石材面层水泥浆擦缝 2.20厚1：2干硬性水泥浆粘合层 3.改性沥青一布四涂防水层 4.1：3水泥砂浆找坡层,最薄处20厚 5.水泥浆水灰比0.4~0.5结合层一道 6.结构层	设防水层后适用于用水房间及潮湿环境地面面层以下做法为： 1.100厚C10混凝土垫层找坡赶平 2.素土夯实
强化复合木地板楼地面1	B2	1.8厚强化复合木地板企口刷白乳胶拼接粘铺 2.3厚聚乙烯高弹泡沫垫层 3.20厚1：3水泥砂浆找平 4.水泥浆水灰比0.4~0.5结合层一道 5.结构层	地面面层以下做法为： 1.100厚C10混凝土垫层找坡赶平 2.素土夯实
强化复合木地板地面	B2	1.8厚强化复合木地板企口刷白乳胶拼接粘铺 2.3厚聚乙烯高弹泡沫垫层 3.改性沥青防水涂料一道 4.20厚1：3水泥砂浆找平 5.水泥浆水灰比0.4~0.5结合层一道 6.100厚C10混凝土垫层找坡赶平 7.素土夯实	设防水层后适用于潮湿地面

续表

块材楼地面面层类型	燃烧性能等级	构造做法及层次	备　注
硬木地板面层	B2	1. 聚酯漆或聚氨酯漆三道 2. 8～15厚硬木地板,专用胶粘贴 3. 20厚1∶3水泥砂浆找平 4. 水泥浆水灰比0.4～0.5结合层一道 5. 结构层	地面面层以下做法为: 1. 100厚C10混凝土垫层找坡赶平 2. 素土夯实
架空单层硬木地板地面	B2	1. 聚酯漆或聚氨酯漆面层三道 2. 50×20厚长条硬木企口板 3. 50×70木龙骨400中距(架空20高,用木垫块与木龙骨钉牢,垫块400中距)用10号镀锌铁丝两根与铁鼻子绑牢:50×50横撑800中距,龙骨垫块,横撑满涂防腐剂 4. 50厚C20号混凝土基层随打随抹平,并在混凝土内预留Ω形φ6铁鼻子行距400中—中,排距800中—中 5. 改性沥青一布四涂防潮层见楼地面说明注4 6. 100厚C10混凝土垫层 7. 素土夯实基土	
架空单层硬木地板楼面	B2	1. 聚酯漆或聚氨酯漆面层三道 2. 50×20厚长条硬木企口板 3. 50×70木龙骨400中距(架空20高,用木垫块与木龙骨钉牢,垫块400中距)用10号镀锌铁丝两根与铁鼻子绑牢:50×50横撑800中距,龙骨垫块,横撑满涂防腐剂 4. 板内预埋φ6钢筋绑扎铁鼻子400中距 5. 结构层	

(3)木地板

木地板按材料分为实木地板(天然木地板)、竹地板、强化木地板和复合木地板等,具有质量轻、弹性好、保温性好、易清洁、脚感舒适等优点,是目前广泛采用的地面。但它易随温、湿度的变化而引起裂缝和翘曲变形,易燃,易腐朽,因此在潮湿的房间采用很少。各类木地板中,强化木地板和复合木地板的耐磨性较好。

按施工方式,木地板分为空铺式、实铺式、粘贴式和悬浮铺设等几种类型。

①空铺式地板,主要用于舞台或需要架空的地面。做法是先砌筑垄墙,在垄墙上间隔铺

设木搁栅,将地板条钉在搁栅上,木搁栅与墙间留 30 mm 的缝隙,木搁栅间加钉剪刀撑或横撑,在墙体适当位置设通风口通风(图 8.28)。

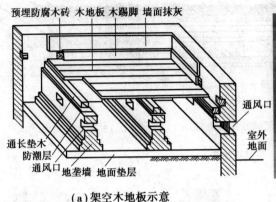

（a）架空木地板示意　　　　　　　　　　（b）架空木地板构造断面

图 8.28　架空层木楼地面

②实铺式地板,是直接在实体上铺设的地面。施工时将木搁栅钉在结构层或垫块上,见图 8.29(a)。木搁栅一般为 50 mm×50 mm,找平且上下刨光,中距依木、竹地板条长度等分,一般为 400~500 mm。每块地板条从板侧面钉牢在木搁栅上。高标准的房间可采用双层铺钉,即在面层与搁栅间加铺一层 20 mm 厚斜向毛木板,见图 8.30(a)。为防止地板受潮腐烂。底层通常做一毡二油防潮层或涂刷热沥青防潮层。在踢脚板处设通风口,并保持地板下干燥,见图 8.30(a)和(b)。

（a）实铺木地板的木龙骨安装　　　（b）粘贴硬木地板　　　（c）实铺软木地板

图 8.29　实铺式地板

③粘贴式地板。在结构层上做 15~20 mm 厚 1∶3 水泥砂浆找平层,上刷冷底子油一道,然后做 5 mm 厚沥青玛蹄脂(或其他胶黏剂),在其上直接粘贴木板条,见图 8.29(b)。一般软木地板都采取粘贴的安装方法,见图 8.30(c)。

④悬浮铺设。将地板直接搁在垫层上不加固定,可热胀冷缩但不会起拱,常用于天然木地板、复合木地板和强化木地板(图 8.31)的安装。强化板具有很高的耐磨性、良好的耐污腐蚀、抗紫外线光、耐香烟灼烧等性能,同时有较大的规格尺寸且尺寸稳定性好,已广泛用于公共建筑和居住建筑,不足之处是防水防潮性能较差,因为其坯体大多由纤维材料制成。复合木地板除坯体采用多层板等较为防水的材料外,其他与强化木地板基本相同。地板安装前应磨平底层,然后铺设有弹性的垫层,将地板的企口涂上白乳胶后拼成整体,搁在垫层上。房间四周边应留出 10 宽的伸缩缝,并用踢脚遮饰,见图 8.32。

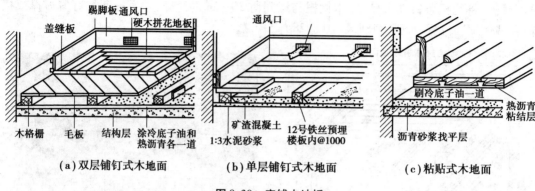

(a) 双层铺钉式木地面　　(b) 单层铺钉式木地面　　(c) 粘贴式木地面

图 8.30　实铺木地板

其他的铺设方式,详见表8.4。

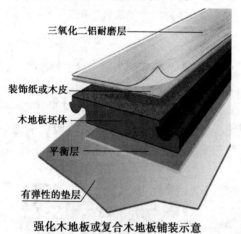

强化木地板或复合木地板铺装示意

图 8.31　强化地板

图 8.32　木地板悬浮铺设

(4)人造软质制品铺贴式楼地面

软质地面施工灵活、维修保养方便、脚感舒适、有弹性、可缓解固体传声、厚度小、自重轻、柔韧、耐磨、外表美观,常见的有塑料地毡、橡胶地毡及地毯等。

①塑料类楼地面。选用人造合成树脂(如聚氯乙烯等塑化剂)加入适量填充料和颜料经热压而成,在底面衬布。塑料地面品种多样,有卷材和块材、软质和半硬质、单层和多层、单色和复色之分。常用的构造方式详见表8.5。

表8.5　常用塑料楼地面构造

楼地面 面层类型	燃烧 性能 等级	构造做法及层次	备　注
橡塑合成 材料楼 地面1	B2	1.橡塑合成材料板1.2~3厚 2.专用胶黏剂粘贴 3.20厚1:3水泥砂浆找平 4.水泥浆水灰比0.4~0.5结合层一道 5.结构层	适用于大多数民用建筑 地面面层以下做法为: 1.100厚C10混凝土垫层 2.素土夯实

续表

楼地面面层类型	燃烧性能等级	构造做法及层次	备 注
橡塑合成材料楼地面2	B2	1. 橡塑合成材料板 1.2~3 厚 2. 专用胶黏剂粘贴 3. 改性沥青一布四涂防水层 4. 1:3 水泥砂浆找坡层,最薄处 20 厚 5. 水泥浆水灰比 0.4~0.5 结合层一道 6. 结构层	设防水层后适用于用水房间及潮湿环境 地面面层以下做法为: 1. 100 厚 C10 混凝土垫层找坡赶平 2. 素土夯实
高档塑料卷材面层1	B2	1. 高档塑料卷材 4 厚地板浮铺 2. 20 厚 1:3 水泥砂浆找平 3. 水泥浆水灰比 0.4~0.5 结合层一道 4. 结构层	地面面层以下做法为: 1. 100 厚 C10 混凝土垫层 2. 素土夯实
高档塑料卷材面层2	A	1. 高档塑料卷材 4 厚地板浮铺 2. 20 厚 1:3 水泥砂浆找平 3. 改性沥青一布四涂防水层 4. 1:3 水泥砂浆找坡层,最薄处 20 厚 5. 水泥浆水灰比 0.4~0.5 结合层一道 6. 结构层	设防水层后适用于用水房间及潮湿环境 地面面层以下做法为: 1. 100 厚 C10 混凝土垫层找坡赶平 2. 素土夯实

②塑胶地面。塑胶地面耐磨防滑,能够有效降低摔倒所造成的伤害,保护人体的安全,特别适用于老人和儿童;安装过程中以及安装完成后没有丝毫的副作用,无毒无害;燃烧性能等级可达 B1 级;耐腐蚀性能强,不会出现虫蛀,耐得住多种化学制品的腐蚀。

③地毯。大面积地毯的铺设,是先在房间四周安装钉条(图 8.40(c)),地毯铺设平整后,周边钉牢在钉条上(图 8.40(b)),最后用踢脚线遮挡缝隙,见图 8.40(a)。

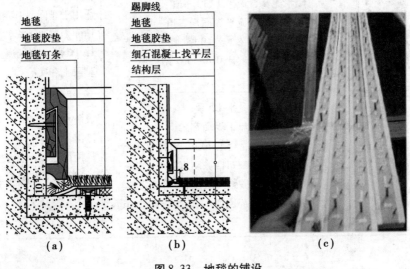

图 8.33 地毯的铺设

（5）涂料类楼地面

用于水泥砂浆或混凝土地面的表面处理和装饰,对改善地面的性能起重要作用。常见的涂料有氯—偏共聚乳液涂料、聚醋酸乙烯厚质涂料、聚乙烯醇缩甲醛胶水泥地面涂层、109 彩色水泥涂层以及 804 彩色水泥地面涂层、聚乙烯醇缩丁醛涂料、H80 环氧涂料、环氧树脂厚质地面涂层以及聚氨醇厚质地面涂层等。这些涂料施工方便,造价低,能提高地面的耐磨性和不透水性,故多适用于民用建筑中。但涂料地面涂层较薄,不适于人流较多的公共场所。常用的构造方式详见表 8.6。

表 8.6　常用涂料类楼地面构造举例

楼地面面层类型	燃烧性能等级	构造做法及层次	备　注
合成树脂涂料 1	B2	1. 合成树脂类面层 2. 合成树脂类底层腻子磨平,底层涂料一道 3. C20 细石混凝土 40 厚,随打随抹光 4. 水泥浆水灰比 0.4～0.5 结合层一道 5. 结构层	适用于有清洁要求的场所 地面面层以下做法为: 1. 100 厚 C10 混凝土垫层 2. 素土夯实
合成树脂涂料 2	B2	1. 合成树脂类面层 2. 合成树脂类底层腻子磨平,底层涂料一道 3. C20 细石混凝土 40 厚,随打随抹光 4. 改性沥青一布四涂防水层 5. 1∶3 水泥砂浆找坡层,最薄处 20 厚 6. 水泥浆水灰比 0.4～0.5 结合层一道 7. 结构层	设防水层后适用于用水房间及潮湿环境 地面面层以下做法为: 1. 100 厚 C10 混凝土垫层找坡赶平 2. 素土夯实
水泥基自流平 1	A	1. 水泥基自流平 12 厚一道 2. 水泥基自流平界面剂二道 3. C20 细石混凝土 40 厚,随打随抹光 4. 水泥浆水灰比 0.4～0.5 结合层一道 5. 结构层	适用于车间、超市和展厅等 地面面层以下做法为: 1. 100 厚 C10 混凝土垫层 2. 素土夯实
水泥基自流平 2	A	1. 水泥基自流平 12 厚一道 2. 水泥基自流平界面剂二道 3. C20 细石混凝土 40 厚,随打随抹光 4. 改性沥青一布四涂防水层 5. 1∶3 水泥砂浆找坡层,最薄处 20 厚 6. 水泥浆水灰比 0.4～0.5 结合层一道 7. 结构层	设防水层后适用于用水房间及潮湿环境 地面面层以下做法为: 1. 100 厚 C10 混凝土垫层找坡赶平 2. 素土夯实

续表

楼地面面层类型	燃烧性能等级	构造做法及层次	备 注
自流平环氧胶泥 1	B1	1. 自流平环氧胶泥 2 厚,1 厚封闭面层 2. 环氧底层涂料一道 3. 水泥基自流平 8 厚一道 4. 水泥基自流平界面剂二道 5. C20 细石混凝土 40 厚,随打随抹光 6. 水泥浆水灰比 0.4~0.5 结合层一道 7. 结构层	适用于洁净厂房、实验室和医院等 地面面层以下做法为: 1. 100 厚 C10 混凝土垫层找坡赶平 2. 素土夯实
自流平环氧胶泥 2	B1	1. 自流平环氧胶泥 2 厚,1 厚封闭面层 2. 环氧底层涂料一道 3. 水泥基自流平 8 厚一道 4. 水泥基自流平界面剂二道 5. C20 细石混凝土 40 厚,随打随抹光 6. 改性沥青一布四涂防水层 7. 1:3 水泥砂浆找坡层,最薄处 20 厚 8. 水泥浆水灰比 0.4~0.5 结合层一道 9. 结构层	设防水层后适用于用水房间及潮湿环境 地面面层以下做法为: 1. 100 厚 C10 混凝土垫层找坡赶平 2. 素土夯实

3)踢脚线构造

踢脚线也称踢脚板,是楼地面与墙面交接处的垂直部位,它可以保护室内墙脚,避免扫地或拖地时污染墙面。踢脚的高度一般为 120~150 mm,所用材料与楼地面基本相同,有水泥砂浆、水磨石、木材、石材等,见图 8.41。

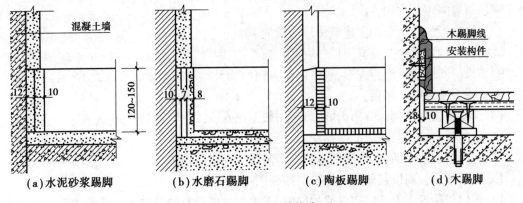

(a)水泥砂浆踢脚　　(b)水磨石踢脚　　(c)陶板踢脚　　(d)木踢脚

图 8.34　踢脚线构造

复习思考题

1. 楼面和地面有何不同？
2. 较大房间适宜选用哪些类型的楼板？
3. 楼面的构造要求有哪些？
4. 预制平板、槽板和空心板的合适跨度各是多少？
5. 预制楼板与现浇楼板各有什么特点？
6. 实木地板（天然木地板）有哪些铺装方法？
7. 为什么变形缝必须用弹性材料封缝？
8. 轻钢龙骨纸面石膏板吊顶是楼面的一部分吗？
9. 试分析玻化砖被广泛使用的原因。
10. 试分析强化木地板被广泛使用的原因。

习　题

一、判断题

1. 在排板布置中，当楼面板板宽的方向与墙间出现的缝隙为 50 mm 时，应增加局部现浇板来解决。（　）
2. 房间内设吊顶就是为了使顶棚平整、美观。（　）
3. 钢筋砖过梁，可以不受跨度的限制。（　）
4. 一般要求钢筋混凝土预制板，在墙上的搁置长度不小于 100 mm。（　）
5. 楼地面层采用蓄热系数较大的材料时，会让人在四季都感到舒适。（　）
6. 吊顶有隔声的作用。（　）
7. 一般楼板的建造费用占建筑物总造价的 40%。（　）
8. 楼层的构造层次主要有面层、结构层、顶棚层、附加层。（　）
9. 如果房间平面形状为方形，板下两个方向的梁呈等距离布置无主次之分，且间距较小。这种楼板称为井字梁式楼板。（　）
10. 无梁楼板的柱网以方形为好，跨度一般不超 6 m，板厚不小于 120 mm。（　）
11. 预制空心板安装时只能两端受力。（　）
12. 地坪层一般由面层、垫层和基层三个基本构造层次组成。（　）
13. 地面要求较高以及薄而脆的面层须采用刚性垫层。（　）
14. 人们居住或人们长时间停留的房间，楼地面材料应有较好的蓄热性和弹性。（　）
15. 强化木地板和复合木地板，都有三氧化二铝的耐磨层。（　）
16. 地毯的安装固定，要借助于钉条和粘胶带。（　）
17. 素土夯实层是地面的结构层。（　）
18. 洁净度要求较高的场所，适宜做自流平材料的楼地面。（　）

19. 水泥矿渣是做楼地面垫层的好材料。 （   ）

20. 用水房间的楼地面，应低于其他房间 100 mm。 （   ）

二、选择题

1. 现浇水磨石地面常嵌固分格条（玻璃条、铜条等），其目的是（   ）。

    A. 防止面层开裂　　　　　B. 便于磨光　　　　　C. 面层不起灰　　　　　D. 增添美观

2. 楼板层的隔声构造措施不正确的是（   ）。

    A. 楼面上铺设地毯　　　　　　　　　　　B. 设置矿棉毡垫层

    C. 做楼板吊顶处理　　　　　　　　　　　D. 设置混凝土垫层

3. 现浇钢筋混凝土楼板的优点是（   ）。

    A. 造价低　　　　　　　　B. 施工快　　　　　C. 强度高　　　　　D. 省模板

4. 水磨石地面一般适用于（   ）等房间。

    A. 居住建筑中的卧室、起居室　　　　　B. 公共建筑中的门厅、休息厅

    C. 宿舍　　　　　　　　　　　　　　　　D. 宾馆客房

5. 在钢筋混凝土装配式楼板的平面布置中，为提高房间净空高度，可采用（   ）。

    A. T 形梁　　　　　B. 矩形梁　　　　　C. 花篮梁　　　　　D. 工字形梁

6. 以下属于整体地面的是（   ）。

    A. 玻化砖地面　　　　　　　　　　　　　B. 花岗岩地面

    C. 强化木地板地面　　　　　　　　　　　D. 环氧树脂自流平地面

7. 下列不属于矿物吊顶材料的是（   ）。

    A. 纸面石膏板　　　　　B. 矿棉板　　　　　C. 石膏板　　　　　D. 张拉膜

8. 下列耐磨性较差的地面材料是（   ）。

    A. 花岗岩　　　　　B. 强化木地板　　　　　C. 水磨石　　　　　D. 大理石

9. 下列防水性能较好的楼地面是（   ）。

    A. 强化木地板　　　　　B. 地毯　　　　　C. 水磨石　　　　　D. 竹地板

10. 强化木地板采用的安装方法不包括（   ）。

    A. 实铺　　　　　B. 粘贴　　　　　C. 空铺　　　　　D. 悬浮铺设

11. 下列（   ）不是踢脚线的功能。

    A. 防火　　　　　B. 遮缝　　　　　C. 保护墙面　　　　　D. 美化

三、填空题

1. 现浇梁板式楼板布置中，主梁应沿房间的＿＿＿＿＿方向布置，次梁应＿＿＿＿＿主梁方向布置。

2. 一般吊顶主要有三个部分组成，＿＿＿＿＿、＿＿＿＿＿和＿＿＿＿＿。

3. 现浇钢筋混凝土梁板式楼板，其梁一般有＿＿＿＿＿和＿＿＿＿＿之分。

4. 楼板层的基本构成部分有面层、＿＿＿＿＿、＿＿＿＿＿和附加层。

5. 地坪层一般由面层、＿＿＿＿＿和＿＿＿＿＿三个基本构造层次组成。

6. 地面垫层是承受并传递＿＿＿＿＿给地基的＿＿＿＿＿层。

7. 地面刚性垫层常用＿＿＿＿＿制作；非刚性垫层常用砂垫层、＿＿＿＿＿、＿＿＿＿＿和三合土等。

8. 对某些室内荷载大且地基又较差的，并且有特殊要求或装修标准较高的地面，可先做

_____,再做一层刚性垫层,即_____。

9.用水房间地面应设地漏,并用细石混凝土从四周向地漏找_____的坡,同时要防止_____。

10.楼板层上面设置保温材料,可采用高密度苯板、_____制品和_____等。

11.金属材料吊顶大量使用的面板类型,有_____和_____等。

12.用_____的方法做成_____的地面称为整体地面。

13.块料地面是把地面材料加工成块(板)状,然后借助_____粘贴或_____在_____上。

14.强化木地板和_____的耐磨层,是采用_____涂层。

15.除个别外,大多数涂料地面涂层_____,不适于_____的公共场所。

四、简答题

1.为减少结构层所占空间,支承预制板的承重梁,可采用哪些断面形式?

2.楼地层面层的设计要求主要有哪些?

3.地坪层的基本组成是什么?各组成部分有何作用?

4.什么是压型钢板组合楼板及其特点?

5.试例举装配式钢筋混凝土楼板结构布置的三条原则。

6.试举现浇整体式钢筋混凝土楼板的特点。

7.有水房间的楼地层应如何防水?

8.楼、地面设计有哪些要求?

9.楼板层与地坪层有什么相同和不同之处?

10.楼板层的基本组成主要有哪些层次?

11.楼板隔绝固体传声的方法有哪三种?

12.常用的装配式钢筋混凝土楼板的主要类型和特点是什么?

13.简述井格式楼板和无梁楼板的特点及适用范围。

14.简述水泥砂浆楼地面、水磨石楼地面的组成及优缺点。

五、作图题

1.绘制一个卫生间地面构造层次,含踢脚或局部墙面。

2.绘图说明卧室木地面、木踢脚装修的一种构造做法。

9 楼梯与电梯

[本章导读]

通过本章学习,应了解楼梯的各种形式和类型,以及它们的特点、适用范围和结构;熟悉楼梯、台阶和栏杆的设计参数;掌握梯段与建筑主体的连接构造,以及与栏杆的连接构造;熟悉栏杆的类型和构造特点;了解电梯的特点和构造。

9.1 概述

1)相关概念

建筑物各个不同楼层或高差间的竖向联系,是依靠楼梯、电梯、自动扶梯、台阶、坡道及爬梯等设施实现的。

楼梯是垂直交通和紧急疏散的主要设施。电梯用于7层及7层以上的多层建筑和高层建筑,也用于标准较高的低层建筑。即使以电梯或自动扶梯为主要竖向交通的建筑物,也必须设置楼梯以供紧急疏散用。自动扶梯用于人流量大的公共建筑如商场和候车楼等。台阶用于室内外高差之间的联系。坡道用于建筑内外的无障碍交通,供轮椅、自行车和汽车使用。爬梯供检修和生产场所使用。

2)楼梯设计要求

①功能方面的要求:楼梯的数量、踏步宽度和长度的尺寸、楼梯平面样式以及细部做法等,均应满足功能的要求。

②结构方面的要求:楼梯应具有足够的承载能力和较小的变形。

③防火、安全方面的要求:楼梯间距、数量以及楼梯间形式、采光、通风等均应满足现行防火规范的要求,以保证疏散安全。

④施工、经济方面的要求:应使楼梯在施工中更为方便,在造价上更合理。

9.2 楼梯类型

楼梯类型的选择要根据建筑物的性质、楼层高度、楼梯的位置、楼梯间的平面形状、人流的多少缓急等综合考虑。

1)按材料分类

以材料(包括踏步)分类,楼梯分为木楼梯、钢筋混凝土楼梯、金属楼梯、玻璃楼梯和组合楼梯等,见图9.1。

2)按使用性质分类

①主要楼梯。一般布置在建筑门厅内明显的位置或靠近主入口的位置,尺度较大。

②辅助楼梯。设置在建筑的次要出入口或建筑适当的位置如建筑走廊转折处,作为较小的人流使用或供紧急疏散用。

③消防楼梯。专供消防和安全疏散使用。当建筑内部楼梯的数量与位置未满足消防及安全疏散的要求时,常在建筑的端部设置开敞式疏散楼梯。

(a)木楼梯　　　　　　(b)金属楼梯　　　　　　(c)玻璃楼梯

图9.1　不同材料制作的楼梯

3)按楼梯位置分类

按位置的不同,楼梯可分为室外楼梯与室内楼梯。在地震设防地区,楼梯间不宜设置在房屋尽端或转角处。

4)按楼梯形式分类

(1)直跑式楼梯

①直行单跑楼梯。直跑楼梯中间没有休息平台,多用在层高较小或楼梯较陡的建筑中,其连续踏步数不超过18级,见图9.2(a)。

| (a)直行单跑梯 | (b)直行双跑梯 | (c)直行多跑梯 |

图9.2 直跑式楼梯类型

②直行多跑楼梯。此种楼梯是直行单跑楼梯的延伸,仅增设了中间平台,将梯段由一个变为多个,见图9.2(b)和(c)。直行多跑楼梯给人以直接、顺畅的感觉,导向性强,在公共建筑中常用于主要入口处或人流较多的大厅,但它不宜用于多楼层间的联系。

(2)平行双跑楼梯

平行双跑楼梯是一般建筑物中最常见的。上下多层楼层时比直跑楼梯节约交通面积,其平面形状和尺寸可与房间相同,是便于建筑平面组合的楼梯形式,应用较广,见图9.3(a)。

| (a)平行双跑梯 | (b)合上双分梯 | (c)折行多跑梯 |

图9.3 双跑及多楼梯

(3)平行双分双合楼梯

①合上双分式。第一跑是一个梯段,在梯间中部,上至中间平台处分开为两个梯段直至上层,通常在人流多、梯间和楼段宽度较大时采用,见图9.3(b)。因其造型的对称严谨性,常用作办公类建筑的主要楼梯。

②分上双合式。楼梯第一跑为两个平行的较窄梯段,在休息平台处合成一个较宽的梯段直至上层,平台下方便设置出入口。

(4)折行多跑楼梯

①折行双跑楼梯。这种楼梯的人流导向比较自由,其折角可变。折角大于90°时,由于其行进方向性类似直行双跑梯,故常用于导向性强、仅上一层楼的影剧院、体育馆等建筑的门厅中,折角小于90°时,其行进方向回转延续性有所改良,形成三角形楼梯间。

②折行多跑楼梯。这种楼梯中部有较大的梯井,常用于层高较大的公共建筑。因为楼梯井较大、不安全,因此不能用于少年儿童较多的建筑内,见图9.3(c)。

(5)交叉、剪刀楼梯

①交叉楼梯。由两个相向而行的直行单跑楼梯段并列布置,两个梯段同在一个楼梯间内,空间相通。对防火和疏散来说只算一个安全疏散通道,但开了两个口。交叉楼梯通行的人流较大,且为人流提供了两个方向,对于楼层的人流多方向进入有利,一般用于低层及多层建筑,见图9.4。

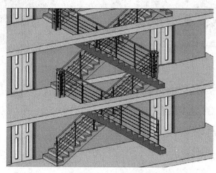

(a)室外交叉楼梯　　　　　　　　　　(b)室内交叉楼梯

图9.4　交叉楼梯

②剪刀楼梯。是由两个直行单跑楼梯间并列布置而成的,空间各自独立互不相通的竖向交通空间。对防火和疏散来说,一个剪刀梯算两个安全疏散通道和两个安全疏散口(两个口的净距须大于5 m)。它适用于高层住宅各层需要两个疏散口和梯间,平面布置较紧凑的建筑,见图9.5。

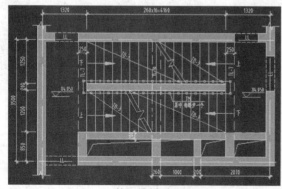

(a)剪刀楼梯平面　　　　　　　　　　(b)剪刀楼梯内部

图9.5　剪刀楼梯

（6）螺旋式楼梯

螺旋形楼梯围绕一根单柱布置,其平面呈圆形,上一层楼的旋转角度一般≥360°,平台和踏步均为扇面,踏步内侧宽度小。螺旋式楼梯不能用于主要交通,也不能作为安全疏散通道。因其造型美观,常作为建筑小品置于室内。螺旋楼梯和无中柱的弧形楼梯一样,离柱面或内侧扶手中心 0.25 m 处的踏步宽度不应小于 0.22 m,见图9.6。

（a）钢木螺旋梯　　　　　（b）金属螺旋梯

图9.6　螺旋楼梯　　　　　　　　　　图9.7　弧形楼梯

（7）弧形楼梯

弧形楼梯的回转半径大,平面未构成水平投影圆,其扇形踏步的内侧宽度较大,坡度可以做得平缓,可用作主要交通和疏散通道,见图9.7。弧形楼梯常布置在公共建筑内,具有明显的导向性和优美轻盈的造型。弧形楼梯一般采用现浇钢筋混凝土结构,其最小踏步尺寸要求同螺旋梯。

5）按结构类型分类

按照结构类型分,楼梯分为板式、梁式、悬臂式、墙承式和悬挂式等。

（1）板式楼梯

板式楼梯又有预制和现浇之分,预制板式楼梯是将梯段作成一块整板,板的两端支承在平台处的平台梁上,平台梁和休息平台支承在墙上,现浇板式楼梯是将梯段与平台梁甚至平台整浇成一体。现浇板式楼梯受力简单、施工方便,目前板式楼梯大部分采用现浇,见图9.8。现浇板式楼梯还包括扭板式楼梯,见图9.9。

图9.8　现浇板式楼梯　　　　　　　　图9.9　扭板式楼梯

（2）梁式楼梯

梁式楼梯也有预制和现浇之分,预制梯的特点是将预制踏步板支承在斜梁上构成梯段,斜梁两端支承在平台梁上,平台梁又支承在梯间的墙或柱上,其踏步板有多种形式。现浇梁式楼梯是将上述构件在现场浇筑成整体,特点是梯段较长时比较经济,但其支模及施工都比板式楼梯复杂,外观也显得笨重,见图9.10。梁式楼梯还包括梁悬臂楼梯,见图9.11。

图9.10 梁式楼梯仰视

图9.11 梁悬臂式楼梯

（3）墙悬臂式楼梯

墙悬臂式楼梯是踏步板一端支承在梯间墙上,另一端悬挑的楼梯,见图9.12。

（4）墙承式楼梯

墙承式楼梯是踏步板两端均支承在梯间墙上,如果是双跑平行梯,两梯段之间也有承重墙,见图9.13。

图9.12 墙悬臂式楼梯

图9.13 墙承式楼梯

6）按照安全疏散划分楼梯间

设置楼梯的房间称为楼梯间。由于不同类型建筑的防火和安全疏散要求不同,就有开敞式楼梯间、封闭式楼梯间和防烟楼梯间3种形式可选择。

（1）开敞式楼梯间

其特点是与公共通道之间不设防火门,直接连通,见图9.14（a）。

（2）封闭式楼梯间

其特点是在公共走道与梯间之间,设置有防火门,见图9.14（b）。

（3）防烟楼梯间

防烟楼梯间在公共走道与梯间之间设有防烟前室,见图9.14（c）和图9.15。

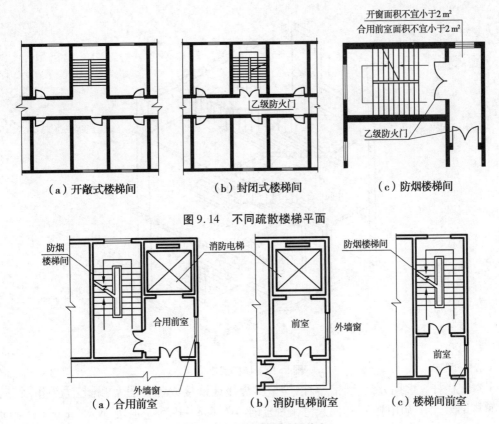

图9.14 不同疏散楼梯平面

图9.15 不同类型防烟前室

9.3 楼梯的组成与尺度

1)楼梯的组成

楼梯一般由楼梯段、楼梯平台,栏杆(或栏板)和扶手3部分组成,见图9.16。

(1)楼梯段

楼梯段是楼梯联系两个不同高度平台的倾斜构件。为减少人们上下楼梯时的疲劳,一段楼梯的踏步数最好不超过18级,且不少于3级(级数过少易被忽视,有可能造成伤害)。

(2)楼梯平台

楼梯平台是指两个梯段间的水平板,起缓解行人疲劳和改变行进方向的作用,也称为中间平台或休息平台。与楼面等高的平台还有缓冲人流的功能,称为楼层平台。

(3)栏杆(栏板)和扶手

梯段及平台边缘的安全保护构件,实心的称为栏板,镂空的称为栏杆。栏杆或栏板上部设有供人们抓握倚扶的扶手,应可靠和坚固,并有足够的高度和抗侧面冲击倾覆的能力。当楼梯宽度较窄时,只在梯段临空面设置,较宽(大于1.4 m)时,非临空面也应设扶手,当宽度很大(大于2.2 m)时,还应在梯段中间设置扶手。

楼梯栏杆的形式一般有空花栏杆、实心栏板和组合式栏板3种。

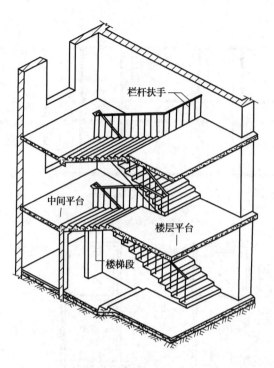

图 9.16　楼梯组成

①空花栏杆。多用方钢、圆钢、扁钢等型材焊接或铆接成各种图案,既起防护作用,又有一定的装饰效果。常用栏杆断面尺寸有:圆钢 $\phi16$ mm ~ $\phi25$ mm;方钢 15 mm × 15 mm ~ 25 mm × 25 mm;扁钢(30 ~ 50)mm × (3 ~ 6)mm;钢管 $\phi20$ mm ~ $\phi50$ mm,见图 9.17。

图 9.17　金属栏杆形式

②实心栏板。多用钢筋混凝土、加筋砖砌体、有机玻璃、不锈钢栏板、安全玻璃(夹胶玻璃)和钢化玻璃等制作。砖砌栏板厚度为 60 mm 时,外侧需要钢筋网加固,再将钢筋混凝土扶手与栏板连成一个整体。现浇钢筋混凝土楼梯栏板可与楼梯段现浇成为整体。

③组合式栏板。是将空花栏杆与实体栏板组合而成。空花栏杆用金属材料制成,栏板部

分可用砖砌、石材、有机玻璃、安全玻璃(夹胶玻璃)和钢化玻璃等。

　　楼梯位置应明显,起到提示引导人流的作用,除了造型美观、人流通行顺畅、行走舒适、结构坚固、防火安全外,还应满足施工和经济条件的要求。因此,需要合理选择楼梯的形式、坡度、材料和构造做法,精心地处理好细部构造。

2)楼梯的尺度

(1)楼梯梯段宽度

　　楼梯的宽度与使用人流数、建筑的类型、耐火等级、安全疏散要求等因素有关。一般按每股人流宽 0.55 m + (0 ~ 0.15)m 考虑,每个楼梯应不少于两股人流。0 ~ 0.15 m 是人体在行进中的摆幅,人流较多的公共建筑中应取上限值。一般单股人流通行梯段宽 0.85 m,双股人流通行梯段宽为 1.1 ~ 1.4 m,三股人流通行梯段宽为 1.65 ~ 2.1 m,见表9.1。

表9.1　楼梯梯段宽度

类　别	梯段宽度/mm	备　注
单人通过	>900	—
双人通过	1 100 ~ 1 400	—
三人通过	1 650 ~ 2 100	—

(2)楼梯的坡度

　　楼梯段的坡度越小,行走越舒适,但会加大楼梯间的进深,增加建筑面积;楼梯的坡度越陡,行走越吃力,但楼梯间的面积可减小。一般来说,公共建筑中使用人数少的楼梯,坡度可陡些;专供幼儿和老年人使用的楼梯,坡度应平缓些。

　　楼梯常见坡度为 20°~45°,其中 30° 左右多用于公共建筑,其踏步宽 300 mm、高 150 mm,尺寸符合模数且行走舒适。楼梯的最大坡度不宜大于 38°。坡度小于 20° 时,应采用坡道形式,若其倾斜角度坡度大于 45°,则采用爬梯,见图 9.18。

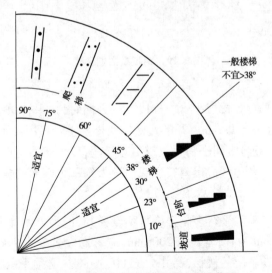

图9.18　爬梯、楼梯和坡道的坡度范围

3)踏步尺寸

梯段有若干踏步,踏步由水平踏面和垂直踢面组成,踏面宽度与人们的脚长和上下楼梯时的习惯有关。两个踢面高度与一个踏面宽度之和,应与人的跨步长度吻合,该值过大或过小,行走都不方便。确定踏步尺寸的经验公式为:$2h + b = 600$ mm。600 mm 表示一般人的步幅,h 为踏步高度,b 为踏步宽度。踏步常用的尺寸范围,见表9.2。

表9.2　常用楼梯适用踏步尺寸　　　　　　　单位:m

楼梯类别	最小宽度	最大高度
住宅共用楼梯	0.26	0.175
幼儿园、小学学校等楼梯	0.26	0.15
电影院、剧场、体育馆、商场、医院、旅馆和大中学校等楼梯	0.28	0.16
其他建筑楼梯	0.26	0.17
专用疏散楼梯	0.25	0.18
服务楼梯、住宅套内楼梯	0.22	0.20

注:无中柱螺旋楼梯和弧形楼梯离内侧扶手中心0.25 m处的踏步宽度不应小于0.22 m。

为适应人在上楼梯时脚的活动情况,在不增加楼梯间进深的情况下可加宽踏面,见图9.19(b);或将踢面做倾斜,见图9.19(c),使踏面长度挑出踢面20~25 mm,使踏步实际宽度大于其水平投影宽度。

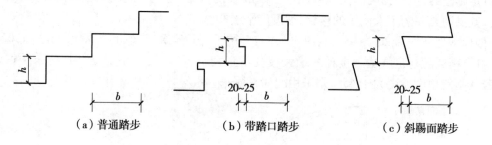

(a)普通踏步　　　　　　(b)带踏口踏步　　　　　　(c)斜踢面踏步

图9.19　踏步断面的形式

4)平台宽度

楼梯平台分为中间平台和楼层平台。梯段改变方向时,扶手转向端处的平台最小宽度不应小于梯段宽度,且不得小于1.2 m。开敞式楼梯间楼层平台可以和走廊合并使用;封闭楼梯间及防烟楼梯,楼层平台应与中间平台一致或更宽松些,以便于人流疏散。在如图9.20所示情况中,出于安全考虑,平台边线应退离转角或门边大约一个踏面的宽度或更多。

5)梯井宽度

梯井是梯段之间的空隙。平行多跑楼梯可不设梯井,但为方便梯段施工,应留足施工缝。梯井的宽度以60~200 mm为宜,若大于200 mm,应考虑设置安全措施。托儿所、幼儿园、中小学及少年儿童专用活动场所的楼梯,梯井大于110 mm时,必须采取防止少年儿童攀滑楼梯扶手的措施,例如将扶手做成不连贯的造型,见图9.21(a)。

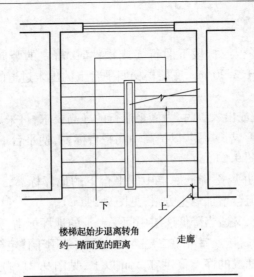

楼梯起始步退离转角
约一踏面宽的距离   走廊

图 9.20 楼梯间与走道间应考虑缓冲

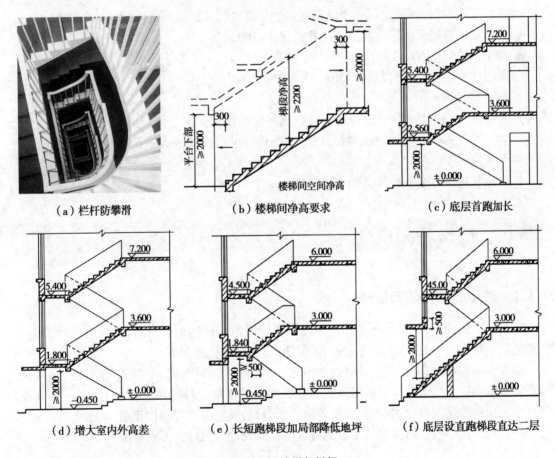

（a）栏杆防攀滑   （b）楼梯间净高要求   （c）底层首跑加长

（d）增大室内外高差   （e）长短跑梯段加局部降低地坪   （f）底层设直跑梯段直达二层

图 9.21 楼梯与栏杆

6)楼梯净空高度

楼梯净空高度是指平台或梯段下通行人或物件时,需要的竖向净高度,平台下应大于2.00 m,梯段下净高应大于2.20 m。底层楼梯间平台下的出入过道的净高应不小于2.00 m,见图9.21(b)。

当楼梯平台下做通道或出入口时,为满足通行的净高要求,可采用以下方式解决:

①将底层首跑加长,形成长短跑,以抬高中间平台标高,使平台下能够通行。这种方式在楼梯进深较大时使用,见图9.21(c)。

②加大室内外高差,并局部降低底层中间平台下的地坪标高,以满足净空高度的要求。这种方式可使梯段一致,但会增加填土方量,见图9.21(d)。

③既采取长短跑梯段,又适当降低底层中间平台下的地坪标高,见图9.21(e)。

④底层用直行楼梯段直接从室外上二层。这种方式常用于住宅建筑,设计时需要注意入口处雨篷的高度,保证与梯段的净空高度在2 m以上,见图9.21(f)。在不上屋面楼梯间顶层,由于局部净空大,可在满足楼梯净空要求情况下加以利用,做成小储藏间等。

7)梯间设计

建筑施工图阶段,梯间设计主要应确定几个重要参数,以双跑平行梯为例(单位:mm):

a. 梯段宽 = 梯间开间净空尺寸 - 梯井宽(60~200)/2。

b. 踏步高:可选150~170。

c. 踢面数 = 层高/2(梯段数)/150~170(踏步高)。

d. 踏步宽:270~300。

e. 踏面数 = 踢面数 - 1,就是说踏面总数比踢面总数会少一个,因为有一个踏面已和平台融为一体。计算以后应做出一些调整,以便使各构件的尺寸能成为一个整数并符合模数,而且构件的规格最少。

f. 平台净宽≥梯段净宽,且不小于1 200 mm。

9.4 楼梯细部构造

9.4.1 踏步面层及防滑处理

踏步面层应便于行走、耐磨、防滑、美观和便于清洁。梯间地面材料,一般与门厅或走道的楼地面一致,常用的有水泥砂浆、细石混凝土、石材和陶瓷地砖等。

踏步表面应防滑,可在踏步口处做防滑条,材料可选铁屑水泥、金刚砂、塑料条、金属条、马赛克或成品陶瓷防滑条等。防滑条或凹槽长度一般按踏步长度每边减去150 mm来计算。还可以采用耐磨防滑材料如缸砖、铸铁等做防滑包口,既防滑又起保护作用,见图9.22。标准较高的建筑,可铺地毯、防滑塑料或木地板,这种踏步行走更舒适,不易滑倒。

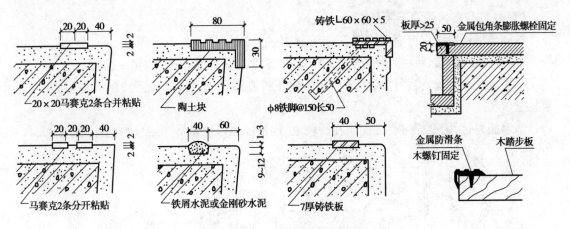

图 9.22 踏步的各种防滑处理

9.4.2 栏杆、栏板和扶手构造

(1)楼梯栏杆的基本要求

楼梯栏杆(或栏板)和扶手是上下楼梯或踏步的安全设施,也是建筑中装饰性较强的构件。在设计中,应满足以下基本要求:

①人流密集场所梯段或台阶高度超过 1 000 mm 时,应设栏杆。

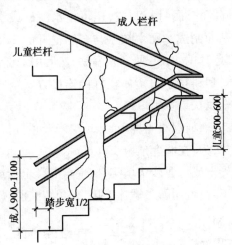

图 9.23 栏杆高度

②梯段净宽在两股人流以下的,在临空一侧设扶手;梯段净宽达三股人流时,应在两侧加扶手(其中一个在墙面上);达四股人流时,宜加设中间扶手。

③一般室内楼梯扶手高度(自踏面宽度中心点量起至扶手面的竖向高度)为 900 mm,供儿童使用的高度为 600 mm。室外楼梯栏杆扶手高度不应小于 1 100 mm,见图 9.23。

④有少年儿童活动的场所(如幼儿园、住宅等建筑),为防止儿童穿过栏杆空当发生危险事故,栏杆应采用不易攀登的构造,垂直栏杆间的净距不应大于 110 mm。

⑤栏杆应以坚固、耐久的材料制作,必须具有一定的强度和刚度。

（2）栏杆与楼梯段的连接要求

栏杆与楼梯段应有可靠的连接,连接的方法有:

①预埋铁件焊接,将栏杆的立杆与楼梯段中预埋的钢板或套管焊接在一起。

②预留孔洞嵌固,将栏杆的立杆端部做成开脚或倒刺插入楼梯段预留的孔洞后,用细石混凝土填实。

③螺栓连接,用螺栓将栏杆固定在梯段上,用板底螺母栓紧贯穿踏板的栏杆,见图9.24。

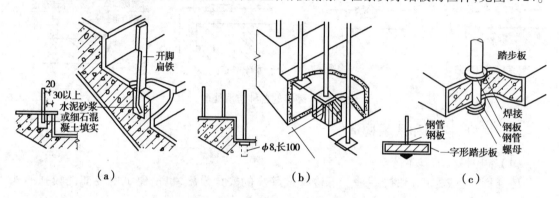

图9.24　栏杆与踏步的连接方式

（3）扶手构造

扶手一般采用硬木、塑料和金属材料制成,还可用水泥砂或水磨石抹面而成,或用大理石、预制水磨石板或者木材贴面制成。硬木扶手与金属栏杆的连接,是在金属栏杆的顶部先焊接一根带小孔的从楼底到屋顶的4 mm厚通长扁铁,然后用木螺钉通过扁铁上的预留小孔,将木扶手和栏杆连接成整体;塑料扶手与金属栏杆的连接方式一样,也可使塑料扶手通过预留的卡口直接卡在扁铁上,金属扶手多用焊接。

楼梯扶手有时需固定在砖墙或混凝土柱上,如顶层安全栏杆扶手、休息平台护窗扶手、梯段的靠墙扶手等。其安装方法为:在墙上预留120 mm×120 mm×120 mm的洞,将扶手或扶手铁件深入洞中,用细石混凝土或水泥砂浆填实;扶手与混凝土墙或柱连接时,一般在墙或柱上预埋铁件,与扶手铁件焊牢,也可用膨胀螺栓连接,或预留孔洞嵌固,见图9.25。

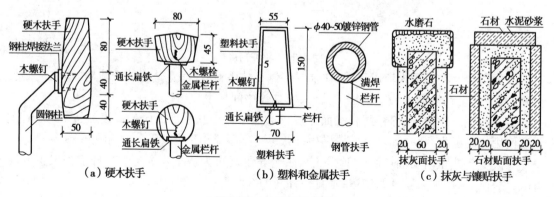

图9.25　扶手制作安装

9.5 钢筋混凝土楼梯构造

钢筋混凝土楼梯坚固耐用、防火性能好和可塑性强,按施工方式可分为预制装配式和现浇整体式。预制装配式有利于节约模板,提高施工速度,使用较为普遍。现浇整体式的整体性和刚度较好,造型美观。

9.5.1 预制装配式钢筋混凝土楼梯构造

1)预制装配梁承式钢筋混凝土楼梯

这种楼梯是指梯段由平台梁支承的楼梯类型,在楼梯平台与梯段交接处设有平台梁,避免了构件转折处受力不合理和节点处理的困难,在大量性民用建筑中较为常用。预制时可将其分为梯段、平台梁、平台板三种构件,如图9.26所示。

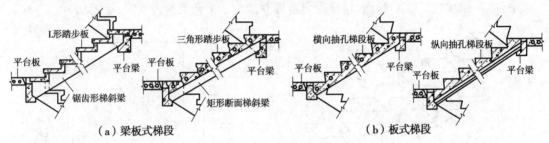

（a）梁板式梯段　　　　　　（b）板式梯段

图9.26　预制装配梁承式楼梯

（1）梯段

①梁板式梯段。梁板式梯段由梯斜梁和踏步板组成,踏步板两端各设一根梯斜梁,踏步板支承在梯斜梁上,梯斜梁又支承在平台梁上。

预制踏步板断面形式有一字形、L形、┐形、三角形等(图9.27),一字形踏步板制作简单,踢面可漏空,填充时板的其受力不太合理,仅用于简易梯、室外梯等。L形与┐形断面踏步板受力合理、用料省、自重轻,为平板带肋形式;三角形断面踏步板可使梯段底面平整、简洁。为减轻自重,一般将踏步板做成空心构件,见图9.27(d)。

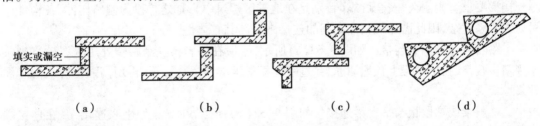

（a）　　　　　　（b）　　　　　　（c）　　　　　　（d）

图9.27　预制踏步板断面形式

梯斜梁常用矩形断面,也可做成L形断面,以减少梁高占用的空间,但构件制造较为复杂。可搁置一字形、L形、┐形断面踏步板的梯斜梁为锯齿形构件,见图9.28(a);用于搁置三角形断面踏步的梯斜梁为等断面构件,见图9.28(b)。

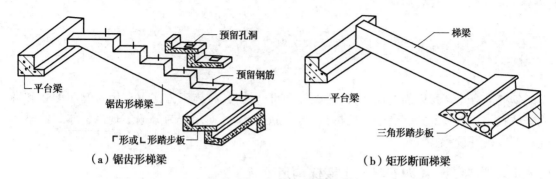

（a）锯齿形梯梁　　　　　　　（b）矩形断面梯梁

图9.28　梁式楼梯的梯梁

②预制板式楼梯梯段。板式梯段为整块带踏步条板，其上下端直接支承在平台梁上。由于没有梯斜梁，梯段底面平整，结构厚度小，平台梁位置相应抬高，增大了平台下净空高度。为了减轻梯段板自重，也可做成空心构件，或将一个梯段分成几个较窄梯段的组合，见图9.29。

（2）平台梁

平台梁一般做成"L"形断面，这样受力合理并减少了平台梁所占空间，见图9.30。

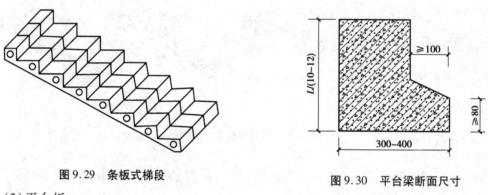

图9.29　条板式梯段　　　　　　图9.30　平台梁断面尺寸

（3）平台板

平台板可采用钢筋混凝土空心板、槽板或平板。平台处设有管道处不能布置空心板。平台板一般平行于平台梁布置，以利于加强楼梯间整体刚度，也可垂直于平台梁布置，用作小平板，见图9.31。

（4）梯段构件连接

楼梯要求坚固耐久、安全可靠（特别是在地震区建筑中），加之梯段为倾斜构件，各构件之间力学关系复杂，因此需加强相互之间的连接来提高其整体性。

①踏步板与梯斜梁连接。如图9.32（a）所示，一般在梯斜梁支承踏步处用水泥砂浆坐浆连接踏步板，或在梯斜梁上预埋插筋，穿过踏步板支承端预留孔孔洞，再用高强度等级的水泥砂浆填实。

②梯斜梁或梯段板与平台梁连接。如图9.32（b）所示，在支座处坐浆连接，并在连接端预埋钢板进行焊接。

③梯斜梁或梯段板与梯段基础连接。如图9.32（c）和（d）所示，在楼梯底层起步处，用砖砌或混凝土浇筑梯段基础，也可用平台梁代替。

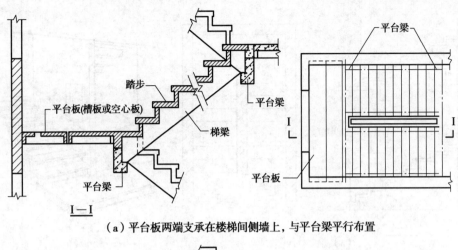

（a）平台板两端支承在楼梯间侧墙上，与平台梁平行布置

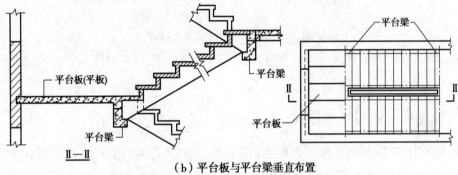

（b）平台板与平台梁垂直布置

图9.31　梁承式梯段与平台的结构布置

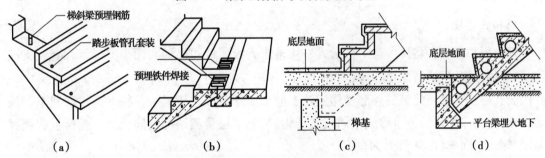

图9.32　梯段构件连接构造

2）预制装配墙承式钢筋混凝土楼梯

这种楼梯的踏步两端均支承在墙体上，不用设置平台梁、梯斜梁和栏杆，可节约钢材和混凝土，但施工速度慢，墙体砌筑质量也不易得到保证。中间承重墙宜设置观察窗口以免人流相互干扰，见图9.33。

3）预制装配墙悬臂式钢筋混凝土楼梯

这种楼梯是将预制的钢筋混凝土踏步板一端嵌固于楼梯间侧墙上，另一端凌空悬挑，见图9.12。它没有平台梁和梯斜梁，也没有中间墙，楼梯间空间轻巧空透，结构占用空间较少，一般适用于住宅建筑，但其楼梯间整体刚度极差，不能用于有抗震设防要求的地区。由于需

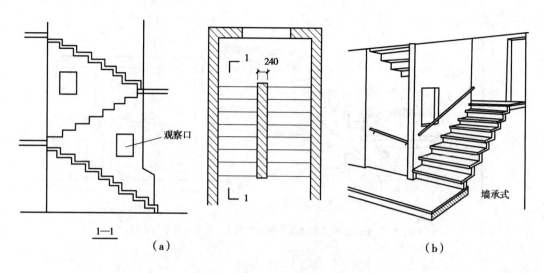

图 9.33 墙承式钢筋混凝土楼梯

随墙体砌筑安装踏步板,并需设临时支撑,施工较为麻烦。也有金属踏步板的墙悬臂梯,施工较方便。

9.5.2 现浇式钢筋混凝土楼梯

这种楼梯是将楼梯段、楼梯平台等整浇在一起,它整体性好、刚度大、对抗震有利,但模板耗费多,施工速度慢,故多用于较大工程、抗震设防要求高或形状复杂的楼梯,其形式有板式和梁板式楼梯两种。

1)板式楼梯

现浇板式楼梯可将梯段与平台形成一块整体折板。板式楼梯底面平整,外形简洁,支模容易,整体性好,但会增加楼梯段板的板厚。

公共建筑和庭园建筑的外部楼梯还较多地采用悬臂板式楼梯。其特点是梯段和平台均无支承,完全靠梯段与平台组成空间板式结构,与上下层楼板结构共同受力。悬臂板式楼梯造型新颖、空间感好,见图9.34。

板式楼梯梯段上踏步的三角形截面不能起结构作用,且板较厚、混凝土耗量较大,因此,宜在梯段长度的水平投影不大于3.6 m时使用。

2)现浇梁板式楼梯

当楼梯段较宽或负荷较大时,采用板式楼梯往往不经济,这时可在梯段上增加斜梁以承受板的荷载并传给平台梁,这就成为了梁板式楼梯。这种形式能减小板的跨度,从而减小板的厚度,节省用料。缺点是模板较复杂,当斜梁截面尺寸较大时,造型显得笨重。梁板式楼梯在结构布置上有双梁布置和单梁布置两种。

(1)双梁式梯段

将梯段斜梁布置在梯段踏步的两端,这时踏步板的跨度便是梯段的宽度。这样板跨小,

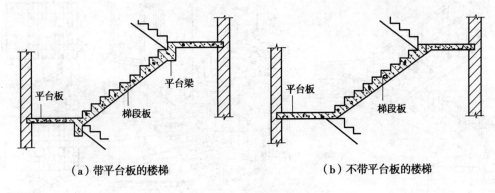

（a）带平台板的楼梯　　　　　　　　（b）不带平台板的楼梯

图9.34　现浇板式楼梯

在板厚相同的情况下,梁式楼梯可以承受较大的荷载。

①正梁式。梯梁设在梯板下方的称正梁式梯段,也称明步楼梯,见图9.35(a)。

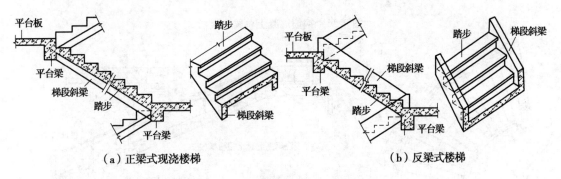

（a）正梁式现浇楼梯　　　　　　　　（b）反梁式楼梯

图9.35　钢筋混凝土现浇梁式楼梯

②反梁式。梯梁在踏步板之上形成反梁,踏步包在里面,使梯段底面平整,还能避免清洁楼梯时污染楼梯外侧,但梯梁占去了一部分梯段宽度。应尽量将梯梁上端做的窄一些,必要时可以与栏板结合,增加梁高并减少挠度,见图9.35(b)。

（2）单梁式梯段

这种楼梯的梯段仅由一根梯梁支承踏步板。梯梁布置有两种方式:一种是将梯段斜梁布置在踏步的一端,将踏步的另一端挑出,做成单梁悬臂式楼梯[图9.36(a)];另一种是将梯段斜梁布置在梯踏步的中间,让踏步板从梁的两侧挑出,称为单梁挑板式楼梯[图9.36(b)],这种楼梯外形轻巧、美观,但结构较复杂。

3）现浇扭板式

现浇扭板式楼梯底面平顺,结构占空间少,造型美观,但板跨大,受力复杂,结构设计和施工难度较大,钢筋和混凝土用量也较大,一般只宜用于建筑标准较高的建筑大厅中。为了使楼梯显得轻盈,常使板端减薄。图9.37即为现浇扭板式钢筋混凝土弧形楼梯。

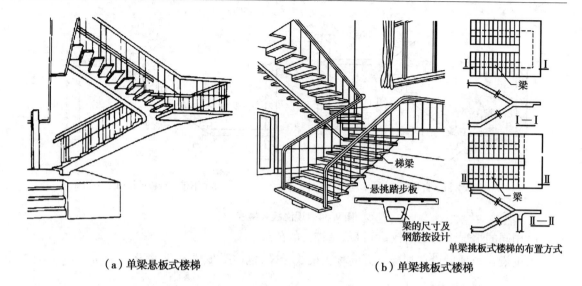

（a）单梁悬板式楼梯 （b）单梁挑板式楼梯

图9.36 钢筋混凝土单梁式楼梯

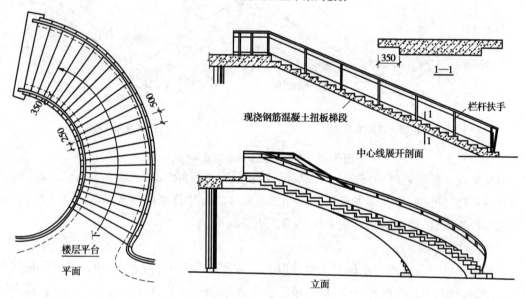

图9.37 现浇扭板式钢筋混凝土楼梯

9.6 台阶与坡道

9.6.1 台阶

（1）台阶的形式

建筑入口处室内外不同标高的地面多采用台阶联系见图9.38（a）、（b），当有车辆通行、室内外地面高差较小或者有无障碍要求时，可采用坡道，见图9.38（c）、（d）。台阶和坡道在入口处对建筑物的立面具有一定的装饰作用，设计时既要考虑使用方便，还要注意美观。

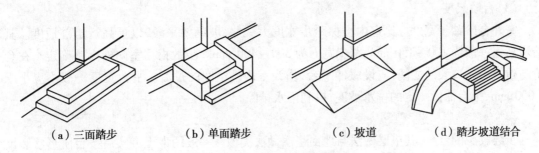

（a）三面踏步　　　（b）单面踏步　　　（c）坡道　　　（d）踏步坡道结合

图 9.38　台阶与坡道的形式

（2）台阶的构造

台阶构造由面层、结构层和基层构成。

常用的面层有水泥砂浆、水磨石、陶瓷以及天然石材制品等。

台阶面层材料应防滑、抗风化和耐用,可用水泥石屑、防滑地面砖、斩假石（剁斧石）面层,或者用剁斧板、火烧板等表面特别处理过的天然石材做面层。

结构层承受作用在台阶上的荷载,应采用抗冻、抗水性能好且质地坚实的材料,常用的有烧结砖、天然石材和混凝土等。普通烧结砖抗冻、抗水性能较差,砌做台阶后整体性差也容易损坏,因此除次要建筑或临时建筑外,一般很少使用。大量的民用建筑多采用混凝土台阶。

基层为结构层提供良好的持力基础,是在素土夯实层上做一垫层即可,见图 9.39（b）和（c）。在严寒地区,如台阶下为冻胀土（黏土或亚黏土）,可采用换土法（砂土）来保证台阶基层的稳定,见图 9.39（a）和（f）。

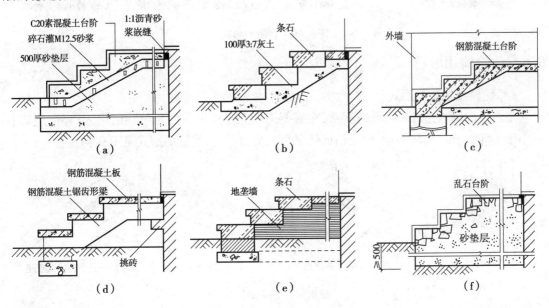

图 9.39　台阶的构造类型

为预防建筑物主体结构下沉时拉裂,台阶应与建筑主体结构分开,待主体结构完工后再做,见图 9.39（c）和（d）;或者把台阶基础和建筑主体基础做成一体,使二者一起沉降,这种情况多用于室内台阶;也有将台阶与外墙连成整体,做成由外墙挑出式的结构。

（3）台阶尺度

室外台阶踏步宽度应比室内楼梯踏步宽度大一些,坡度要平缓,以提高行走舒适度。其踏步高 h 一般为 100 ~ 150 mm,踏步宽 b 为 300 ~ 400 mm。步数根据室内外高差确定。在台阶与建筑出入口大门之间,应设缓冲平台,作为室内外空间的过渡。平台宽度一般不应小于1 000 mm,平台需做一定的排水坡度,以利雨水排除。

（4）台阶垫层构造

步数较少的台阶,其垫层做法与地面垫层做法类似。一般用素土夯实后按台阶形状和尺寸做 C15 混凝土垫层或砖、石垫层。标准较高的或地基土质较差的,还可在垫层下加铺一层碎砖或碎石层。对于步数较多或地基土质太差的台阶,可根据情况架空成钢筋混凝土台阶,以避免过多填土或产生不均匀沉降。

严寒地区的台阶为防地基土冻胀,可用砂石垫层换土至冰冻线下,图 9.40 为几种台阶做法示例。

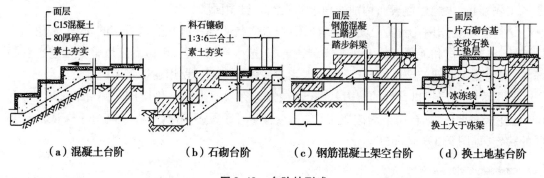

（a）混凝土台阶　　（b）石砌台阶　　（c）钢筋混凝土架空台阶　　（d）换土地基台阶

图9.40　台阶的形式

9.6.2　轮椅用坡道

（1）轮椅用坡道的形式

室内外的高差还可采用坡道联系,在需要进行无障碍设计的建筑物的出入口外,应留有不小于 1 500 mm × 1 500 mm 的轮椅回转平台与坡道相连,坡道的形式见图 9.41。

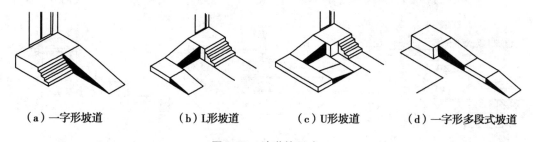

（a）一字形坡道　　（b）L形坡道　　（c）U形坡道　　（d）一字形多段式坡道

图9.41　坡道的形式

（2）坡道的尺度

①坡度。坡度是高差与坡道的水平投影长度之比。室内坡道不宜大于1:8,室外坡道不宜大于1:10。室内坡道水平投影长度超过 15 m 时,宜设休息平台。供轮椅使用的坡道不应大于1:12。自行车推行坡道每段坡长不宜超过 6 m,坡度不宜大于1:5。轮椅坡道的坡度、坡段高度和水平长度的最大允许值见表9.3。当长度超标时,需在坡道中部设休息平台,休息平

台的深度,直行和转弯时均不应小于 1 500 mm,如图9.42 所示。在坡道的起点和终点处应保留有深度不小于 1 500 mm 的轮椅缓冲区。

表9.3 轮椅坡道的坡床最大高度和水平长度的最大允许值

坡　　度	1/20	1/16	1/12	1/10	1/8
坡段最大高度/m	1.20	0.90	0.75	0.60	0.30
坡段水平长度/m	24.00	14.40	9.00	6.00	2.40

②轮椅用坡道最小宽度和深度,见图9.43。建筑物出入口的轮椅坡道净宽度不应小于 1 200 mm。

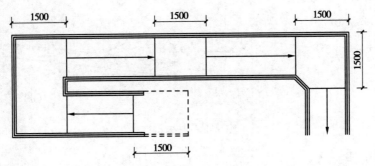

图9.42 坡道休息平台的最小深度

(3)坡道的扶手

坡道两侧宜在850 ~ 900 mm 和650 ~ 700 mm 的高度设上下层扶手,扶手应能承受身体重量,形状要易于抓握。坡道起点和终点处的扶手,应水平延伸 300 mm 以上。坡道侧面凌空时,在栏杆下端的地面宜设高度不小于 50 mm 的安全挡台,见图9.43。

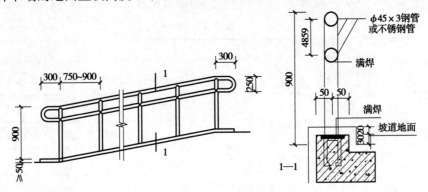

图9.43 坡道扶手

(4)坡道的构造

要求车辆能够直达入口处的建筑,需设置坡道,如医院、宾馆、幼儿园、行政办公楼的重要入口,以及工业建筑的车间大门等处。大门与车辆间应设足够缓冲距离。有些大型公共建筑则采用台阶与坡道相结合的形式,可人车分流。坡道构造详见图9.44(a)和(b)。当坡度大于1:8时需做防滑处理,一般表面做锯齿状或设防滑条,见图9.44(c)和(d)。

坡道由面层、结构层和基层组成,要求材料耐久性、抗冻性好,表面耐磨。常用的结构层有混凝土或石块等,基层也应注意防止不均匀沉降和冻胀土的影响。

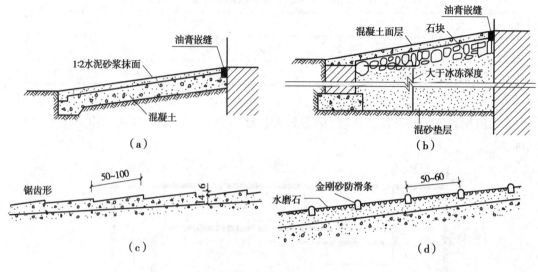

图 9.44　坡道构造

9.6.3　车用坡道

车用坡道设计应满足对于其宽度、坡度、与建筑的距离等要求:

- 宽度,不小于 4 m;
- 坡度,不大于 10%;
- 最小转弯半径不小于 6 m。

汽车与汽车之间以及汽车与墙、柱之间的间距,见表 9.4。

表 9.4

	车长≤6 m, 宽度≤1.8 m	6 m<车长≤8 m, 或<1.8 m 宽度≤2.2 m	6 m<车长≤12 m, 或 2.2 m 宽度≤2.5 m	车长>12 m, 或宽度>2.5 m
汽车与汽车	0.5	0.7	0.8	0.9
汽车与墙	0.5	0.5	0.5	0.5
汽车与柱	0.3	0.3	0.4	0.4

参照《汽车库建筑设计规范》(JGJ 100—1998),设计实例见图 9.45。

车用坡道的构造同相连的路面。

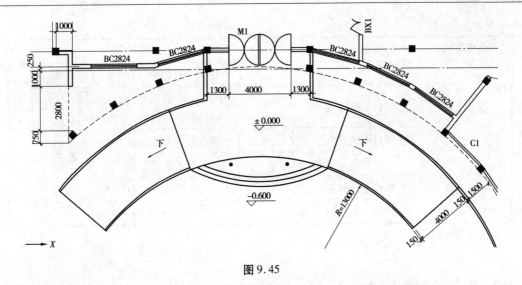

图 9.45

9.7 电梯

垂直升降电梯用于 7 层及以上的多层住宅和高层建筑,在一些标准较高的低层建筑中也有使用。

9.7.1 设计要求

电梯设计要求如下:

①电梯不能作为安全疏散通道,因为建筑发生火灾时,首先就要快速切断电源,除消防电梯外,其他的会停止运行。

②设置电梯的建筑物仍应按防火规范规定的安全疏散距离设置疏散楼梯,电梯不宜被楼梯围绕布置,这样会形成人流的交叉。

③如果建筑以电梯为主要垂直交通,则每栋建筑物内或电梯的每个服务区,乘客电梯的台数不应少于两台;单侧排列的电梯不应超过 4 台;双侧排列的电梯不应超过 8 台,且不应在转角处紧邻布置。

④电梯候梯厅的深度要求见表 9.5。

表 9.5 电梯候梯厅深度

电梯类别	布置方式	候梯厅深度
住宅电梯	单台	不低于 B
	多台单侧排列	不低于 B

续表

电梯类别	布置方式	候梯厅深度
乘客电梯	单台	不低于1.5B
	多台单侧排列	不低于1.5B 当电梯群为4台时不低于2.40 m
	多台双侧排列	不小于相对电梯B之和且不小于4.50 m
病房电梯	单台	不低于1.5B
	多台单侧排列	不低于1.5B
	多台双侧排列	不小于相对电梯B之和

注:B是指轿厢的深度。

9.7.2 电梯的种类与功能

电梯以用途分为载人、载货(图9.46)两大类,载人电梯除普通的乘客电梯外,还有专用的消防电梯和空间较大的病床梯(如医用电梯,见图9.47)等;以提升方式不同分为牵引式和液压式(图9.48),牵引式最常用;以轿厢与电梯井的关系不同分为普通电梯和露明电梯(观光电梯),见图9.49。建筑设计一般先选择合适的扶梯,再按厂家要求,设计预留孔洞和预埋件等。

图9.46 载货电梯

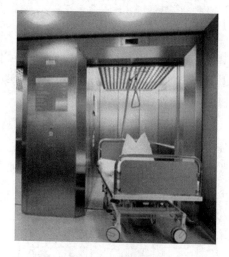

图9.47 医用电梯

不同厂家的设备尺寸、运行速度以及对土建的要求不同,在设计施工时,应按照厂家提供的数据和要求进行设计、施工。表9.6介绍了不同种类电梯的使用功能,图9.50为不同类型的电梯平面示意图。

图9.48 液压电梯

图9.49 露明电梯

表9.6 电梯的种类与功能

种 类	使用功能
乘客电梯	运送乘客的电梯
住宅电梯	供住宅楼使用的电梯
病床电梯	运送病床及医疗急救设备的电梯
客货电梯	主要用作运送乘客,也可运送货物,轿厢内部装饰可根据用户要求选择
载货电梯	主要运送货物,亦可有人伴随
杂货电梯	供运送图书、资料、文件、杂物、食品等,但不允许人员进入

9.7.3 电梯布置考虑因素及垂直运行分区设计

(1)考虑因素

- 防火;
- 多台并列的布置;
- 与楼梯合用前室;
- 水平布置。

(2)垂直运行分区设计

当建筑物的层数超过25层或建筑高度超过75 m时,电梯宜采用分区设计。

①分区原则:下区层数多些,上区层数少些。

②分区高度或停站数:每50 m或12个停站为一个分区。

③速度分区:第一个50 m分区为1.75 m/s,然后每隔50 m提高1.5 m/s。

9.7.4 电梯的建筑构造要求

(1)牵引式电梯井道

电梯井道是电梯运行的通道。牵引式电梯井内,除轿厢及出入口外,还安装有导轨、平衡重、缓冲器等,见图9.50和图9.51。电梯井道要求必须保证所需的垂直度和规定内径,一般高层建筑的电梯井道都采用整体现浇式,与楼梯间和管道井等一起形成内核,以加强建筑的刚度。多层建筑的电梯井道除了现浇外,也有采取框架结构的,在这种情况下,电梯井道内壁可能会有突出物,应将井道的内径适当放大,以保证设备安装及运行不受妨碍。

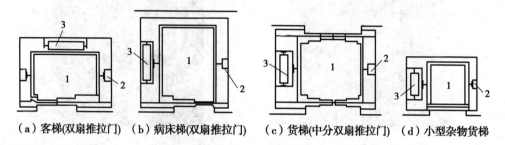

（a）客梯(双扇推拉门)　（b）病床梯(双扇推拉门)　（c）货梯(中分双扇推拉门)　（d）小型杂物货梯

图9.50　电梯类型与井道平面
1—轿厢;2—导轨;3—平衡重

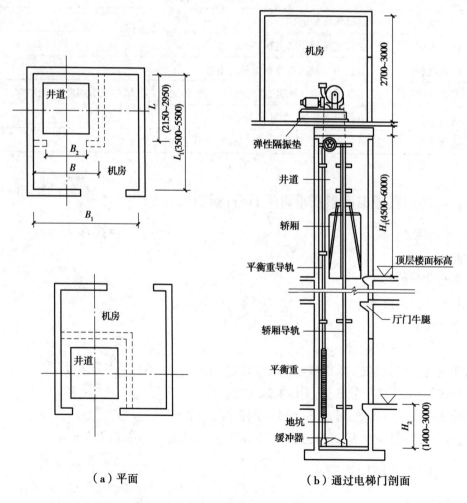

（a）平面　　　　　　　（b）通过电梯门剖面

图9.51　牵引式电梯构造示意图

①电梯井的防火。火灾时火势及烟气容易通过电梯井道蔓延,因此井道的围护构件应根据有关防火规定设计,多采用钢筋混凝土墙,井道内严禁铺设可燃气、液体管道。消防电梯的井道、机房与相邻的电梯井道以及机房之间,应用耐火极限不低于2.5 h的隔离墙格开;高层建筑的电梯井道内,超过两部电梯时应用墙隔开。

②井道隔声。为了减轻机器运行时产生振动和噪声,应采取适当的隔声和隔振措施。一般情况下只在机房机座下设置弹性垫层来达到减振目的,见图9.51。当电梯运行速度超过1.5 m/s时,除弹性垫层外,还应在机房和井道间设隔声层,高度为1.5~1.8 m。

③井道的通风。井道内应设排烟口,还要考虑井道内电梯运行中空气流动问题。运行速度在2 m/s以上的客梯,在井道的顶部和地坑应有不小于300 mm×600 mm的通风孔,上部可以和排烟口结合,排烟口面积不小于井道面积的3.5%。层数较多的建筑,中间也可酌情增加通风口。

(2)电梯机房

电梯机房一般设置在电梯井道的顶部,少数设在底层或地下,如液压电梯的机房。机房尺寸需根据厂家提供的资料确定,净高多为2.5~3.5 m。机房应有良好的采光和通风,其围护结构应具有一定的防火、防水、保温和隔热性能。为便于安装和检修,机房楼板设计和施工时,应按厂家要求的部位预留孔洞。

(3)电梯门套

①电梯门套装修的构造做法应与电梯厅的装修统一考虑,可用水泥砂浆抹灰、水磨石、墙砖或木板装修,高级的还可采用高档石材或金属板等装修,见图9.52。

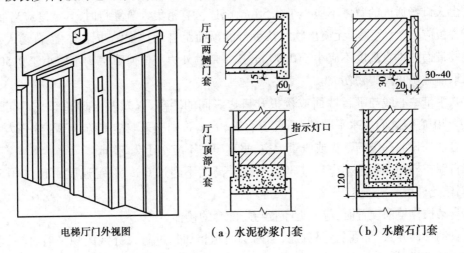

电梯厅门外视图　　（a）水泥砂浆门套　　（b）水磨石门套

图9.52　厅门门套装修

②各层梯井出入口处,应在电梯门洞下缘向井道内挑出一牛腿,作为乘客进入轿厢的踏板。牛腿出挑的长度随电梯规格而定,通常由电梯厂提供数据。牛腿一般为钢筋混凝土现浇或预制(图9.53)。

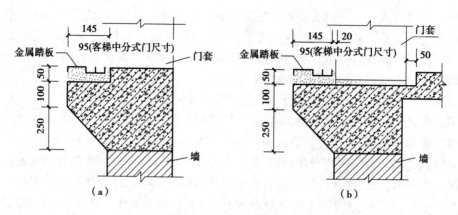

图 9.53 厅门牛腿构造

9.8 自动扶梯

自动扶梯适用于人流量较大的公共场所,如交通枢纽、商场、超市等。自动扶梯可上下两个方向运行,机器停转时可做普通楼梯使用。

自动扶梯应该符合以下规定:

①自动扶梯不得作为安全疏散通道。

②出入口畅通区的宽度不应小于 2.50 m,畅通区有密集人流穿行时,其宽度应当加大。

③栏板应平整、光滑和无突出物。扶手带的顶面距自动扶梯踏步阳角、距自动人行道踏板面或胶带面的垂直高度不应小于 0.90 m;扶手带的外边至任何障碍物不应小于 0.50 m,否则应采取措施防止障碍物伤人。

④扶手带中心线与平行墙面或楼板开口边缘间的距离,以及两电梯相邻平行交叉设置时,扶手带中心线之间的水平距离,不宜小于 0.50 m,否则应采取措施防止障碍物伤人。

⑤自动扶梯的梯级的踏板或胶带上空,垂直净高不应小于 2.30 m。

⑥自动扶梯的倾斜角不应超过 30°,当提升高度不超过 6 m,额定速度不超过 0.50 m/s 时,倾斜角允许增至 35°。

⑦自动扶梯单向设置时,应就近布置与之配套的楼梯。

⑧自动扶梯导致上下层空间贯通,当两层面积相加超过防火分区的规模时,应采取防火卷帘一类的措施,使其在火灾时能有效隔开上下层空间,防止火灾蔓延。

⑨自动扶梯靠电动机械牵动,使梯段踏步连同扶手一起运转,其机房悬挂在楼板下面(图9.54)。

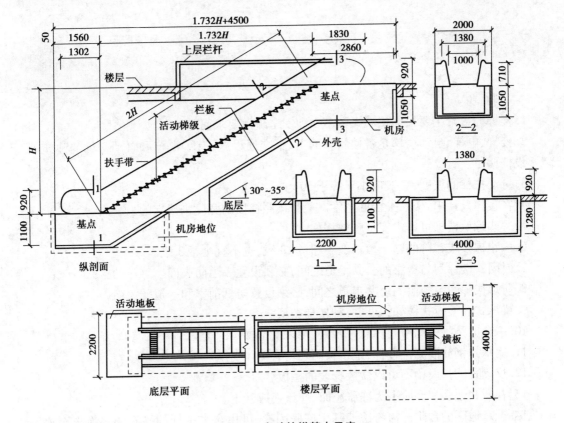

图 9.54　自动扶梯基本尺度

复习思考题

1. 楼梯与安全疏散的要求是什么?
2. 楼梯段与休息平台的关系是什么?
3. 楼梯踏步尺寸与人行步幅尺寸的关系如何?
4. 楼梯间关于净高度的要求有哪些?
5. 楼梯井的特殊要求有哪些?
6. 楼梯间防滑的措施有哪些?
7. 楼梯与梯段的结构类型有哪些?
8. 什么是坡度? 坡道的坡度及适用范围是什么?
9. 电梯能否作为安全疏散通道? 为什么?
10. 载人的电梯有哪些类型? 其各自的特点是什么?

习 题

一、判断题

1.楼梯的数量主要根据楼层人数多少和安全疏散要求而定。 （　）

2.楼梯、电梯、自动楼梯是各楼层间的上、下交通设施,有了电梯和自动楼梯的建筑就可以不设楼梯了。 （　）

3.自动扶梯的坡度,一般应小于等于30°。 （　）

4.在楼梯设计中,楼层平台的宽度一般是按照梯段的宽度来确定的。 （　）

5.一些螺旋楼梯可作为安全疏散楼梯。 （　）

6.一跑梯段或台阶的踏步数一般不超过18级,也不宜小于3级。 （　）

7.封闭式楼梯间与楼层的公共走道之间,必须设置一道防火门。 （　）

8.防烟楼梯间与楼层的公共走道之间,必须设置防烟前室和一道防火门。 （　）

9.梁承式和梁板式楼梯,是同一种楼梯类型。 （　）

10.平台梁是指梯间中间休息平台处,用以支承梯段的梁。 （　）

11.墙承式钢筋混凝土楼梯,踏步板两端均有墙体支承。 （　）

12.反梁式的梯段梁不可以做成梯段的栏板。 （　）

13.在严寒地区如台阶下为冻胀土时,应该换成砂土。 （　）

14.严寒地区的台阶还需考虑地基土冻胀因素,可用含水率低的砂石垫层换土至冰冻线之上。 （　）

15.坡度是高差与坡道的总长之比。 （　）

16.所有的电梯都不能作为安全疏散通道使用。 （　）

二、选择题

1.一般楼梯井的最小宽度以（　　）为宜。

A.60～150 mm　　　B.100～200 mm　　　　C.60～200 mm　　　　D.150～300 mm

2.楼梯段下的通行净高度不应小于（　　）。

A.2 100 mm　　　B.1 900 mm　　　　C.2 200 mm　　　　D.2 400 mm

3.下面哪个不是预制楼梯踏步板的断面形式？（　　）

A.一字形　　　B.三角形　　　　C.L 形　　　　D.梯形

4.预制装配墙悬壁式钢筋混凝土楼梯,用于嵌固踏步板的墙体厚度和踏步的悬臂长度一般（　　）,以保证嵌固段牢固。

A.≤180 mm,≤2 100 mm　　　　　　　　B.≤180 mm,≤1 800 mm

C.≤240 mm,≤1 800 mm　　　　　　　　D.≤240 mm,≤2 100 mm

5.下面属于现浇钢筋混凝土楼梯的是（　　）。

A.梁承式、墙悬臂式、扭板式　　　　　　B.梁承式、梁悬臂式、扭板式

C.墙承式、梁悬臂式、扭板式　　　　　　D.墙承式、墙悬臂式、扭板式

6.下面哪些地方更适合使用扭板式楼梯（　　）。

A.酒店大堂　　　B.住院大楼　　　　C.住宅　　　　D.商场

7.防滑条应突出踏步面( )mm。

    A.1~2 mm   B.5 mm   C.3~5 mm   D.2~3 mm

8.为防止儿童穿过栏杆空当发生危险事故,垂直栏杆间的净距不应大于( ),同时节省材料。

    A.100 mm   B.110 mm   C.120 mm   D.130 mm

9.室外台阶的踏步高一般在( )左右。

    A.150 mm   B.180 mm   C.120 mm   D.100~150 mm

10.楼梯坡度不大于( )。

    A.38°   B.45°   C.60°   D.30°

三、填空题

1.电梯一般用于_____和_____及其以上的住宅。

2.主要楼梯一般布置在建筑_____内明显的位置或靠近_____的位置。

3.因安全疏散要求不同,楼梯间有_____梯间、_____楼梯间和_____三种形式。

4.封闭式楼梯间主要适用于_____层的单元式住宅,超过_____层且不必设防烟梯间的公共建筑;高度不超过_____的二类高层建筑等。

5.防烟梯间用于高度超过32 m的_____,塔式住宅和_____建筑等。

6.高层建筑的防烟前室和楼梯间应有_____或_____送风的防烟措施。

7.按照结构类型分,楼梯有_____、梁式、悬臂式、_____和_____等。

8.楼梯一般由_____、_____和栏杆或栏板三部分组成。

9.楼梯的踢面高度与踏面宽度之和,与人的_____长度有关,这个长度是_____。

10.楼梯的平台最小宽度不应小于梯段宽度,且不得小于_____。

11.人流密集场所梯段或_____高度超过_____时,应设栏杆。

12.硬木扶手与金属栏杆的连接,通常是利用一根焊在栏杆顶端的,从底到顶的_____,然后用木螺钉通过_____的预留小孔,将木扶手和栏杆_____。

13.预制装配式楼梯有利于节约模板,提高_____,使用较普遍。现浇整体式的_____和刚度较好。

14.预制梁板式楼梯的踏步板断面形式,有一字形、_____、_____、_____等。

15.现浇扭板式钢筋混凝土楼梯底面_____,结构_____,造型美观。

16.台阶构造由_____、_____和基层构成,基层是在素土夯实层上做一_____。

17.室内坡道坡度不宜大于_____;室外坡道坡度不宜大于_____;轮椅坡道坡度不应大于_____。

18.电梯以用途分为_____和_____两大类,以提升方式不同还分为_____和_____。

19.自动扶梯导致上下层空间贯通,当两者面积相加超过_____的规模时,应采取_____一类的措施,在火灾时能有效隔开_____,防止火灾蔓延。

四、简答题

1.楼梯的功能和设计要求是什么?

2.楼梯由哪几部分组成?各组成部分起何作用?

3.楼梯设计的方法步骤如何?

4.为什么平台宽度不得小于楼梯段的宽度？楼梯段的宽度又如何确定？

5.确定踏步尺寸的经验公式如何使用？

6.楼梯为什么要设栏杆扶手？栏杆扶手的高度一般为多少？

7.现浇钢筋混凝土楼梯常见的结构形式有哪几种？各有何特点？

8.小型预制构件装配式楼梯的支承方式有哪几种？

9.室外台阶的组成、形式、构造要求及做法如何？

10.楼梯平台下作通道时有何要求？当不能满足时可采取哪些方法予以解决？

11.金属栏杆与扶手、梯段或踏步如何连接？

五、作图题

1.设计一个层高 3 m,开间 3.3 m 的楼梯间。确定梯间的进深尺寸,列出有关计算式,并绘制出梯间的平面和 1 至 3 层的剖面。

2.绘制一个金属栏杆构造大样,应交代清楚栏杆与木扶手、与现浇踏步板的安装固定方法,并标明所有尺寸和材料。

10

屋面构造

[本章导读]

通过本章学习,应了解屋顶的围护作用;了解新型屋顶的类型、适用范围和构造原理;了解屋顶常用材料和结构;了解相关的标准设计;熟悉屋顶的常见类型和构造措施;熟悉屋顶的排水、隔热和保温的构造原理和构造措施。

屋顶是建筑的重要组成部分,有屋顶才有建筑空间,它对建筑的艺术效果也有着重要影响。屋面是屋顶结构层以上的部分,其构造做法与屋顶的类型和采用的防水、保温及隔热材料等有关。

屋面的设计与施工,应符合下列基本要求:

- 具有良好的排水功能和阻止水侵入建筑物内的作用;
- 冬季保温,减少建筑物的热损失和防止结露;
- 夏季隔热,降低建筑物对太阳辐射热的吸收;
- 适应主体结构的受力变形和温差变形;
- 承受风、雪荷载的作用不产生破坏;
- 具有阻止火势蔓延的性能;
- 满足建筑外形美观和使用的要求。

10.1 屋顶类型

屋顶有着丰富多彩的外形,但大量性建筑主要以平屋顶和坡屋顶为主。

10.1.1 屋顶以造型和外观分类

（1）平屋顶

平屋顶通常是指排水坡度小于3%、常用排水坡度为2%～3%坡度的屋顶,它施工简单,多数平屋顶还可用作他用,如蓄水、种养植、作为活动场地等,见图10.1。

图 10.1　平屋顶　　　　　图 10.2　坡屋顶　　　　　图 10.3　穹顶

（2）坡屋顶

坡屋顶通常是指坡度大于3%、小于75°的屋面,它排水好,造型富于变化,是国内外绝大多数传统建筑的屋顶形式,见图10.2。

（3）其他屋顶

其他屋顶形式还有国内外传统建筑常用的拱顶、穹顶(图10.3)、尖顶等,以及借助当代建造技术塑造出的薄壳顶、大型"帐篷"顶等千姿百态的形式(图10.4至图10.9)。

图 10.4　大连球形建筑艺术馆

图 10.5　美国阿科桑底生态城建筑

（4）中国传统建筑的屋顶类型

中国古建筑屋顶造型极为丰富多样,但有严格的等级制度,等级大小依次为:重檐庑殿顶 >重檐歇山顶 > 重檐攒尖顶 > 单檐庑殿顶 > 单檐歇山顶 > 单檐攒尖顶 > 悬山顶 > 硬山顶 > 盝顶,见图10.10。

图 10.6 英国"伊甸园"

图 10.7 法国 国家工业与技术中心

图 10.8 上海 世博轴

图 10.9 哈萨克斯坦"成吉思汗后裔之帐"

图 10.10 中国传统古建筑屋顶

10.1.2　以屋面防水及围护材料分类

屋面是屋顶结构层以上的面层,主要起防水、保温和隔热等作用。

①卷材、涂膜屋面。包括保温上人或不上人屋面,倒置式保温屋面,种植隔热屋面(图10.11),架空隔热屋面(图10.12)和蓄水隔热屋面等,其特点是主要以防水卷材和防水涂膜做防水层。

②瓦屋面。常用的有平瓦(图10.13)、小青瓦、筒瓦(图10.14)、S形瓦和金属瓦屋面等。

③金属板屋面。是指用金属板材作屋盖,特点是将结构层和防水层合二为一,见图10.15和图10.16。

④玻璃采光顶。是指面板为玻璃的屋盖,有平面和曲面的各种造型,见图10.17和图10.18。

⑤其他材料屋面,如阳光板、耐力板、石棉瓦和玻纤瓦等。

图10.11　种植隔热屋面

图10.12　架空隔热屋面

图10.13　平瓦屋面

图10.14　筒瓦屋面

图10.15　金属瓦屋面住宅

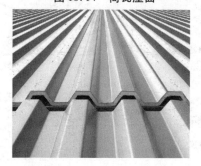

图10.16　厂房的金属板屋面

图 10.17 曲面玻璃采光顶

图 10.18 玻璃采光顶

10.2 屋面排水

屋面防水的措施,以排水和防渗漏为主。

1)排水找坡方式

屋面利用坡度排雨水,平屋面也应有排水坡度。形成坡度主要采取结构找坡和材料找坡的方式,见图 10.19。结构找坡是利用屋面结构构件的尺寸变化形成坡度,材料找坡是使用轻质高强材料如 1:8 水泥炉渣、焦渣混凝土或水泥珍珠岩等材料。屋面跨度在 12 m 内时,可以采用单向找坡;大于 12 m 时,宜采用双向找坡并设置屋脊或分坡线。

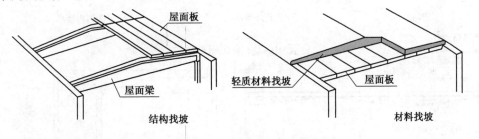

图 10.19 平屋面找坡方式

2)常用屋顶的坡度

不同材料的屋面,其适用的坡度范围不同,详见表 10.1。

表 10.1 不同材料屋面适用的坡度

屋面类型	适宜坡度/%	屋面类型	适宜坡度/%
平瓦	20 ~ 50	点支承玻璃	2 ~ 100
小青瓦	≥30	蓄水	≤0.5
卷材及涂膜	2 ~ 3	架空隔热	≤3
金属	≥4	种植	≤3
金属压型板	5 ~ 17		

3)排水方式

屋面排水方式主要采取无组织排水或有组织排水方式。

（1）无组织排水

无组织排水是不用雨水管的自由落水方式,雨水由不小于 500 mm 宽的挑檐自由降落至地面,无须做天沟或檐沟等。这种排水方式构造简单、造价低廉,适用于降雨量小地区和檐口高不超过 10 m 的建筑。

（2）有组织排水

檐口或屋面高度大于 10 m 时,应采用有组织排水方式,就是将屋面划分成若干排水区,将屋面雨水先排至天沟（图 10.21）或檐沟（图 10.23）,再集中至雨水口和雨水管排走（图 10.22、图 10.24 和图 10.25）,即先将雨水由面汇集到线（沟）,再集中到点（雨水口）的方式。每一根水落管的屋面最大汇水面积不宜大于 200 m^2,雨水口的间距不超过 24 m,最后通过落水管排到地面水沟,每个排水区的雨水管一般不少于 2 根。平屋面排水坡度一般 2% ~ 3%,檐沟或天沟 ≥0.5%。适用于较高建筑物的平屋顶和坡屋顶（檐口高度超过 10 m）、年降水量较大地区或较为重要的建筑。

雨水管现采用 PVC 管较普遍,管径有 75 mm、100 mm、150 mm 等几种规格,其中 100 mm 管径使用得较多。

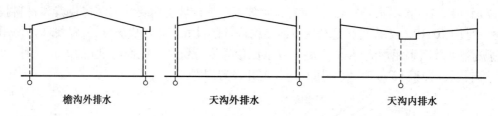

图 10.20 有组织排水

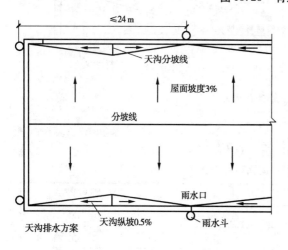

图 10.21 屋面利用天沟组织雨水

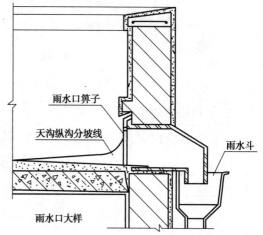

图 10.22 天沟及雨水口

4)屋面防水

除排水外,屋面还要防水,就是防止雨水等渗透。按照《屋面工程技术规范》（GB 50345—2012）,屋面防水分为二级,各适用于不同建筑,详见表 10.2。

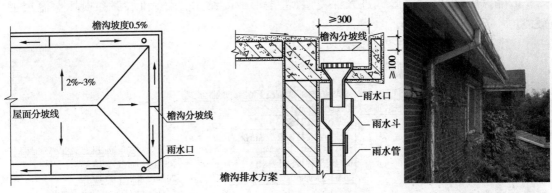

图 10.23 屋面利用檐沟组织雨水　　　图 10.24 檐沟及雨水管　　图 10.25 檐沟及雨水管实物

表 10.2 屋面防水等级

防水等级	建筑类别	设防要求
Ⅰ级	重要建筑和高层建筑	两道防水设防
Ⅱ级	一般建筑	一道防水设防

10.3 卷材及涂膜防水屋面构造

目前平屋面使用较多的是卷材防水及涂膜防水。

10.3.1 卷材防水屋面做法

1)保温卷材防水屋面构造做法

①特点:这一类屋面又分为非上人屋面[图 10.26(a)]和上人屋面[图 10.26(b)]两种,是利用沥青防水卷材、高聚物改性沥青防水卷材及合成高分子防水卷材等,作为防水层主要材料,重量轻,防水性好。

②主要构造层次及作用,以保温上人卷材防水屋面为例,屋面构造包括了面层、结合层、保护层、防水层、找平层、保温层、找平层、隔汽层、找坡层、结构层,详见图 10.26b,各构造层的功能如下:

a.面层:起装饰和保护作用。

b.结合层:安装固定面层。

c.保护层:对防水层进行保护,避免其在施工、维护和屋面使用时受损,见图 10.26(b)和(c)。

d.防水层:防止雨水侵入保温层使其失效,甚至侵入室内。

e.找平层:便于铺装防水层。

f.保温层:节能,减少室内热损失。

g.找平层:便于安装保温层。

h.隔汽层:防止室内湿气进入保温层,甚至形成凝结水,湿气和水都会损坏保温层的效能。

i.找平(找坡)层:便于安装隔汽层。

j.结构层:承担所有荷载。

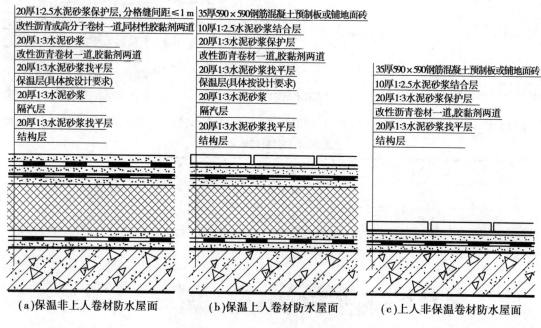

图 10.26　保温卷材防水屋面构造

（a）保温非上人卷材防水屋面　（b）保温上人卷材防水屋面　（c）上人非保温卷材防水屋面

③隔汽层的做法为:氯丁胶乳沥青两遍,改性沥青防水卷材一道,改性沥青一布二涂1厚,合成高分子涂膜厚大于等于0.5 mm。这些做法分别用于同材性的防水层。

④可选用的保温层常用材料,有A硬发泡聚氨酯(图10.27和图10.28),挤塑聚苯板,模塑聚苯板,岩棉板,憎水珍珠岩板,增压加气混凝土块和泡沫混凝土(图10.29)等,其厚度经热工计算定。

图 10.27　喷涂发泡聚氨酯　　图 10.28　模塑聚氨酯　　图 10.29　泡沫混凝土

⑤保温卷材防水屋面主要节点构造如下:

a.檐口构造做法:无组织排水屋面做法,为便于保温层的铺设、固定和保护,沿墙上方的屋面四周,设置现浇细石混凝土边带,见图10.30。

b.檐沟构造做法:有组织排水做法,采用防水性能好的现浇混凝土制作,防水做法一直延伸到檐沟外侧,并用轻质材料作0.5%～1%的纵向找坡至雨水口,檐沟最浅处不小于150 mm,雨水口置于檐沟内适当位置,见图10.31。

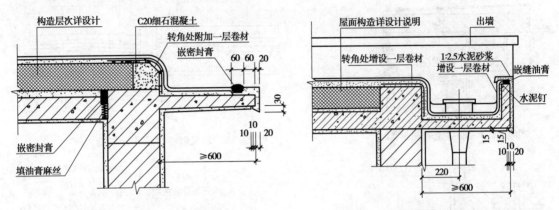

图10.30 保温卷材屋面檐口大样　　　　　图10.31 保温卷材屋面檐沟大样

c.泛水:泛水是防水层沿女儿墙向上卷起的做法,在屋面形成类似水池的池壁,以防雨水渗漏。高度不小于250,见图10.32。

d.分格缝:屋面板之间的缝隙须加处理,以免防水不利,详见图10.33。

非上人保温屋面做法,是在上人屋面做法的基础上,去掉了能够承受一定重量和冲击的构件,如钢筋混凝土预制板等的保护防水层和安装必须的结合层,详见图10.26a。

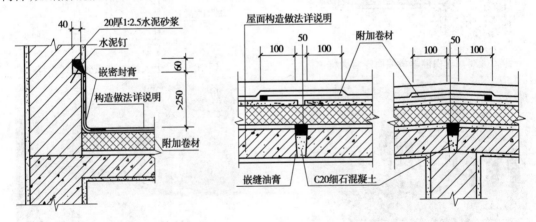

图10.32 保温卷材屋面泛水大样　　　　图10.33 保温卷材屋面分格缝做法

2)非保温卷材防水屋面做法

①特点:质量轻,防水性能好,因未考虑保温构造,故适用于南方地区。

②其主要构造层次,详见图10.26(c)。

③主要构造节点做法,包括檐口(图10.34)、分格缝(图10.35)、泛水(图10.36)等关键部位的做法,详见图示。

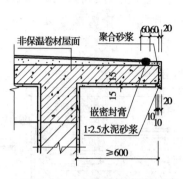

图 10.34　非保温卷材屋面

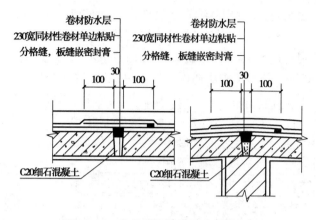

图 10.35　非保温卷材屋面分格缝大样

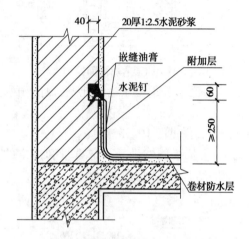

图 10.36　非保温卷材屋面泛水大样

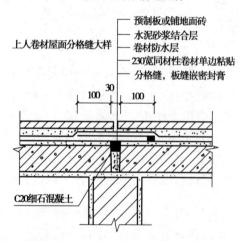

图 10.37　上人卷材屋面分格缝大样

图 10.38　卷材防水屋面施工

图 10.39　涂膜防水屋面施工

10.3.2　涂膜防水屋面做法

涂膜防水屋面主要由底漆、防水涂料、胎体增强材料、隔热材料、保护材料组成。

底漆主要有合成树脂、合成橡胶以及橡胶沥青（溶剂型或乳液型）等材料,用于刷涂、喷涂或抹涂在基层表面,对其初步处理。

涂膜防水涂料主要有氯丁橡胶沥青涂料、再生橡胶沥青防水涂料、SBS改性沥青防水涂料,以及聚氨酯类防水涂料、丙烯酸防水涂料和有机硅防水涂料等,形成涂膜作为防水层,对屋面起到防水、密封及美化的作用,见图10.38。

涂膜防水胎体增强材料主要有玻璃纤维纺织物、合成纤维纺织物、合成纤维非纺织物等,其作用是增加涂膜防水层的强度,并可防止涂膜破裂或蠕变破裂,以及涂膜流坠。

涂膜防水隔热材料,与卷材屋面相同。

涂膜防水保护材料,如装饰涂料、装饰材料、保护缓冲材料等,可保护防水涂膜免受破坏和装饰美化建筑物。涂膜防水屋面除防水层及关键节点外,其余做法均同卷材防水屋面做法。

(1)保温涂膜防水屋面构造做法

①特点:利用防水涂料形成隔膜,作为屋面防水层。

②构造做法,除防水材料与卷材防水屋面不同外,基本均同卷材防水屋面。

③关键节点大样做法,包括檐沟(图10.40)、檐口(图10.41)、分格缝(图10.42)、变形缝(图10.43)、泛水(图10.44)等关键部位的做法,详见图示。

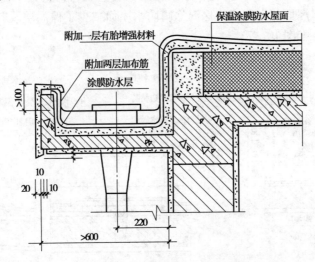

图10.40 保温涂膜防水屋面檐沟

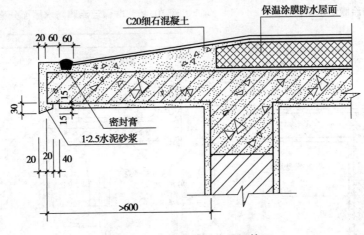

图10.41 保温涂膜防水屋面檐口

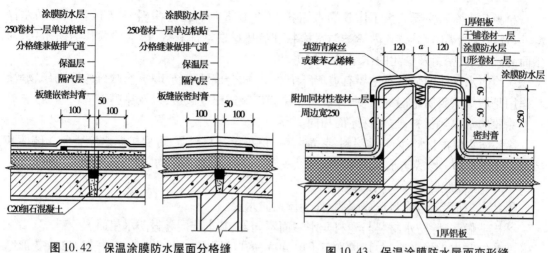

图 10.42　保温涂膜防水屋面分格缝

图 10.43　保温涂膜防水屋面变形缝

（2）非保温涂膜防水屋面构造

非保温涂膜防水屋面的做法相比保温涂膜防水屋面减少了保温层及其附加层,其重要节点做法详见图 10.44 至图 10.47。

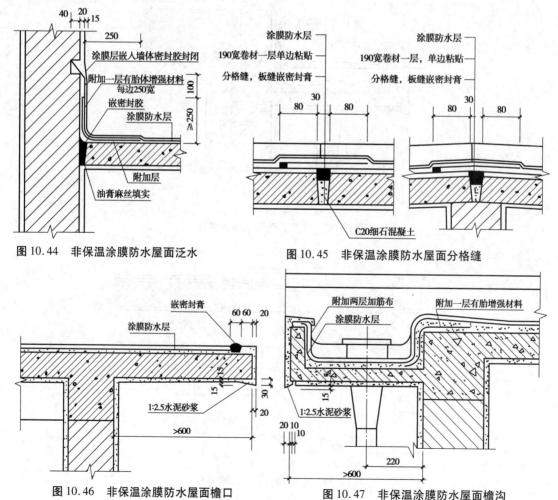

图 10.44　非保温涂膜防水屋面泛水

图 10.45　非保温涂膜防水屋面分格缝

图 10.46　非保温涂膜防水屋面檐口

图 10.47　非保温涂膜防水屋面檐沟

（3）倒置式保温屋面

倒置式保温屋面采用如聚苯乙烯泡沫塑料板、聚氨酯泡沫塑料板、泡沫玻璃、憎水膨胀珍珠岩等憎水性的保温材料作保温层，并设置于防水层之上，因此称为倒置式。

①特点：构造简单，施工简便；使用寿命长；节省能源；保温隔热性能稳定。

②主要构造层次：保护层，保温层，防水层，找平层（找坡层），结构层，见图10.48。

③主要节点做法：檐沟及泛水构造做法，分别详见图10.49和图10.50。

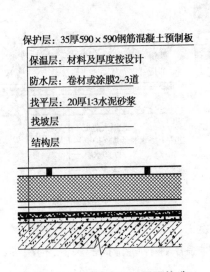

图10.48　倒置式保温屋面构造

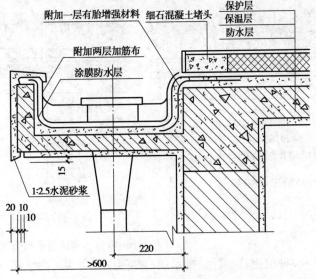

图10.49　倒置式保温屋面檐沟大样

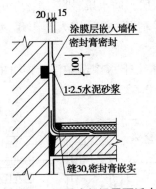

10.50　倒置式保温屋面泛水

10.4　其他屋面

10.4.1　种植屋面

①特点：

a. 能改善城市热岛效应。

b. 提高建筑保温隔热效果，节能。

c.缓解大气浮尘,净化空气。

d.提高土地利用率。

②主要构造层次:种植隔热层、保护层、耐根穿刺防水层、防水层、找平层、保温层、找平层、找坡层、结构层。其中:

a.种植土、隔离层、排水层、保护层、防水层、找平层、结构层等,适用于温暖多雨地区,见图10.51(a)。

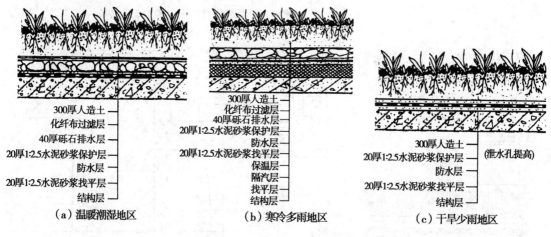

图 10.51　种植屋面构造层次

b.种植土、隔离层、排水层、保护层、防水层、找平层、保温层,隔汽层,找平层,结构层等,适用于寒冷多雨地区,见图10.51(b)。

c.种植土、砂浆保护层、(蓄水层)、防水层、找平层、结构层,适用于少雨地区,见图10.51(c)。

种植屋面的种植土层为减轻荷载,应采用人造土壤,如锯末、炉渣、蛭石和蚯蚓土的混合物。

③主要节点构造:泛水及种植土排水构造做法,详见图10.52(a);如果屋面有种植土与水池相邻布置,构造做法详见图10.52(b)。

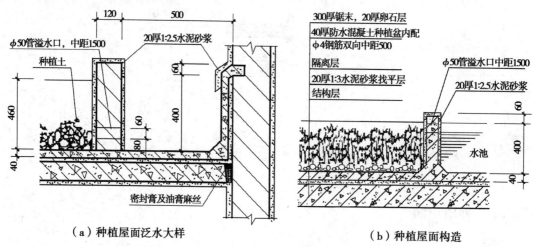

图 10.52　种植池壁及泛水构造

10.4.2 架空隔热屋面

架空隔热屋面,是用钢筋混凝土薄板,在防水屋面上架设一定高度的空间,利用其间的空气流动加快散热,起到隔热作用的屋面。

①特点:防雨、防漏、经济、施工简单、容易维修等。

②构造层次:架空隔热层、砖墩或砖垄、防水层、找平层、找坡层、结构层。

③架空层做法,详见图10.53。

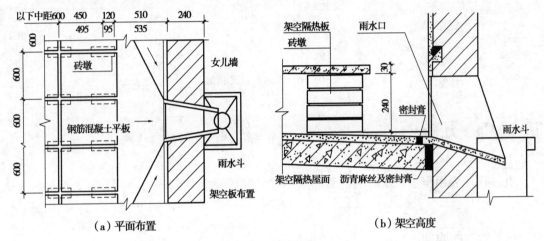

(a) 平面布置　　　　　(b) 架空高度

图 10.53　架空隔热屋面构造

10.4.3 蓄水隔热屋面

①特点:蓄水屋面在屋顶蓄积一层水,利用水蒸发带走部分热量,从而减少屋顶吸收的热能,达到降温隔热的目的。设计和施工应注意留出泄水口和限定水位的溢水口。具体做法是用防水细石混凝土做水池,蓄水能对混凝土进行长期养护,不易开裂,自身可起到防水的作用。

②主要构造层次:蓄水隔热层、隔离层、防水层、找平层、保温层、找平层、找坡层、结构层。

③主要节点做法:檐沟详见图10.54,泛水详见图10.55,泄水孔及分格缝详见图10.56。

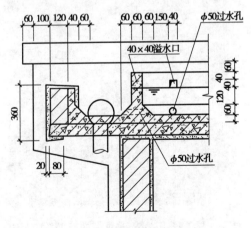

图 10.54　蓄水屋面檐沟构造

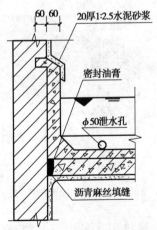

图 10.55　蓄水屋面泛水构造

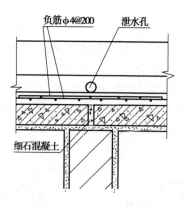

图 10.56　泄水孔及分格缝

10.5　瓦屋面

瓦屋面主要用作坡屋顶的围护和装饰。常用屋瓦的类型有平瓦、小青瓦、筒板瓦和琉璃瓦等。

10.5.1　平瓦屋面

平瓦屋面通常有保温(图 10.57)或非保温两种构造做法。

（1）非保温平瓦屋面

①特点:平瓦屋面的主要材料为平瓦和脊瓦,此外,还有金属瓦。常用的规格是水泥平瓦 385 mm×235 mm,黏土平瓦 380 mm×240 mm,脊瓦皆为 455 mm×195 mm。屋面坡度≥30%。

②构造层次:结构层、找平层、防水层、保护层、顺水条、挂瓦条、平瓦。现场安装见图 10.58,构造做法见图 10.59。

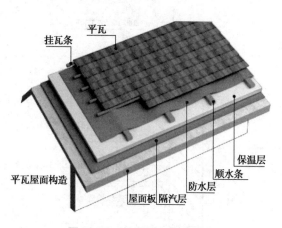

图 10.57　保温平瓦屋面构造

图 10.58　平瓦屋面施工

③主要节点构造做法。檐口做法:现浇屋面应有阻止上部构造层下滑的措施,见图10.60。檐沟构造详见图10.61,屋脊做法详见图10.62,山墙处的处理详见图10.63。

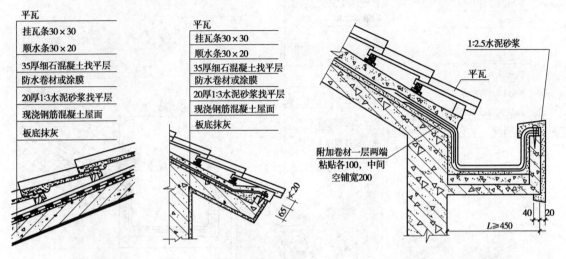

图10.59　非保温平瓦屋面　　图10.60　非保温平瓦屋面檐口　　图10.61　非保温平瓦屋面檐沟

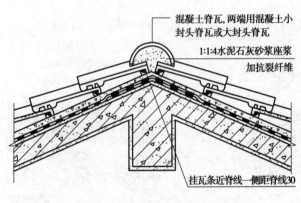

图10.62　非保温平瓦屋面屋脊

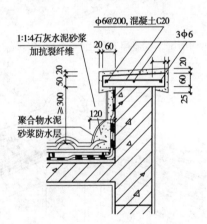

图10.63　非保温平瓦屋面山墙

(2)保温平瓦屋面

①特点:既防水、又保温,较普通瓦屋面增设了保温层及附加层,见图10.64。

②构造层次:结构层,找平层,防水层,保温层,保护层,顺水条,阻隔性卷材,挂瓦条,平瓦。

③主要节点构造:檐口构造详见图10.65,檐沟构造详见图10.66,屋脊构造详见图10.67,泛水构造详见图10.68。

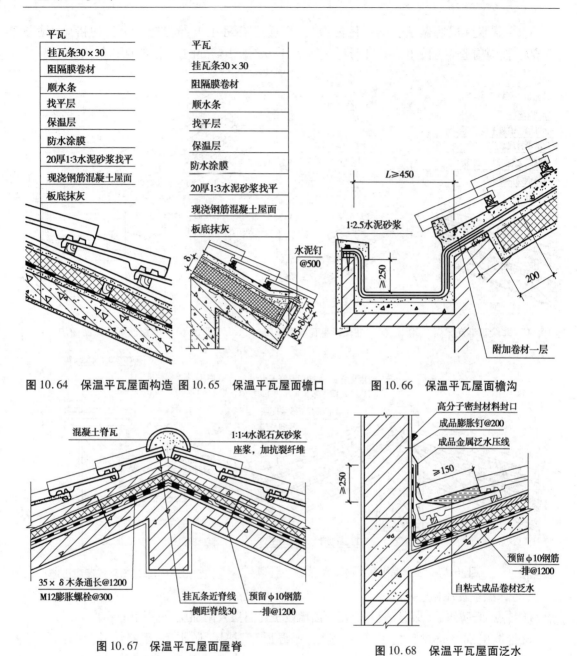

图10.64 保温平瓦屋面构造 图10.65 保温平瓦屋面檐口

图10.66 保温平瓦屋面檐沟

图10.67 保温平瓦屋面屋脊

图10.68 保温平瓦屋面泛水

10.5.2 小青瓦屋面

小青瓦又称青瓦、水青瓦、布瓦、土瓦等,是中国传统民居常用的屋面防水瓦材,见图10.69。当代小青瓦屋面,用钢筋混凝土结构代替了木结构(见图10.70),用S瓦代替了小青瓦,提高了建筑的防火性能和使用年限,但传统建筑的神韵得以传承(见图10.71),其做法分为保温和非保温两类。

图10.69　传统的小青瓦屋面　　　图10.70　小青瓦屋面的木结构　　　图10.71　S瓦屋面

（1）非保温小青瓦屋面

主要节点构造包括：檐沟（图10.72），檐口（图10.73），泛水（图10.74），屋脊构造（图10.75）。

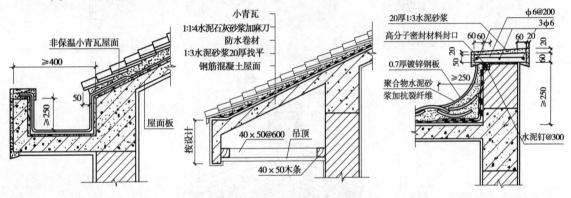

图10.72　非保温小青瓦屋面檐沟　　图10.73　非保温小青瓦屋面檐口　　图10.74　非保温小青瓦屋面泛水

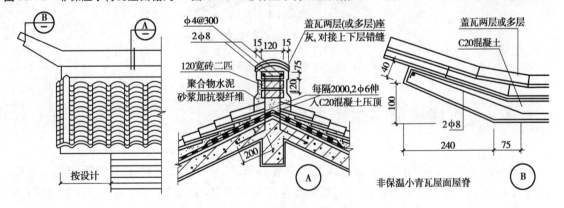

图10.75　小青瓦屋面屋脊构造

（2）保温小青瓦屋面

保温小青瓦屋面是在非保温小青瓦屋面的构造层中，增加了保温层及其附加层。主要节点构造：檐口构造详见图10.76，泛水构造详见图10.77，屋脊构造详见图10.78。

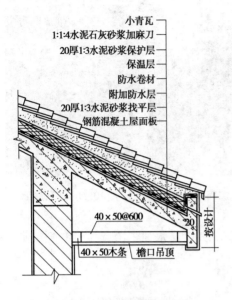

图 10.76　保温小青瓦檐口

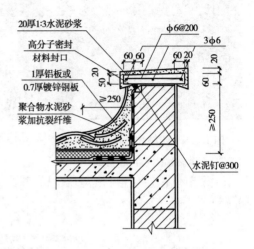

图 10.77　保温小青瓦屋面泛水

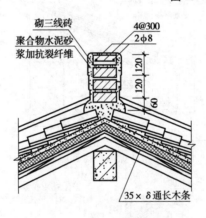

图 10.78　保温小青瓦屋面屋脊

10.6　金属屋面

我国新颁布了《采光顶与金属屋面技术规程》(JGJ 222—2012),对于采光顶和金属屋面的设计和施工建造有着重要意义。它对金属屋面的定义是"由金属板面和支撑体系组成,不分担主体结构所受作用且与水平方向夹角小于 75°的建筑围护结构"。(注:若与水平方向夹角大于 75°,则属于外墙面。)

1)金属瓦

金属瓦是仿造平瓦样式用金属制成,如彩钢瓦和彩石金属瓦屋面(图 10.79)。其尺度较传统瓦的大,又较金属屋面板小,因此适合小型建筑,见图 10.80。

彩石金属瓦屋面的构造层次为:钢筋混凝土结构层、水泥砂浆找平层、SUB 防水卷材、木质顺水条、挤塑保温板、拉法基铝箔满铺、木质挂瓦条、彩石金属瓦。

图10.79 金属瓦屋面板

图10.80 金属瓦屋面

2)金属屋面板

金属屋面板是大尺度的成型板材,既是结构层,也包含面层的各种功能。在工厂生产、在现场安装,还可根据各种需要,设置其他附加层,见图10.81。常用的系列有:

铝镁锰屋面板
降噪层
防水透气层
拔热膜
不锈钢扣件
找平板
承重板
檩条
衬檩
结构檩条
保温层
防潮隔汽层
吸音层
防尘层
底板
冲孔吸音板

图10.81 金属屋面的附加层次

(1)直立锁缝屋面系列(美式或澳式锁缝板)

金属屋面板的形状详见图10.83,其构造层次详见图10.84,板缝处理详见图10.90。它的特点是抗风性,抗热胀冷缩性和防水性较好,易于安装屋面采光,适用于大跨度建筑屋面,用途广。工程实例有北京奥林匹克公园B区的国家会议中心,见图10.85。

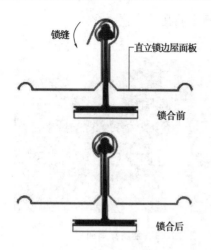

图 10.82　直立锁缝金属屋面板

图 10.83　直立锁缝金属屋面板

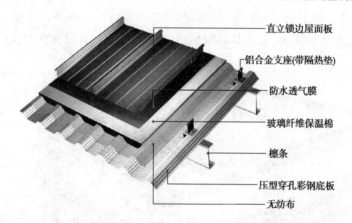

图 10.84　直立锁缝金属屋面板构造层次

（a）建筑及屋面

（b）会议中心屋面施工

图 10.85　北京奥林匹克公园 B 区的国家会议中心

（2）其他系列

①打钉板系列:安装时主要靠钉牢,可用于屋面小、使用时间不长的临时建筑,见图 10.86。

②角驰系列:特点与使用范围与打钉板类似,但防水好于打钉板,见图 10.87。

③暗扣板系列:有一定的热胀冷缩补偿功能,防水好,安装较直立锁边板方便,用途广泛,

见图10.88。其他还有卷材防水复合压型钢板屋面等,见图10.89。

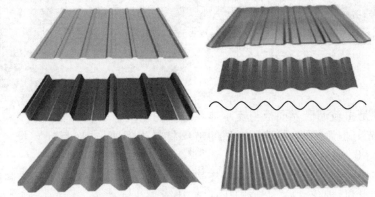

图10.86 打钉板系列

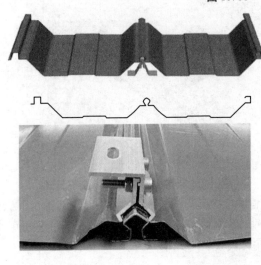

图10.87 金属屋面板——角驰板

图10.88 暗扣板

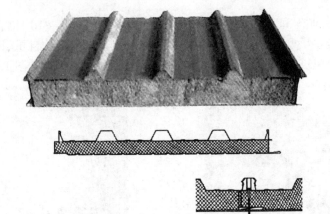

图10.89 金属屋面板——复合压型钢板

10.7　玻璃采光顶

10.7.1　概述

玻璃采光顶是由玻璃透光面板与支承体系组成的屋顶。

①特点:采光好但遮阳差,可选用合适的玻璃材料或附加光栅(百叶)、挡帘等,来减少太阳直射,见图10.90。

②主要构造层次:结构层、金属龙骨或支架、玻璃面层、安装固定构件和密封胶。

③常用玻璃材料:钢化玻璃、夹胶钢化玻璃、中空钢化玻璃等。玻璃材料还可与光伏产品共同组成采光顶,节能环保造型美观。

图10.90　设有光栅的玻璃顶

图10.91　金属结构点支式玻璃采光顶

玻璃顶按造型分,有单坡、双坡、三坡(三棱锥)、四坡、半圆、1/4圆、多角锥、圆锥、圆穹顶等;按支承方式分类可分为:框架支承方式(如明框、隐框或半隐框支承玻璃采光顶)和点支承方式(如钢爪打孔式、夹板固定式、金属结构点支式玻璃采光顶),见图10.91。

10.7.2　框架支承式

(1)明框支承

①特点:是在由倾斜和水平的铝合金组成的框格上镶嵌玻璃,并用铝合金压板来固定夹持玻璃。框格固接在承重结构层上,由结构层承受并传递采光顶的自重、风荷载、雪荷载等。框格明显地表现在建筑外表面上,形成独特的建筑效果,见图10.92和图10.93。

图10.92　明框支承的四棱锥玻璃顶

图10.93　明框支承的玻璃顶

②构造层次:结构层、金属支承框架、玻璃、金属压条。

③主要大样和节点构造:平面分格详见图 10.94,檐口详见图 10.95,屋顶剖面大样详见图 10.96,屋脊构造详见图 10.97,分格缝构造详见图 10.98。

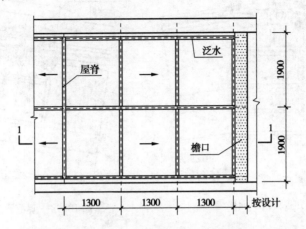

图 10.94 明框双坡玻璃顶平面分格

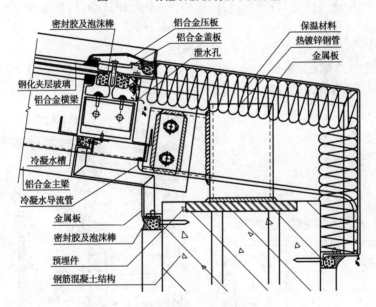

图 10.95 明框双坡玻璃顶檐口构造

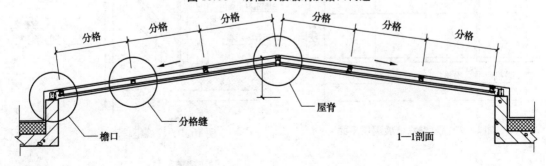

图 10.96 明框双坡玻璃顶剖面大样

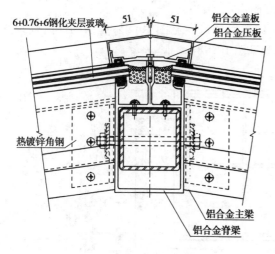

图 10.97　明框双坡玻璃顶屋脊

图 10.98　明框双坡玻璃顶分格缝

（2）隐框支承

①特点：支架系列多样化，表面平顺，排水顺畅，采光好，所有构件工厂生产现场安装，制作精密。

②构造层次：结构层，金属支承框架，玻璃面层。

③主要构造节点举例：平面玻璃分格详见图 10.99，檐口详见图 10.100，剖面详见图 10.101，分格缝详见图 10.102，屋脊详见图 10.103。

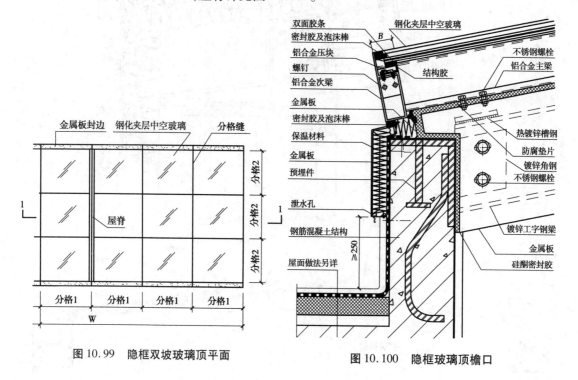

图 10.99　隐框双坡玻璃顶平面

图 10.100　隐框玻璃顶檐口

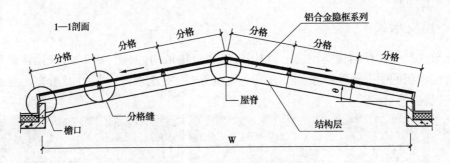

图 10.101　隐框双坡玻璃顶剖面

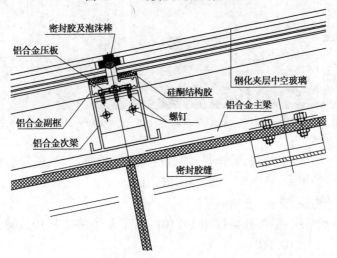

图 10.102　隐框玻璃顶分格缝

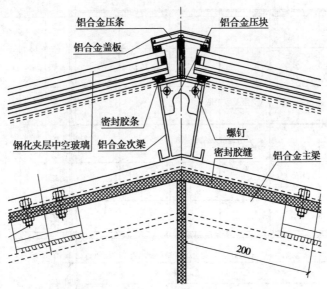

图 10.103　隐框双坡玻璃顶屋脊

10.7.3 点支承式

点支承式是在各种结构类型之上,利用支座及驳接爪构件(图10.104)来固定玻璃,以点状构件替代线状的明框或隐框系列。其特点是通透性、安全性好;灵活性好,方便屋面造型;制作精美,观感好。

图10.104　驳接爪　　　　图10.105　钢梁系点支承　　　　图10.106　玻璃梁点支承玻璃屋面

(1)梁系点支承式

①特点:表面平顺,排水顺畅,采光好,结构层为钢梁或玻璃梁,既接驳爪安装在梁上,适用于跨度小于10 m的屋面,见图10.105和图10.106。

②构造层次:结构层、支座、玻璃面层。

③主要构造节点举例:平面分格详图10.107,剖面大样详见图10.108,檐口构造详见图10.109,屋脊构造详见图10.110。

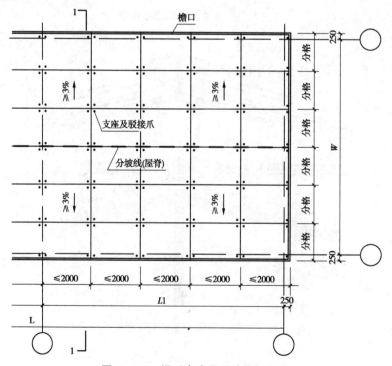

图10.107　梁系点支承双坡屋顶平面

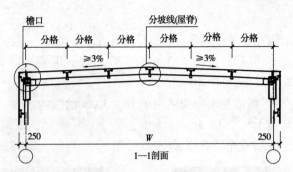

图 10.108 剖面大样详图

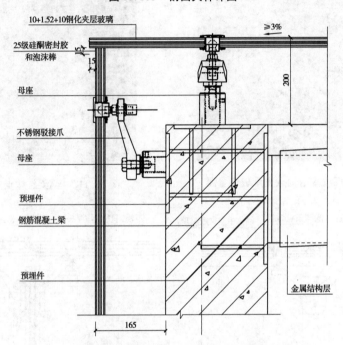

图 10.109 梁系点支式玻璃采光顶檐口

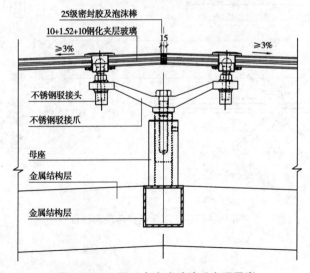

图 10.110 梁系点支式玻璃采光顶屋脊

（2）其他点支承式

①各种拉索拉杆结构点支承玻璃屋面，见图10.111。

②网架结构点支式玻璃屋面，适用范围为跨度30~60 m，见图10.112。

③玻璃梁点支承玻璃屋面，见图10.113。

④钢平面桁架点支式：弧形平面桁架适用于10~30 m的结构跨度，平直平面桁架适用于6~60 m跨度，三角形跨度不大于18 m。

⑤其余不同结构层玻璃采光顶类型、特点及适用范围，详见表10.3。

图10.111　拉杆拉索结构点支承玻璃屋面

图10.112　网架结构点支式玻璃屋面

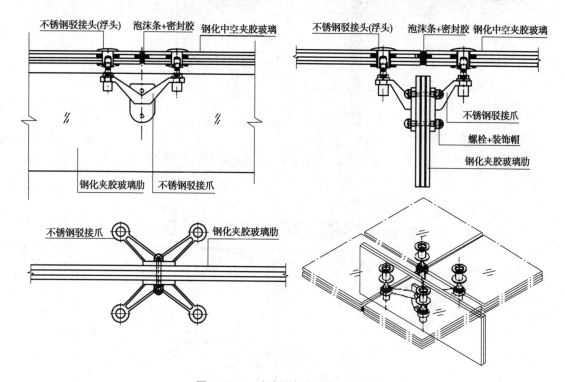

图10.113　玻璃梁点支承玻璃屋面

表 10.3　不同结构层玻璃采光顶类型、特点及适用范围

采光顶形式	特　点	适用范围	材料要求
轮辐式拉杆点支式采光顶	轮辐状放射式结构,造型新颖、易于形成球面支承结构体系,可与边部环形支承结构形成自平衡体系,有良好的观赏性	适用于直径 D 为 $5 \sim 25$ m 的球面圆顶结构,矢高 $f = D/(5 \sim 10)$	玻璃长边不宜大于 1 800 mm,宜采用不锈钢拉杆,不锈钢悬空杆
轮辐式拉索点支式采光顶	轮辐状放射式结构,造型新颖、易于形成球面支承结构体系,可与边部环形支承结构形成自平衡体系,有良好的观赏性	适用于直径 D 为 $5 \sim 25$ m 的球面圆顶结构,矢高 $f = D/(5 \sim 10)$	玻璃长边不宜大于 1 800 mm,宜采用不锈钢拉杆,不锈钢悬空杆
拱形拉杆点支式采光顶	简洁美观,结构轻盈,易与周围建筑合成一体	适用于直径 D 为 $8 \sim 16$ m 的拱形顶,结构矢高 $f = D/2$	玻璃长边不宜大于 1 800 mm,宜采用不锈钢拉杆和钢管
拉索桁架点支式采光顶	轻盈,纤细,强度高,能用于较大跨度	每榀拉索桁架间距 $b = 1\ 000 \sim 1\ 800$ mm,跨度 $L \leqslant 18$ m,拉索矢高 $f = L/(10 \sim 15)$	玻璃长边不宜大于 1 600 mm,宜采用不锈钢拉索(钢绞线)不锈钢空腹管
自平衡拉索桁架点支式采光顶	受拉、受压杆件合理分配内力,有利于主体结构的受力,外形新颖,有较好的观赏性。	自平衡间距 $1 \sim 3$ 个玻璃分格跨度 $L \leqslant 15$ m 拉索矢高 $f = L/(5 \sim 10)$	玻璃长边不宜大于 1 800 mm,宜采用不锈钢拉索(钢绞线)、不锈钢腹腔杆
张拉弦桁架采光顶	轻盈,纤细,强度高,能用于较大跨度	每榀拉索桁架间距 $b = 1\ 200 \sim 1\ 800$ mm,跨度 $L = 9 \sim 18$ m,拉索矢高 $f = L/(10 \sim 15)$	玻璃长边不宜大于 1 600 mm,宜采用不锈钢拉索(钢绞线)、不锈钢腹腔杆

10.8　屋面其他构造

除前面所述以外,屋面还有其他一些部位和重要节点,其构造原理列举如下。

1)泛水

有女儿墙的屋面,防水层应做泛水,即防水层应沿屋面周边女儿墙及其他墙面,向上翻起,高度不小于 250 mm,使屋面防水层形成水池模样。泛水就是池壁,保护墙体与屋面相交

处的缝隙不致漏水,见图 10.114。

2)压顶

墙顶的加强做法,是为使其不受自然的侵蚀,图 10.115 和图 10.116 为加固的类型。

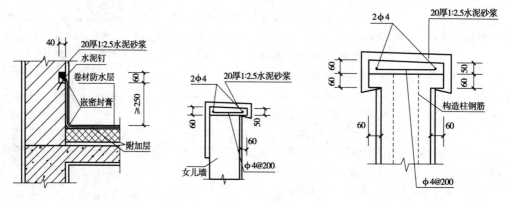

图 10.114　卷材屋面泛水　图 10.115　砖砌女儿墙压顶　图 10.116　防震加固的女儿墙压顶

3)天沟排水与檐沟排水

天沟排水(图 10.117)与檐沟排水(图 10.118),采用一样的雨水管,但雨水口的类型不同。

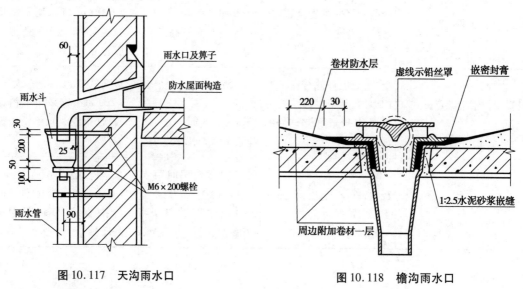

图 10.117　天沟雨水口　　　　　图 10.118　檐沟雨水口

4)管道出屋面构造

管道出屋面的构造和变形缝一样,要做泛水并考虑盖缝,见图 10.119 和图 10.121。

5)检修梯

检修梯供不上人屋面在检修和围护时使用,一般做成垂直金属爬梯形式,距地的高度要求能够避免儿童攀爬,见图 10.120。

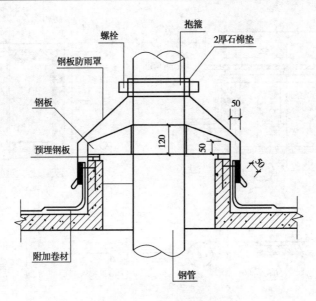

图 10.119　管道出屋面

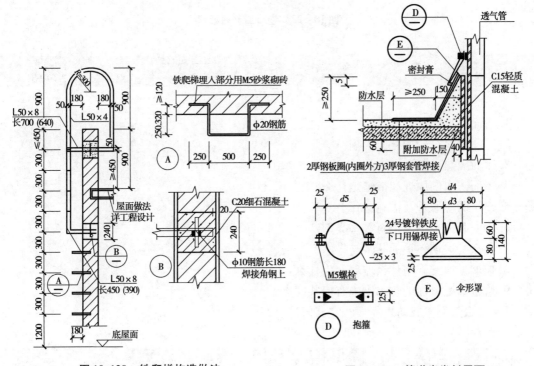

图 10.120　铁爬梯构造做法　　　　　图 10.121　管道出卷材屋面

6)检修孔

检修孔供不上人屋面在检修和围护时使用,应可以开闭。孔的大小能供人通过,四周设置泛水,盖板应较轻能方便开启,见图 10.122。

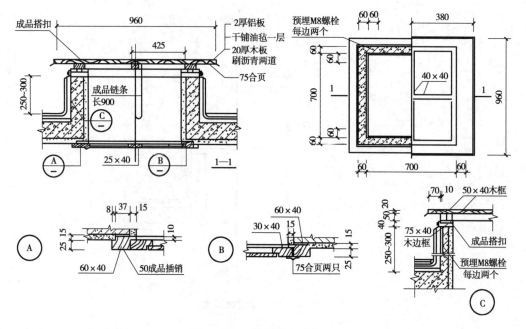

图 10.122　卷材屋面检修口

复习思考题

1. 屋面类型与材料有哪些?

2. 屋面对建筑造型有何影响?

3. 屋面隔热原理及措施是什么?

4. 屋面防水的原理和措施是什么?

5. 建筑保温原理及措施是什么?

6. 以安装为主的屋顶有哪些类型?

7. 什么是玻璃屋顶的防水与排水?

8. 玻璃顶通常采用什么玻璃? 为什么?

9. 管道等处屋面的防水措施有何共同点?

10. 什么是倒置式防水屋面? 它有何特点?

习　题

一、判断题

1. 屋面覆盖材料面积小、厚度大时,这类屋面的排水坡度可以小一些。　　　　（　　）

2. 平屋顶的坡度一般不大于 10%。　　　　（　　）

3. 屋面跨度在 15 m 内,可以采用单向找坡。　　　　（　　）

4. 檐口或屋面高度大于 20 m,应采用有组织排水方式。　　　　（　　）

5. 泛水是防水层沿女儿墙向上卷起或翻起的部分。 （   ）

6. 倒置式保温屋面的特点,是防水层在保温层之下。 （   ）

7. 瓦屋面的坡度不宜超过20%。 （   ）

8. 隔汽层的作用是保护保温层免于产生凝结水,从而失去保温性能。 （   ）

9. 金属瓦是模仿平瓦的样式用金属制成的。 （   ）

10. 全玻屋面是由玻璃梁、肋和玻璃板作为主要构件组合而成的。 （   ）

11. 蓄水屋面和种植屋面的防水层,主要是钢筋混凝土防水层。 （   ）

12. 框支承式屋面是采用驳接爪构件来连接玻璃和结构层。 （   ）

13. 玻璃屋面的坡度不超过70°。 （   ）

14. 种植屋面的构造要考虑防植物根系的穿刺。 （   ）

15. 二层及其以上的建筑,要设计有组织排水。 （   ）

二、选择题

1. 屋顶是建筑物最上面起维护和承重作用的构件,屋顶构造设计的核心是（   ）。

   A. 承重　　　　　　B. 保温隔热　　　　C. 防水和排水　　　　D. 隔声和防火

2. 不同防水材料的屋面有各自的排水坡度范围,下面（   ）材料屋面的排水坡度最大。

   A. 金属皮　　　　　B. 平瓦　　　　　　C. 小青瓦　　　　　　D. 卷材防水

3. 泛水是屋面防水层与垂直墙交接处的防水处理,其常用高度为（   ）。

   A. ≥120　　　　　　B. ≥180　　　　　　C. ≥200　　　　　　D. ≥250

4. 下列哪种建筑的屋面应采用有组织排水方式（   ）。

   A. 高度较低的简单建筑　　　　　　B. 低层积灰多的屋面

   C. 低层有腐蚀介质的屋面　　　　　D. 降雨量较大地区的屋面

5. 保温屋顶为了防止保温材料受潮,应采取（   ）措施。

   A. 加大屋面斜度　　　　　　　　　B. 用钢筋混凝土基层

   C. 加做水泥砂浆粉刷层　　　　　　D. 设隔汽层

6. 屋面天沟内的纵坡值以（   ）为宜。

   A. 2% ~3%　　　B. 3% ~4%　　　C. 0.1% ~0.3%　　D. 0.5% ~1%

7. 平屋顶所用的防水材料有卷材和（   ）。

   A. 钢筋细石混凝土　　　　　　　　B. 防水涂膜

   C. 小青瓦　　　　　　　　　　　　D. 石棉瓦

8. 屋面排水组织中,雨水管间距不宜超过（   ）。

   A. 16 m　　　　B. 20 m　　　　C. 24 m　　　　D. 30 m

9. 上人屋面构造层次中,保护层的作用是（   ）。

   A. 透气　　　　B. 排水水蒸气　　C. 保护防水层　　　D. 保护上人面层

10. 平屋顶采用材料找坡时,垫坡材料不宜用（   ）。

   A. 水泥炉渣　　B. 石灰炉渣　　　C. 细石混凝土　　　D. 膨胀珍珠岩

三、填空题

1. 防水屋面的分格缝,嵌缝常用的密封材料为_____和_____。

2. 平屋顶排水坡度的形成方式有_____和_____。

3. 屋顶的排水方式分为 _____和_____。

4. 平屋顶是指屋面坡度_____的屋顶,最常用的坡度为_____。

5. 用金属板或_____作屋盖,是将结构层和_____合二为一的形式。

6. 无组织排水适用于_____地区、屋面雨水少和檐口高度不超过_____的建筑。

7. 有组织排水方式,就是将屋面划分成若干_____,将屋面雨水先排至_____,再集中至雨水口和雨水管排走。

8. _____与_____两种防水方式是最常用的平屋面防水方式。

9. 金属屋面的定义是,"由金属板面和支撑体系组成,不分担主体结构_____且与水平方向夹角小于_____的建筑_____"。

10. 按支承方式分,玻璃屋面分为_____和_____两类。

四、简答题

1. 屋面的主要作用是什么?

2. 列举出 6 种用于平屋面的构造层次。

3. 屋面的主要排水类型有哪些?

4. 简述屋面有组织排水的汇集雨水的特点。

5. 举出屋面女儿墙的 4 个主要组成部分?

6. 简述上人屋面对防水层的保护措施。

7. 列举 3 种用于屋面保温层的常用保温材料。

8. 平屋面的坡度最大多少? 坡屋面的坡度最小多少?

9. 隔汽层的作用是什么?

10. 什么是金属板屋面?

五、作图题

1. 设计一个进深 18 m、长度 48 m 的卷材防水保温非上人平屋面(其屋面板为钢筋混凝土预制板,建筑高度为 21.6 m),借助图纸描述其压顶、泛水、天沟、雨水口、板缝等构造。

2. 绘出卷材防水屋面的构造层次,以及挑檐沟做法,注明材料层次和必要的尺寸。

11

门窗构造

[本章导读]

通过本章学习,应了解门窗的围护作用和使用要求;了解门窗的密闭性要求和节能的构造措施;熟悉门窗的类型、标准设计和适用范围;熟悉门窗的制作材料和门窗的制作安装方法。

门窗是建筑的重要组成构件,它对建筑的使用功能和外观影响很大。

我国现代建筑门窗是 20 世纪发展起来的,按门的材质来区分,大致可分为木门窗时代、钢门窗时代、铝门窗时代和塑料门窗时代。在我国,发展建筑节能的技术将成为当今门窗行业发展的动力,南方冬暖夏热地区的节约空调制冷能源消耗,以及北方节约采暖供热能源消耗等,将作为门窗节能技术开发的目标。

11.1 门窗的类型与尺度

11.1.1 门窗概述

(1)门窗的作用

门窗是建筑内外联系的主要途径,在抗风压、阻止冷风渗透、防止雨水渗透、保温、隔热、隔声和采光等方面都有相应的要求。在不同气候的地区和不同季节,通过门窗起到利用或阻止环境因素作用,可满足人对房间的建筑物理环境、卫生气温、心理和安全等多方面的需求。

（a）古代建筑的门窗

（b）现代建筑的门窗

图 11.1　古今门窗实例

门在房屋建筑中的作用主要是交通联系，并兼采光和通风；窗的作用主要是采光、通风及眺望。门窗均属建筑的围护构件，其尺寸大小、位置、高度和开启方式等，是影响建筑使用功能的重要因素。门窗的比例尺度、形状、数量、组合方式、位置、材质和色彩等也是影响建筑视觉效果的因素之一。

（2）门窗的构造要求

①满足使用的要求、采光和通风的要求，以及防风雨、保温隔热的要求。

②满足建筑视觉效果的要求。

③适应建筑工业化生产的要求。

④其他要求：坚固耐久、灵活、便于清洗维修。

11.1.2　常用门的类型与尺度

常用门的开启方式见图 11.2。

（1）门的类型

按门在建筑物中所处的位置可分为内门和外门；按开启方式可分为平开门、弹簧门、推拉门、折叠门、转门、卷帘门和感应门等；按料材可分为木门、铝合金门、塑钢门、彩板门、玻璃钢门和钢门等；按用途可分为防火门、隔声门、保温门、屏蔽门、车库门、检修门、防盗门、泄压门和引风门等。

①平开门：是依靠铰链轴或辅以闭门器来转动开合的门，因其具有简单的构造、灵活的开启方式以及较方便的制作、安装和维修而被广泛使用。但门扇易产生下垂或扭曲变形，所以门扇宜轻，门洞一般不宜大于 3.6 m×3.6 m。门扇的材料有木材、铝合金和玻璃、钢或钢木组合。当门的面积大于 5 m² 时，宜采用角钢骨架，并在洞口两侧做钢筋混凝土门柱，或在砌体墙中砌入钢筋混凝土砌块，便于安装铰链，见图 11.3（a）。

②弹簧门：也是平开，依靠弹簧铰链或地弹簧转动，构造比平开门稍复杂，可单向或双向开启。为避免人流相撞，门扇一般为玻璃或镶嵌玻璃。根据相关规范，幼托等建筑中不得使用弹簧门，也不可以作为防火门，见图 11.3（b）。

③推拉门：也称滑拉门，是依靠轨道左右滑行来开合的，按照轨道的位置有上挂式和下滑式之分。上挂式适用于高度小于 4 m 的门扇，下滑式多适用于高度大于 4 m 的门扇。根据门

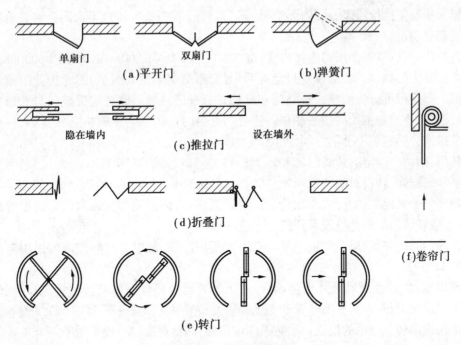

单扇门　　　　　双扇门

(a)平开门　　　　　　　　(b)弹簧门

隐在墙内　　　　　　设在墙外

(c)推拉门

(d)折叠门

(f)卷帘门

(e)转门

图11.2　门的开启方式

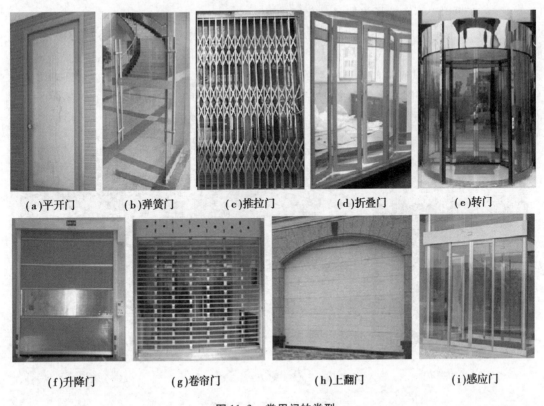

(a)平开门　　(b)弹簧门　　(c)推拉门　　(d)折叠门　　(e)转门

(f)升降门　　　(g)卷帘门　　　(h)上翻门　　　(i)感应门

图11.3　常用门的类型

洞的大小,门可以采用单轨双扇、双轨双扇、多轨多扇等形式;门扇材料类型较多。门扇还可藏在夹墙内或贴在墙面外,它占用空间少,受力合理,不易变形,但关闭时难以密闭。民用建筑中一般采用轻便推拉门来分隔内部空间[图11.3(c)],一些人流量不大的公共建筑还可采用传感控制自动推拉门。

④折叠门:由铰链将多扇门连接构成,每扇宽度为500~1 000 mm,一般以600 mm为宜,适用于宽度较大的洞口。普通铰链只能挂两扇门,不适用于宽大洞口,因此折叠门通常使用特质铰链。折叠门可分为侧挂式折叠门和推拉式折叠门两种。侧挂式折叠门与普通平开门相似,推拉式折叠门与推拉门构造相似。折叠门开启时占用空间少但构造较复杂,一般常用于商业建筑或公共建筑中分隔空间,见图11.3(d)。

⑤转门:由两个固定的弧线门套和垂直旋转的门扇组成,见图11.3(e)。门扇为三扇或四扇,绕竖轴旋转。转门对隔离室内外空气有一定的作用,可作为寒冷地区、空调建筑且人流量不是很多的公共建筑的外门,如银行、写字楼、酒店等,但不能作为疏散门。需设置疏散口的时候,一般在转门的两旁另设平开门。

⑥升降门:开启时门扇沿轨道上升。它不占使用面积,常用于空间较高的民用与工业建筑,见图11.3(f)。

⑦卷帘门:由多片金属页片连接而成,上下开合时由门洞上部的转轴将页片卷起放下。开启时不占使用面积,常用于不经常开关的商业建筑的大门等,见图11.3(g)。钢卷帘门也常用作建筑内部防火分区的设施。除防火卷帘门外,其他卷帘门一般不用于安全疏散口处。

⑧上翻门:上翻门可充分利用上部空间,门扇不占用面积,但其五金及安装要求高,见图11.3(h)。它适用于不经常开关的门,如车库大门。

⑨感应门:感应门广泛适用于宾馆、酒店、银行、写字楼、医院、商店等[图11.3(i)],按开启方式可分为平移式、旋转式和平开式;按感应方式的不同可分为红外线感应门、微波感应门、刷卡感应门、触摸式感应门等。使用感应门可以节约空调能源、降低噪声、防风、防尘。

⑩其他门和门洞:例如古代中的将军门[图11.4(a)]、耳门、牌坊[图11.4(b)]和辕门[图11.4(c)]等。中国古建筑使用的门窗类型众多,因为现在应用较少。

(a)将军门　　　　　　　　(b)牌坊　　　　　　　　(c)辕门

图11.4　门和门洞的其他样式

(2)门的尺度

一般民用建筑门洞的高度采用3M模数,常见的有2 100,2 400,2 700,3 000 mm等,特殊情况以 1M 为模数,高度不宜小于 2 100 mm。门设有亮子(门扇上的小窗)时,门洞高度一般为 2 400~3 000 mm。公共建筑大门的高度可视需要适当提高。门洞宽以 1M 为模数。

单扇门为 700~1 000 mm;双扇门为 1 200~1 800 mm。门扇不宜过宽,过宽易产生翘曲变形和自重加大不利于开启。洞口宽度在 2 100 mm 以上时,应做成三扇、四扇或双扇带固定扇的门。辅助房间如浴厕、储藏室等,门的宽度一般为 700~900 mm。公用外门一般为 1 500 mm,入户门和起居室(厅)、卧室门为 900 mm,单扇阳台门为 700 mm。一个门扇的宽度一般不超过 1 000 mm,超过 1 000 mm 的门要设计成两扇及以上。

为设计和制作方便,常见民用建筑用的门均编制成标准图,设计时可按需要直接选用。

11.1.3　窗的类型与尺度

(1)窗的分类

①按其开启方式可分为:固定窗、平开窗、悬窗、立转窗和推拉窗等,见图 11.5。

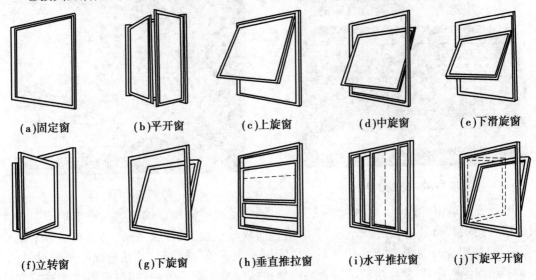

|(a)固定窗|(b)平开窗|(c)上旋窗|(d)中旋窗|(e)下滑旋窗|

|(f)立转窗|(g)下旋窗|(h)垂直推拉窗|(i)水平推拉窗|(j)下旋平开窗|

图 11.5　窗的开启方式

②按料材可分为:铝合金窗、塑钢窗、彩板窗、木窗、钢窗、纱窗和玻璃窗等。

③按窗的层数可分为:单层窗和双层窗。

④按用途可分为:防火窗、隔声窗、保温窗和气密窗等。

⑤其他类型还有棂格窗、花格窗、漏窗、百叶窗、玻璃天窗等,另外设在屋顶上的窗称为天窗。进深或跨度大的建筑物,室内光线差,空气不畅通,设置天窗可以增强采光和通风,改善室内环境。所以在宽大的单层厂房中,以及博物馆和美术馆一类民用建筑中,天窗的运用比较普遍。

(2)常见的窗

①固定窗:无窗扇且不能开启,其玻璃直接镶嵌在窗框上,大多用于只要求有采光、眺望功能的窗,如走道的采光窗和一般窗的固定部分。它构造简单,密闭性好,多与开启窗配合使用。

②平开窗:有单扇、双扇、多扇及向内开与向外开之分。平开窗与平开门相似,它构造简单、开启灵活、制作维修均方便,是民用建筑中很常见的一种窗。

③悬窗:根据铰链和转轴位置的不同,可分为上悬窗、中悬窗和下悬窗。上悬窗一般向外开,防雨好,多采用作外门和窗上的亮子。下悬窗向内开,通风较好,不防雨,一般用于内门上的亮子。中悬窗开启时窗扇上部向内,下部向外,对挡雨、通风有利。

④推拉窗:分为水平推拉窗和上下推拉窗两种。推拉窗开启时不占室内空间,窗扇受力状态好,窗扇及玻璃尺寸可较平开窗大,但通风面积受限。

⑤立转窗:在窗扇上下冒头的中部设转轴,立向转动。立式转窗引导风进入室内效果较好,多用于单层厂房的低侧窗,但其防雨及密封性较差,不宜用于寒冷和多风沙的地区。

⑥折叠窗:全开启时视野开阔,通风效果好,但需用特殊五金件。

⑦纱窗:纱窗的主要作用是"防蚊虫"。现在的纱窗比以前多了更多的花样,出现了隐形纱窗(图11.6)和可拆卸纱窗。

⑧百叶窗(图11.7):能阻挡阳光直射并通风。

图11.6 隐形纱窗

图11.7 百叶窗

⑨隔音玻璃窗(图11.8):由双层或三层不同质地或不同厚度的玻璃与窗框组成。隔音层玻璃常使用 PVB 膜等,经高温高压牢固粘合而成的;或在隔音层之间,夹有充填了干燥剂(分子筛)的铝合金隔框,边部再用密封胶(丁基胶、聚硫胶、结构胶)粘结合成的玻璃组件;又或是利用保温瓶原理,制作透明可采光的均衡抗压的平板型玻璃构件,在窗架内填充吸声材料,充分吸收透过玻璃的声波,以最大限度隔离各频段的噪声。

⑩漏窗:窗洞内装饰着各种镂空图案,透过漏窗可看到窗外景物。漏窗是中国园林中独特的建筑形式,也是构成园林景观的一种建筑艺术构件,通常作为园墙上的装饰小品,多在走廊上成排出现。江南宅园中应用很多,如苏州园林园壁上的漏窗就具有十分浓厚的文化色彩(图11.9)。

(3)窗的尺度

①窗的尺度主要取决于房间的采光、通风、构造做法和建筑造型等要求,并应符合现行《建筑模数协调统一标准》的规定。对于一般的民用建筑用窗,各地均有通用图集,各类窗洞的高宽尺寸通常采用扩大模数 3M 数列。一般平开窗的窗扇高度为 800 ~ 1 500 mm,宽度为 400 ~ 600 mm;上下悬窗的窗扇高度为 300 ~ 600 mm;中悬窗的窗扇高不宜大于 1 200 mm,宽度不宜大于 1 000 mm;推拉窗的高度不宜大于 1 500 mm。

②窗的面积大小应满足天然采光和建筑节能的需要,满足有关窗地比的规定。

图11.8　双层隔音玻璃窗　　　　　　图11.9　漏窗

11.2　门窗的物理性能

门窗的物理性能主要包括抗风压性能、气密性能、水密性能、保温性能、隔声性能和采光性能。

(1)门窗的抗风压性能

抗风压性能是指关闭着的外门或外窗抵抗风压作用的能力。风压的作用可使门窗构件变形,拼接缝隙变大,从而影响正常的气密、水密性能。当荷载产生的压力超过门窗的承受能力时,会使其产生永久变形、玻璃破碎、五金件损坏等,甚至导致安全事故。抗风压性能的优劣,关系到门窗的气密、水密性能的好坏,甚至影响人身安全,抗风压检测示意图见图11.10(c)。

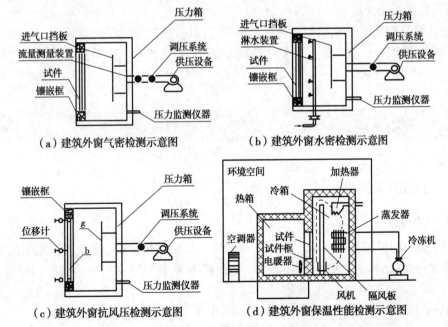

图11.10　门窗物理性能检测示意图

（2）门窗的气密性能

气密性能是指外门或外窗在关闭时,阻止空气渗透的能力,是在 10 Pa 压力差时测得的单位时间单位面积的通气量,共分为 5 级:1 级最差($18 \geq q \geq 12$),5 级最好($q \leq 1.5$)。气密性能指标不但反映门窗节能的性能,还反映隔声、保温和防尘的效果。一般的工程选用要求不低于 4 级。建筑外窗气密检测示意见图 11.10(a)。

（3）门窗的水密性能

水密性是指关闭着的外窗在风雨同时作用时,阻止雨水渗漏的能力,它采用严重渗漏压力差的前一级压力差作为分级指标,共分 5 级:1 级($100 \sim 150$ Pa),2 级($150 \sim 250$ Pa),3 级($250 \sim 350$ Pa),4 级($350 \sim 500$ Pa),5 级($500 \sim 700$ Pa)。建筑外窗水密检测示意图见图 11.10(b)。水密性不足会影响房间的正常使用,严寒地带有因为渗水而将型材冻裂的可能性,型材腔内积水还会腐蚀金属材料、五金零件,影响门窗正常启闭,缩短门窗的寿命。一般工程的选用要求不低于 3 级。

（4）门窗的保温性能

保温性能是指门窗两侧存在空气温差时,门窗阻抗从高温一侧向低温一侧传热的能力。外窗保温性能按外窗的传热系数 K 值分为 10 级:1 级 K 最大(≥ 5.5 W/(m·K)),10 级最小(≤ 1.5)。建筑外窗保温性能检测示意图,见图 11.10(d)。保温性能直接影响建筑物的空调能耗及室内环境,保温性能不佳会引起空调能耗的增加。提高保温性能的主要措施是增加玻璃层数,采用中空玻璃和减少缝隙的透风。

（5）门窗的隔声性能

声音通过门窗后,音的强度衰减多少,就能体现门窗的隔声性能强弱。音的强度用分贝(dB)来表示。不需要的声音都是噪声,通常以工业和交通噪声为主,噪声会破坏人的生活环境,危害人体健康,影响人们的正常工作和生产活动。门窗隔绝噪声的能力分为 6 级,一般把隔声量在 30 dB 以上的门窗称为隔声门窗。

（6）门窗的采光性能

采光性能是指在漫射光照射下透过光的能力,其指标为透光折减系数 T_r,其数值为透射漫射光照度与漫射光照度之比。采光性能的优劣不仅对工作效率有着明显的影响,而且直接影响到人们的视力健康。

11.3 木门窗

11.3.1 木门的构造

1）木门的组成

木门主要由门樘(门框)、门扇、腰头窗(亮子窗)、玻璃和五金零件等部分组成,见图 11.11。

门框是门与墙体的连接部分,由上框、边框、中横框和中竖框组成,附件有贴脸板、筒子板等。

门扇一般由上、中、下冒头和边梃组成骨架,中间固定门芯板。

主要的五金配件包括铰链(图 11.12)、闭门器(图 11.13)、地弹簧(图 11.14)、插销、门

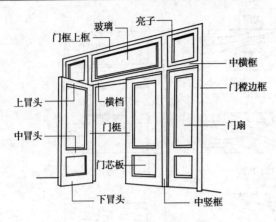

图 11.11　木门的组成　　　　　　　　　图 11.12　铰链(合页)

锁、拉手和门碰等。五金配件是门窗不可缺少的组成部分,它是保证门窗框与门窗扇之间有机连接的重要零件。

图 11.13　闭门器　　　　　　　　　图 11.14　地弹簧

2)木门框

(1)木门框的形状与尺寸

门框的断面形状与尺寸取决于门扇的开启方式和门扇的层数,由于门框要承受各种撞击荷载和门扇的自重,要求有足够的强度和刚度,故其断面尺寸较大,木门框主要断面形状和尺寸,见图 11.15。

(2)木门框的安装方式

木门框的安装方式有先立口和后塞口两种。

①立口(又称立樘子),是在墙体砌筑之前先将门框或窗框立起后再砌砖的方法,见图 11.16(a)。为加强门窗框与墙的拉结,在木框上档伸出半砖长的木段,同时在边框外侧每隔 400~600 mm 设一木拉砖或铁脚砌入墙身。其优点是木框与墙的连接紧密;缺点是施工不便,木框及临时支撑易被碰撞而产生移位破损,故现在采用较少。

②塞口(又称塞樘子),是在墙体砌筑之后再将门框或窗框塞入预留的洞口,然后进行固定的方法,见图 11.16(b)。为了加强木框与墙的连接,砌墙时应在木框两侧每隔 400~600 mm 砌入一块半砖的防腐木砖,窗洞每侧应不少于 2 块木块,安装时将木框钉在木砖上。

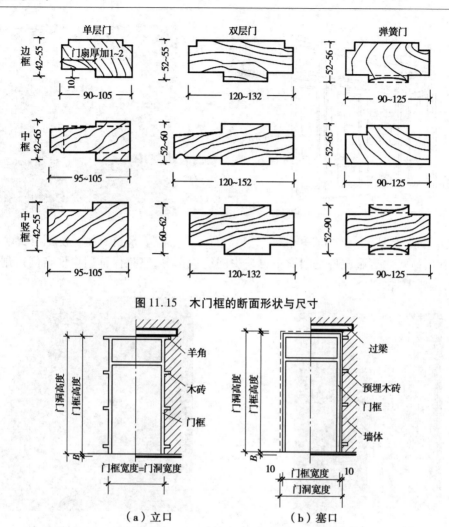

图 11.15 木门框的断面形状与尺寸

（a）立口　　　（b）塞口

图 11.16 木门框的安装方式

此方法的优点是墙体施工与木框安装分开进行,避免相互干扰,不影响施工;缺点是为了安装方便,木框与墙体之间缝隙预留较大。

（3）门框的位置

门框在洞口中,根据门的开启方式及墙体厚度不同分为外平、居中、内平、内外平 4 种,见图 11.17。

3）木门扇

常用的木门扇有镶板门、夹板门和拼板门等类型。

（1）镶板门

镶板门由骨架和门芯板组成。骨架一般由上冒头、中冒头、下冒头及边梃组成,有的中间还有中冒头或竖向中梃。门芯板可采用木板、胶合板、硬质纤维板及塑料板等,也可采用玻璃,因此被称为半玻璃(镶板)门或全玻璃(镶板)门。与镶板门类似的还有纱门、百叶门等,见图 11.18。木制门芯板常用 10 ~ 15 mm 厚的木板拼装成整块,镶入边梃和冒头中。

镶板门门扇骨架的厚度一般为 40 ~ 45 mm。上冒头、中间冒头和边梃的宽度一般为 75 ~

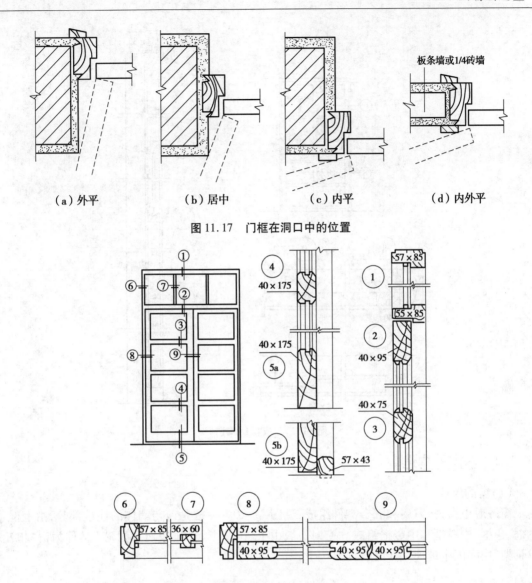

（a）外平　　　（b）居中　　　（c）内平　　　（d）内外平

图 11.17　门框在洞口中的位置

图 11.18　镶板门构造

120 mm，下冒头的宽度习惯上同踢脚高度，一般为 200 mm 左右。为了便于开槽装锁，中冒头宽度应适当增加。

（2）夹板门

门扇由骨架和面板组成，骨架通常采用(32～35)mm×(34～36)mm 的木料制作，内部用木材做成格形纵横助条，一般为 300 mm 左右中距，并在上部设小通气孔，保持内部干燥，防止面板变形。面板可用胶合板、硬质纤维板或塑料板等，用胶结材料双面胶结在骨架上。门的四周可用 15～20 mm 厚的木条镶边，使外形美观。根据需要，夹板门上也可以局部加玻璃或百叶，即在装玻璃或百叶处做一个木框，用压条嵌固。图 11.19 即是常见的夹板门构造示例。

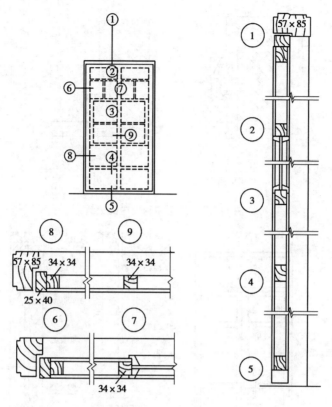

图 11.19　夹板门构造

11.3.2　木窗的构造

（1）窗的组成

窗一般由窗框、窗扇和五金零件组成,见图 11.20。窗框是窗与墙体的连接部分,由上框、下框、边框、中横框和中竖框组成。窗扇一般由上冒头、下冒头、边梃和窗芯(又称为窗棂)组成骨架,中间固定玻璃、窗纱或百叶。

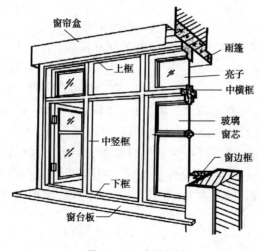

图 11.20　窗的组成

（2）窗在墙洞中的位置

窗在墙洞中的位置主要根据房间的使用要求和墙体的厚度来确定，一般有三种形式：窗框内平，见图11.21(a)；窗框外平，见图11.21(b)；窗框居中，见图11.21(c)。

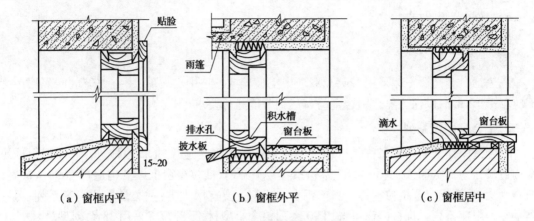

（a）窗框内平　　　　　　　（b）窗框外平　　　　　　　（c）窗框居中

图11.21　窗在墙洞中的位置

（3）木窗框安装

木窗框安装与门框安装相同，有先立口和后塞口两种方法，详见图11.22。

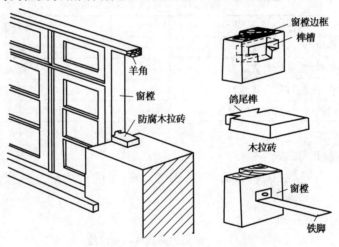

图11.22　木窗框立樘安装工艺示意图

11.4　金属门窗

铝合金材料早已成为制作门窗和幕墙的材料，而现在铝合金门窗、彩板门窗等，以其用料省、质量轻、密闭性好、耐腐蚀、坚固耐用、色泽美观、维修费用低而得到广泛应用。目前在建筑节能门窗中，铝合金节能门窗的市场份额已经达到60%。

11.4.1　铝合金门窗

铝合金门窗是指采用铝合金挤压型材为框、梃、扇料制作的门窗。

1)铝合金门窗的特性

①自重轻。铝合金门窗用料省、自重轻,每平方米质量平均只有钢门窗的50%左右。

②密封性好。

③耐腐蚀、坚固耐用。

④色泽美观。

⑤节能达标。

隔热铝合金门窗一律采用 Low-E 双玻中空玻璃或三玻中空玻璃,中空玻璃的间隔层厚度不应小于 12 mm,以保证隔热铝合金门窗达到节能指标要求。

2)铝合金门窗系列

铝合金门窗框料系列名称是以铝合金门窗框的厚度构造尺寸来区别,如:平开门门框厚度构造尺寸为 50 mm 宽,即称为 50 系列铝合金平开门,推拉窗窗框厚度构造尺寸 90 mm 宽,即称为 90 系列铝合金推拉窗等。目前铝合金门窗主要有两大类:一类是推拉门窗系列;另一类是平开门窗系列。推拉门窗可选用 90 系列铝合金型材,平开窗多采用 38 系列型材。

(1)铝合金型材及附件

铝合金门窗常用型材截面尺寸系列见下表 11.1。

表 11.1 铝合金型材常用截面尺寸系列

代 号	型材截面系列	代 号	型材截面系列
38 mm	38 系列(框料截面宽度为 38 mm)	70 mm	70 系列(框料截面宽度为 70 mm)
42 mm	42 系列(框料截面宽度为 42 mm)	80 mm	80 系列(框料截面宽度为 80 mm)
50 mm	50 系列(框料截面宽度为 50 mm)	90 mm	90 系列(框料截面宽度为 90 mm)
60 mm	60 系列(框料截面宽度为 60 mm)	100 mm	100 系列(框料截面宽度为 100 mm)

(2)铝合金门窗尺寸与标记

门的常用尺寸系列有 50,60,70,80,90,100 mm;窗的常用尺寸系列有 50,60,70,80,90 mm。

常用的门窗代号见表 11.2。

表 11.2 常见的铝合金门窗代号

类 别	代 号	类 别	代 号
平开铝合金门	PLM	固定铝合金窗	GLC
推拉铝合金门	TLM	平开铝合金窗	PLC
地弹簧铝合金门	DHLM	上旋铝合金窗	SLC
固定铝合金门	GLM	中悬铝合金窗	ZLC
折叠铝合金门	ZLM	下悬铝合金窗	XLC
平开自动铝合金门	PDLM	保温平开铝合金窗	BPLC
推拉自动铝合金门	TDLM	立转铝合金窗	LLC
圆弧自动铝合金门	YDLM	推拉铝合金窗	TLC
卷帘铝合金门	JLM	固定铝合金天窗	GLTC
旋转铝合金门	XLM		

（3）铝合金门窗安装

铝合金门窗安装首先应确定门窗框水平、垂直后,将门窗框用木楔定位,再用连接件将铝合金框固定在墙(梁)上。如图 11.23 所示,连接件可采用焊接、预留洞连接、膨胀螺栓、射钉等方法固定,每边至少有 2 个固定点,间距不大于 500 mm,各转角与固定点的距离不大于 200 mm。

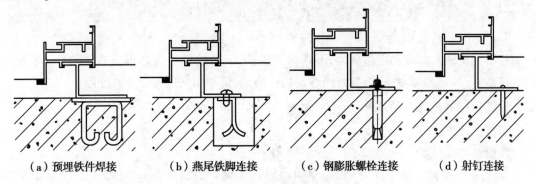

（a）预埋铁件焊接　　　（b）燕尾铁脚连接　　　（c）钢膨胀螺栓连接　　　（d）射钉连接

图 11.23　铝合金门窗框安装

11.4.2　彩板门窗

彩板门窗又称彩色涂层钢板门窗,是指以冷轧镀锌钢板为基板,涂敷耐候型、高抗蚀面层的彩色金属门窗,见图 11.24。其特点是质量轻、强度高、密闭性能好、保温性能好、耐候性能好、装饰效果多样、安装方便。

彩板门窗目前有两种类型,即带副框的和不带副框的。

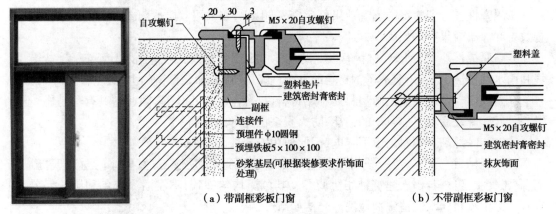

图 11.24　彩板门窗

（a）带副框彩板门窗　　　（b）不带副框彩板门窗

图 11.25　彩板门窗构造

（1）带副框的门窗

当外墙面为花岗石、大理石等贴面材料时,常采用带副框的门窗,以增加框的厚度。安装时,先用自攻螺钉将连接件固定在副框上,再用密封胶将洞口与副框及副框与窗樘之间的缝隙进行密封,见图 11.25(a)。

（2）不带副框的门窗

当外墙装修为普通粉刷时,常用不带副框的做法,即直接用膨胀螺钉将门窗樘子固定在墙上,门窗与墙体直接连接,见图 11.25(b)。

（3）彩板门窗型材成型

彩板门窗型材的成型绝大多数采用辊式冷弯成型,这是因为这种工艺生产效率高、成型精度高、大批量生产的成本低。

11.5 塑料门窗

塑料门窗较木窗和钢窗耐腐蚀,不需油漆维护保养;较铝合金和钢窗的隔热性、隔声性、密封性能好;外观绚丽多彩,可与各类建筑物相协调;使用塑料门窗能节省能源。

1）塑料门窗的性能特点

①抗风压强度佳。

②耐候性能佳。

③使用寿命长。是指经受烈日、暴雨、风雪、干燥、潮湿之侵袭而不变质、不脆化、性能不衰。

④保温隔热性能佳。热工性能与应用节能使 PVC 塑料窗显示出无比的优越性。

⑤气密性佳。塑料门窗加工精度高,框、扇搭接装配,各缝隙处均装有耐久性橡塑弹性密封条或毛刷条和阻风板,整窗气密性佳,防尘效果好。

⑥水密性佳。塑料门窗框材质吸水率小,框扇缝隙处均装有弹性密封条或阻风板,防空气渗透和雨水渗漏性能佳。PVC 塑料异型材为多腔室结构,设有独立的排水腔,并于窗框、扇适当位置开设排水槽孔,能将雨水和冷凝水有效地排出室外。

⑦隔音性佳。塑料窗的隔音效果可达 33～34 dB,如采用双层玻璃或中空玻璃结构,其隔音效果和保温效果更理想。

⑧耐腐蚀性。硬质 PVC 材料有极好的化学稳定性和耐腐蚀性,不受任何酸、碱、盐雾、废气和雨水的侵蚀,如选防腐不锈钢材料的五金件,其使用寿命是钢窗的 10 倍左右。

⑨防火性。硬质聚氯乙烯塑料属难燃材料,自燃温度为 450 ℃,因此它具有不易燃、不自燃、不助燃、燃烧后离火能自熄的性能,防火安全性比木门窗高。

⑩电绝缘性高。塑料门窗不导电,因此使用安全性高。

⑪外观精致。保养容易,塑料门窗型材表面细腻光滑,质感舒适,整体门窗造型挺拔秀丽,高雅气派,可与各档次建筑物相协调。又其色泽均匀一致,不需油漆着色和维护保养,如有脏污可用软布蘸水性清洗剂擦洗后光洁如新。

⑫综合性能好。PVC 塑料门窗兼具各种材质门窗之优点,能满足建筑使用要求,而且在节约能源、保护环境、改善居住热舒适条件等方面,是较为理想的可靠的建筑门窗。

2）塑料门窗型材

（1）型材的腔体结构

型材腔体型材有两腔、三腔或多腔结构(图 11.26),腔体越多,型材的保温、隔音的效果越好。

（2）型材壁厚

国产型材的可视面的壁厚一般在 2.5 mm 以下,进口型材可视面的壁厚一般在 2.5 mm

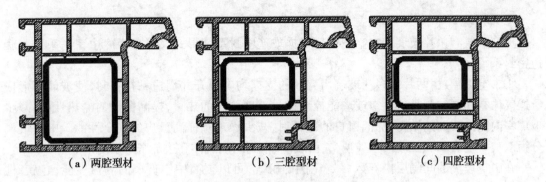

| (a) 两腔型材 | (b) 三腔型材 | (c) 四腔型材 |

图 11.26 塑料或塑钢型材的腔体结构

以上,锤击不易破裂,组装的门窗横平竖直不易变形,密封效果好。

(3)型材系列

型材根据宽度不同分为 50 系列、60 系列、70 系列等(图 11.27)。

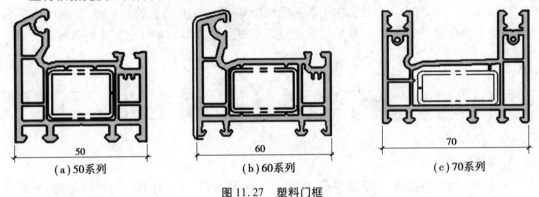

| (a) 50系列 | (b) 60系列 | (c) 70系列 |

图 11.27 塑料门框

3)塑钢门窗

型材内部添加了钢材衬里的塑料门窗被称为塑钢门窗。其特点是在塑料型材型腔内加入增强型钢,使型材的强度得到很大提高,具有抗震、耐风蚀效果。另外,型材的多腔结构和独立排水腔可使水无法进入增强型钢腔,从而避免型钢腐蚀,使门窗的使用寿命得到提高。

(1)安装

塑钢门窗框与洞口墙体之间应采用柔性连接,其间隙可用矿棉条、玻璃棉毡条分层、发泡聚氨酯填塞,缝隙两侧采用木方留 5~8 mm 的槽口,用防水密封材料嵌填、封严,见图 11.28 和图 11.29。

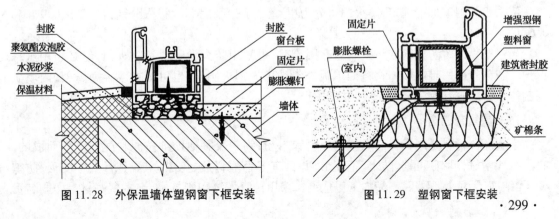

图 11.28 外保温墙体塑钢窗下框安装   图 11.29 塑钢窗下框安装

（2）玻璃

玻璃形式有单片玻璃和中空玻璃。根据玻璃密封系统形式又可分为冷边密封系统和暖边密封系统。

①中空玻璃：由两片或多片玻璃用有效的支撑均匀隔开并周边粘接密封，使玻璃间形成干燥气体空间层的制品。中空玻璃能控制通过玻璃传送的热量，提高窗户的隔热性能，减少玻璃室内侧内表面的结露，降低窗户的冷辐射，减少噪声及提高窗户的安全性能。中空玻璃分为双玻中空玻璃和三玻两空玻璃，它由玻璃、中间间隔气体和边部密封系统构成。

在中空玻璃的间隔层内充入一定比例的氩气，可以提高中空玻璃的隔热性能和隔音性能。普通白玻中空充入氩气，可以提高 5% 的隔热性能；Low-E（低辐射）中空可以提高15% ~ 25% 的隔热性能。

②玻璃的选择：玻璃要选择浮法玻璃，中空玻璃单块面积大于 1.5 m^2 需要做成安全玻璃。

我国制定了到 2020 年全社会建筑的总能耗能够达到节能 65% 的总目标，这对门窗保温的性能要求也提出了更高要求，目前只有三玻二空中空玻璃和 Low-E 中空玻璃能够满足门窗节能需要。

11.6 其他门窗

1）保温门窗

寒冷地区及冷库建筑，为了减少热损失，应做保温门窗。保温门窗设计的要点在于提高门窗的热阻，减少冷空气渗透量。因此室外温度低于零下 20 ℃或建筑标准要求较高时，保温窗可采用双层窗及中空玻璃保温窗；保温门采用拼板门和双层门芯板、门芯板间填以保温材料，如毛毡、玻璃纤维、矿棉等。

2）隔声门窗

录音室、电话会议室、播音室等，应采用隔声门窗。为了提高门窗隔声能力，除铲口及缝隙需特别处理外，可适当增加隔声的构造层次；避免刚性连接，以防止连接处固体传声，见图 11.32（a）；当采用双层玻璃时，应选用不同厚度的玻璃，见图 11.32（b）。

3）防火门窗

依据相关国家标准规定，防火门可分为甲、乙、丙三级，其耐火极限分别为 1.2 h、0.9 h 和 0.6 h。

当建筑物设置防火墙或防火门窗有困难时，可采用防火卷帘代替防火门，但必须用水幕保护。防火门可用难燃烧体材料如木板外包铁皮或钢板制作，也可用木或金属骨架，内填矿棉制作，还可用薄壁型钢骨架外包铁皮制作。

4）木塑复合门窗

木塑复合材料是用聚氯乙烯塑料原料和木粉、钙粉及其他助剂按原料配方混合而成的。它能替代木材，可钉、可锯、防水、不变形，并具有零甲醛释放、免漆、阻燃、防蛀、不变形、防霉变、无结疤、无色差、不开裂、易加工等优点。采用仿真木纹印刷技术，在木塑基材上印刷名贵

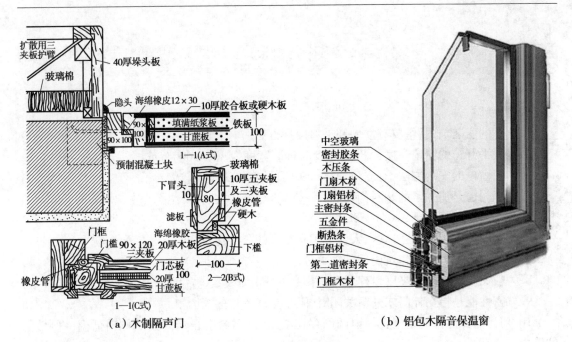

图 11.30　隔声门窗构造

树种的木纹后,色彩逼真、美观大方。木塑复合门板则是通过机械模具挤出成型的型材、再组装成门窗,见图 11.32。其安装方法同木门窗。

(a)木塑门窗型材

(b)木塑门窗效果

图 11.31　木塑复合门

复习思考题

1.门和窗在建筑中的作用是什么?

2.门和窗各有哪几种开启方式? 各适用于什么情况?

3.木门窗框的安装有哪两种方式? 各有什么特点?

4.简述铝合金门窗的安装及玻璃的固定方法。

5.铝合金门窗框与墙体之间的缝隙如何处理?

6.门窗节能的途径有哪些?

习 题

一、判断题

1. 窗框的安装位置,主要有立中和平口两种方法。（　　）

2. 一般平开窗的窗扇高度为 800～1 500 mm,宽度为 400～600 mm。（　　）

3. 木门窗框的安装方法,有立口和塞口法两种,立口法施工较简单。（　　）

4. 塑钢门窗是加强了的塑料门窗。（　　）

5. 门洞一般不宜大于 3.0 m×3.0 m。（　　）

6. 旋转门一般用于严寒地区、人流量不是很多的公共建筑。（　　）

7. 钢卷帘门也可用于建筑内部的防火分区。（　　）

8. 一般民用建筑门的高度以建筑基本模数的 3M 为模数,宽度以 1M 为模数。（　　）

9. 气密性能是指在外门或外窗关闭时,阻止空气渗透的能力。（　　）

10. 门窗的保温性能是指在门窗两侧存在温差时,门窗阻止从高温一侧向低温一侧传热的能力。（　　）

11. 彩板门窗又称为彩色涂层钢板门窗,型材是由冷轧镀锌钢板制作的。（　　）

12. 型材内部添加了钢材衬里的塑料门窗称为塑钢门窗。（　　）

13. 铝合金门窗的气密性、水密性、隔声性、隔热性都较钢、木门窗好。（　　）

14. 保温窗的玻璃种类直接影响节能效果,采用安全玻璃较好。（　　）

15. 门扇安装了闭门器后,可以不用铰链。（　　）

二、选择题

1. 居住建筑中,使用最广泛的木门为（　　）。

A. 推拉门　　　　B. 弹簧门　　　　C. 转门　　　　D. 平开门

2. 在住宅建筑中,无亮子木门的门洞高度不低于（　　）mm。

A.1 600　　　　B.1 800　　　　C.2 100　　　　D.2 400

3. 疏散用楼梯的门应开向（　　）。

A. 地下室　　　B. 螺旋形楼梯　　　C. 室内　　　　D. 疏散方向

4. 木门框的安装有（　　）和（　　）两种形式。

A. 多框法　　　B. 塞口法　　　C. 分框法

D. 立口法　　　E. 叠合框法

5. 一般房间门的洞口宽度最小为（　　）mm,厨房、厕所等辅助房间门洞的宽最小为（　　）mm。

A.1 000　　　B.900　　　C.700　　　D.600

6. 门窗能耗约占建筑物能耗的（　　）左右。

A.30%　　　B.40%　　　C.50%　　　D.60%

7. 以下属于建筑五金的是（　　）。

A. 插座和插销　　B. 螺丝和拉链　　C. 覆膜和拉手　　D. 闭门器和铰链

8. 只有以下的（　　）可以作为安全疏散门。

A. 旋转门　　　B. 感应门　　　　C. 平开门　　　　D. 卷帘门

9. 立转窗的优点是(　　)。

A. 采光好　　　B. 通风好　　　　C. 防视线干扰　　D. 水密性好

10. 门窗的气密性能主要是指(　　)。

A. 防水性能　　B. 保温性能　　　C. 抗风压性能　　D. 阻隔气流的性能

三、填空题

1. 现代建筑门窗大致可分为木门窗时代、_____、铝门窗时代、_____。

2. 门窗应能抗风压、阻止冷风和雨水渗透、_____、隔热、_____、采光等。

3. 平开门是依靠铰链轴或辅以_____来转动开合,弹簧门是依靠侧边弹簧铰链或_____转动开合。

4. 转门对隔离室内外空气有一定的作用,可作为_____地区、空调建筑且人流量不是很大的_____的外门。

5. 卷帘门常用于不经常开关的商业建筑,钢卷帘门也常作为建筑内部_____的设施,但其_____应满足要求。

6. 窗的形式按其开启方式分为固定窗、平开窗、_____、立转窗、_____等。

7. 悬窗根据铰链和转轴位置的不同,可分为_____、中悬窗和_____。

8. 一般平开窗的窗扇高度为_____,宽度为_____。

9. 如果门窗隔热系数不佳,就会引起空调制冷_____和室内_____。

10. 门窗隔绝噪声的能力分为_____,一般把隔声量在_____以上的门窗称为隔声门窗。

11. 立口的方法是在墙体砌筑之前先将门框或_____立起后再_____的方法。

12. 镶板门的门扇由骨架和门芯板组成,骨架包括_____、下冒头及_____。

13. 窗框在墙洞中的安装位置一般有窗框内平、_____和_____。

14. 铝合金门窗常用系列有_____、60、_____、80 和_____系列。

15. 塑钢门窗的特点是在_____型材内加入增强_____,使型材的_____得到提高,具有抗震、耐风蚀效果。

四、简答题

1. 试列举外墙门窗应该具备的 3 种主要性能。

2. 提高门窗的保温性能主要有哪些途径?

3. 气密性高的门窗有哪些优点? 为什么?

4. 什么是塞口和立口的安装方法?

5. 门窗的贴脸板主要是做什么用的?

6. 金属门窗框是如何安装牢固在建筑上的?

7. 隔声门窗的标准是什么?

8. 为什么南方少见旋转门?

五、作图题

1. 将一个别墅建筑施工图中底层所有的原有门窗,改为同样大小和开启方式的塑钢门窗,并在图中标明代号。

2. 抄绘图立口法和塞口法安装木门框的示意图。

12

特殊构造

[本章导读]

本章较为系统地介绍建筑变形缝的构造、设备管线与建筑的关系、建筑节能构造、建筑特殊部位防水防潮构造、围护结构的隔声处理以及电磁屏蔽等特殊构造。其中的构造原理,可以推广至其他部位。通过本章学习,应熟悉变形缝的作用、构造原理和构造方法;熟悉设备管道穿越基础、墙体、楼板和屋面的构造措施;了解建筑的电磁屏蔽原理和构造措施;了解隔声原理和相关构造。应了解阳台的形式和结构类型;熟悉阳台的用途;熟悉阳台的组成和细部构造;了解雨篷的类型和结构;熟悉雨篷的细部构造;熟悉阳台和雨篷的排水方式和相关构造。

12.1 建筑的变形缝体系

12.1.1 变形缝的作用和分类

建筑及其构件会受温度变化、地基不均匀沉降和地震等因素的影响,使结构内部产生应力和变形,导致自身损坏。所以在设计时,应将存在这种隐患的建筑物用垂直的缝分成几个单独的部分,使其能够各自独立地位移或变形而不相互干扰,这种缝称为变形缝。建筑的变形缝包括温度伸缩缝、沉降缝和抗震缝。

12.1.2　变形缝的设置

1)伸缩缝

为避免建筑物因受温度影响而热胀冷缩,导致自身损坏,当其过长、平面变化较多或结构类型变化较大时,应沿其长度方向每隔一定距离或在结构变化较大处,从基础以上至屋顶预留出一个缝隙,称为伸缩缝。而建筑的基础因深置于地下,受温度影响较小,一般不设。

（1）伸缩缝的最大间距

伸缩缝的最大间距,视建筑的结构不同而定,见表 12.1、表 12.2。

表 12.1　砌体房屋伸缩缝的最大距离

屋盖和楼盖类别		间距/m
整配式或装配整体式钢筋混凝土结构	有保温层或隔热层的屋盖、楼盖	50
	无保温层或隔热层的屋盖、楼盖	40
整配式无檩体系钢筋混凝土结构	有保温层或隔热层的屋盖、楼盖	60
	无保温层或隔热层的屋盖、楼盖	50
整配式有檩体系钢筋混凝土结构	有保温层或隔热层的屋盖、楼盖	75
	无保温层或隔热层的屋盖、楼盖	60
瓦材屋盖、木屋盖或楼盖、轻钢屋盖		100

注:摘自《砌体结构设计规范》(GB 50003—2001)。

表 12.2　钢筋混凝土结构伸缩缝的最大距离

结　　构	类　别	室内或土中/m	露天/m
排架结构	装配式	100	70
框架结构	装配式	75	50
	现浇式	55	35
剪力墙结构	装配式	65	40
	现浇式	45	30
挡土墙及地下室墙壁等类结构	装配式	40	30
	现浇式	30	20

注:摘自《混凝土结构设计规范》(GB 50010—2010)。

（2）伸缩缝设置方案

①砖混结构:砖混结构的墙和楼板及屋顶结构布置可采用单墙承重或双墙承重方案,详见图 12.1(a)。

②框架结构:框架结构的伸缩缝结构一般采用框架悬臂梁方案[图 12.1(b)]、框架双柱方式[图 12.1(c)],但施工较复杂。

③伸缩缝宽度:一般为 20～30mm。

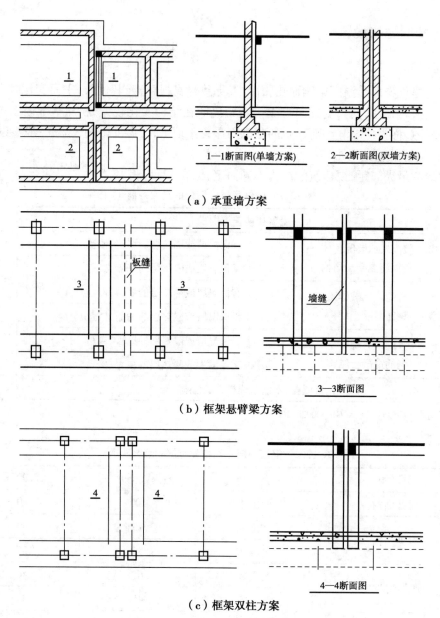

1—1断面图(单墙方案)　　2—2断面图(双墙方案)

（a）承重墙方案

板缝

墙缝

3—3断面图

（b）框架悬臂梁方案

4—4断面图

（c）框架双柱方案

图 12.1　建筑伸缩缝的设置方式

2)沉降缝

沉降缝是为预防建筑各部分因不均匀沉降引起自身破坏而设置的。

（1）沉降缝设置部位

根据《建筑地基基础设计规范》（GB 50007—2011）规定,建筑物的下列部位,宜设置沉降缝。

①建筑平面的转折部位,见图 12.2(b)。

②高度差异或荷载差异处,见图 12.2(a)。

③长高比过大的砌体承重结构或钢筋混凝土框架结构的适当部位。

④地基土的压缩性有显著差异处。

⑤建筑结构或基础类型不同处。

⑥分期建造房屋的交界处,见图 12.2(c)。

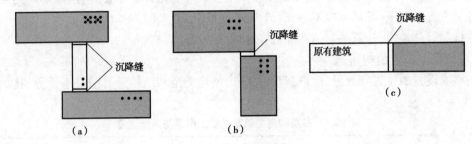

图 12.2　沉降缝设置部位

(2)沉降缝设置措施

设置沉降缝时,建筑从基础到屋面在垂直方向全部断开,使缝两侧成为可以垂直自由沉降的独立单元。其常用设置方案,见图 12.3。

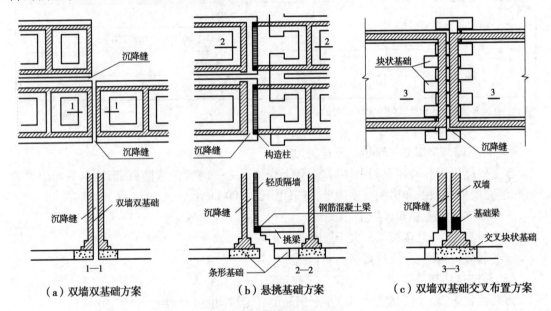

图 12.3　沉降缝设置方案

(3)沉降缝设置宽度

沉降缝设置宽度,见表 12.3。

表 12.3　房屋沉降缝的宽度

房屋层数	沉降缝宽度/mm
二~三层	50~80
四~五层	80~120
五层以上	不小于 120

注:摘自《建筑地基基础设计规范》(GB 50007—2011)。

3)防震缝设置及宽度要求

在地震烈度6°及其以上抗震设防地区,建筑应在必要的部位设置防震缝。从基础以上到屋顶的缝两侧,应布置双墙或双柱,使造型复杂的建筑分为形体简单、结构刚度均匀的几个独立部分。一般情况下,基础可以不分开,但当建筑物平面复杂时例外。

在抗震设防地区,建筑的伸缩缝和沉降缝均应做成防震缝。

（1）钢筋混凝土结构建筑

防震缝设置的位置和数量,应根据设计条件、结构类型和结构计算结果来设置,其宽度见表12.4。

表 12.4   多层和高层钢筋混凝土房屋防震缝宽度

序号	房屋结构类型	建筑物高度/m	缝宽/mm
1	框架结构	≤15	≥100 mm
2		>15	6、7、8、9 度设防,高度每增加 5,4,3,2 m,缝宽分别增加 20 mm
3	框架 + 抗震墙结构	≤15	≥100 mm
4		>15	≥序号 2 的 70%,且 ≥100 mm
5	抗震墙结构	≤15	≥100 mm
6		>15	≥序号 2 的 50%,且 ≥100 mm

注:摘自《建筑抗震设计规范》(GB 50011—2010)。

（2）多层砌体房屋和底部框架砌体房屋

多层砌体房屋和底部框架砌体房屋,有下列情况之一时宜设置防震缝,缝两侧均应设置墙体,缝宽应根据烈度和房屋高度确定,可采用 70 ~ 100 mm:

①房屋立面高差在 6 m 以上。

②房屋有错层,且楼板高差大于层高的1/4。

③各部分机构刚度、质量截然不同。

（3）钢结构房屋

需要设置防震缝时,其宽度不应小于钢筋混凝土结构的 1.5 倍。

12.1.3   变形缝构造做法

变形缝的构造做法,有传统的现场制作方法,例如采用弹性材料填充和封缝;还有就是采用成品的封缝构件现场安装的方法,其工效和质量更高。

1)室外地面垫层变形缝

室外地面采用混凝土垫层时,应设置伸缝,其间距一般为 30 m,宽度为 20 ~ 30 mm,上下贯通。缝内填嵌沥青类材料时,伸缝构造见图 12.4(a)。当沿缝两侧垫层板边加肋时,应做成加肋板伸缝,伸缝构造见图 12.4(b)。变形缝内清理干净后,一般填以柔性密封材料,可先用沥青麻丝填实,再以沥青胶结料或泡沫塑料填嵌,见图 12.4(c),后用钢板、硬聚氯乙烯塑料板、铝合金板等封盖,并应与面层齐平。

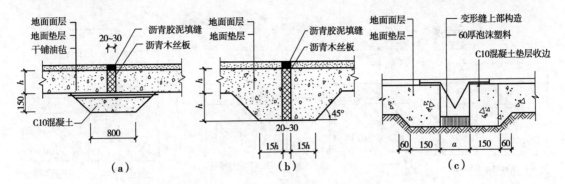

图 12.4　室外地面垫层伸缩缝构造

2）室内地面垫层的变形缝

室内底层地面垫层的变形缝,应按伸缝、缩缝与沉降缝分别设置。根据《建筑地面工程施工质量验收规范》(GB 50209—2010)的规定,"室内地面的水泥混凝土垫层和陶粒混凝土垫层,应设置纵向缩缝和横向缩缝;纵向、横向缩缝均不得大于6 m",其具体要求有:

①伸缩缝的构造宜采用平头缝,见图 12.5(a)。当混凝土垫层板边加肋时,应采用加肋板平头缝,见图 12.5(b)。当混凝土垫层厚度大于 150 mm 时,可采用企口缝,见图 12.5(c)。

②横向缩缝的构造应采用假缝,见图 12.5(d)。施工在浇筑混凝土时,将预制的木条埋设在混凝土中,并在混凝土终凝前取出;也可在混凝土强度达到要求后用切割机割缝。假缝的宽度宜为 5～20 mm,缝的深度宜为混凝土垫层厚度的 1/3,缝内填水泥砂浆材料。

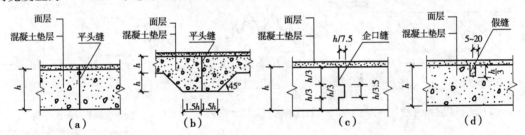

图 12.5　室内地面垫层伸缩缝

3）楼地面变形缝

楼地面变形缝,其设置的位置和大小应与墙面、屋面变形缝一致,构造上要求从基层到饰面层脱开。可用传统做法,例如用沥青麻丝、嵌缝油膏等弹性材料填充[图 12.6(a)和(c)],上铺活动盖板、金属薄片或橡皮条等[图 12.6(b)],金属调节片要做防锈处理,盖缝板形式和色彩应和室内装修协调;或采用成品封缝构件现场安装的方法,特别是在楼层,见图 12.7。楼地面与墙面相交阴角处的变形缝原理一样,见图 12.7(d)、(e)和(f)。

4）墙(柱)处变形缝构造

墙体伸缩缝一般做成平缝、错口缝和凹凸缝等截面形式,见图 12.8。外墙主要考虑防风雨侵入并注意美观,内墙以美观和防火为主。

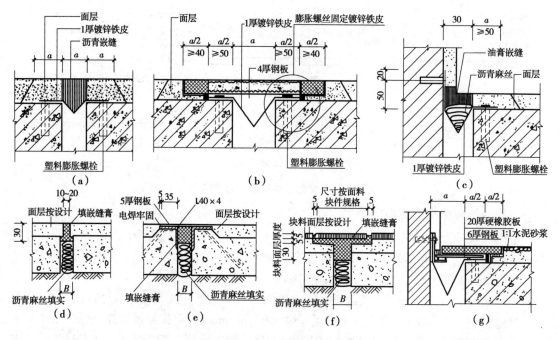

图 12.6 楼地面变形缝传统做法

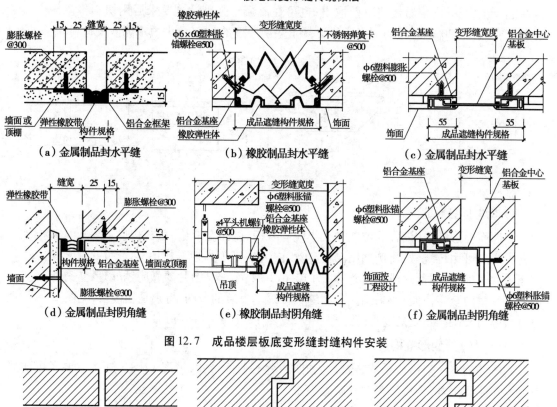

图 12.7 成品楼层板底变形缝封缝构件安装

（a）平缝　　　　　　　（b）错口缝　　　　　　　（c）凹凸缝

图 12.8 砖墙伸缩缝砌筑

（1）外墙（柱）变形缝构造

变形缝外墙一侧可用传统做法，以沥青麻丝、泡沫、塑料条等有弹性的防水材料填缝，当缝较宽时，缝口可用镀锌铁皮、彩色薄钢板等材料做盖缝处理，见图12.9；或采用成品构件封缝，见图12.10。

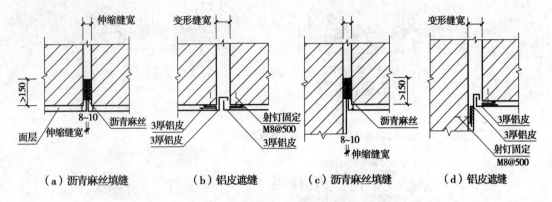

图 12.9　外墙变形缝传统做法

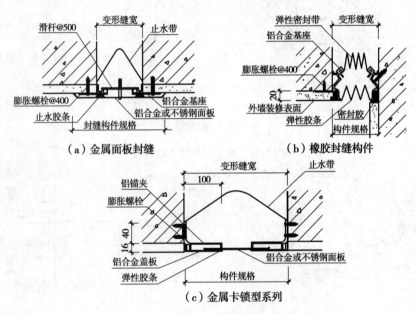

图 12.10　成品外墙变形缝封缝构件安装

（2）内墙（柱）处变形缝构造

内墙面变形缝的处理，同楼地面一样，可采用传统做法（图12.11）或成品构件封缝（图12.12）。内墙伸缩缝的处理，随室内装修不同而异，可选用木条、木板、塑料板、金属板等盖缝。可能影响防火分区设置的部位，需设置符合要求的阻火带（图12.12）。

5）屋面变形缝

屋顶变形缝的位置与楼层一致，需在缝两边做泛水并盖缝。可上人屋面，用防水油膏嵌缝并做好泛水处理。变形缝有传统的现场制作和成品封缝构件现场安装两种。

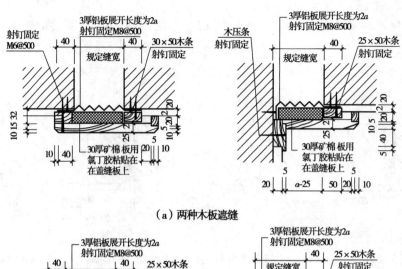

（a）两种木板遮缝

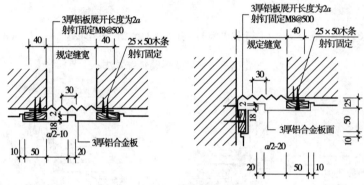

（b）两种铝板遮缝

图 12.11　内墙变形缝传统做法

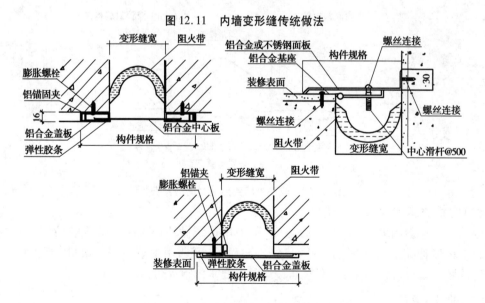

图 12.12　成品内墙变形缝封缝构件安装

①传统做法,见图 12.13。

②成品屋面封缝构件安装,见图 12.14。

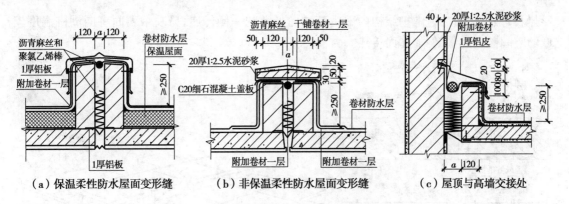

（a）保温柔性防水屋面变形缝　　（b）非保温柔性防水屋面变形缝　　（c）屋顶与高墙交接处

图 12.13　卷材或薄膜防水屋面变形缝传统做法

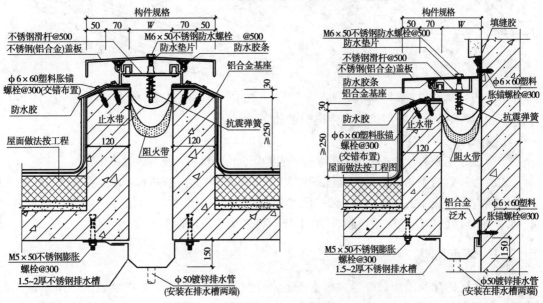

图 12.14　成品屋面变形缝封缝构件安装

12.2　建筑外围护结构隔热构造

12.2.1　隔热的有效方法及原理

建筑保温、隔热的基本目标是保证室内的热环境质量,同时满足建筑节能。建筑隔热主要是南方地区在夏季阻止热量进入室内的措施。

（1）热传递的基本方式

①热传导:固体内部高温处的分子向低温处的分子连续不断地传送热能。

②热对流:流体(如空气或液体)中温度不同的各部分相对运动而传递热量。

③热辐射:温度较高物质以辐射波方式传递热能,如阳光。

如图 12.15 所示,建筑外围护结构的传热原理为:某个表面通过辐射传热及环境的对流导热获得热量,然后在围护结构内部由高温向低温的一侧传递,另一个表面将向周围温度较低的空间散发热量,例如屋面传热。

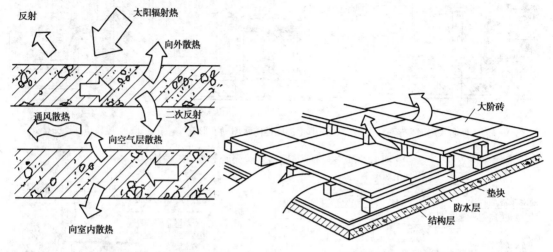

图 12.15　通风隔热原理示意图　　　　图 12.16　架空通风隔热原理示意图

(2)减少热量通过外围护结构传递的途径

①减少外围护结构的表面积。

②选用导热系数较小的材料(孔隙多、密度小的轻质材料)来做外围护构件。

③最为有效的隔热方法是使外围护结构表面带走一部分热量,减低传至室内的温度,例如采用架空板隔热屋面、"平改坡"架空隔热屋面、蓄水屋面和种植屋面等。外墙也是隔热的重点,其中常用的做法如使用镀膜玻璃、干挂石材形成通风墙面等。

12.2.2　屋面隔热

南方地区的建筑屋面最好通过构造措施来降温和隔热,其基本原理是减少作用于屋顶表面的太阳辐射热。可选的构造做法有屋顶间层通风隔热、屋顶蓄水隔热、屋顶植被隔热和屋顶反射阳光隔热。其他如平屋顶改坡屋顶、采用镀膜玻璃和铝箔防水卷材隔热屋面等,也有较好的效果。

屋顶通风隔热常用两种方式:在屋面上做架空通风隔热层,或利用吊顶、顶棚做通风间层。

(1)架空通风隔热层

在屋顶设置架空通风间层,可使其上层表面遮挡阳光辐射,同时利用风压和热压作用把间层中的热空气带走,使通过屋面板传入室内的热量大为减少,从而降低室温,见图 12.16 。

(2)阁楼或顶棚通风隔热

如图 12.17 所示,利用阁楼或顶棚与屋面间的吊顶空间设置通风隔热层,可起到与架空通风层同样的作用。这种方法应设置足够的通风孔,使顶棚内的空气能迅速流通。平屋顶的通风孔常设在外墙上;坡屋顶的通风孔常设在挑檐顶棚处、檐口外墙处和山墙上部。顶棚通风层应有足够的高度,仅作通风隔热用的空间净高为 500 mm 左右。

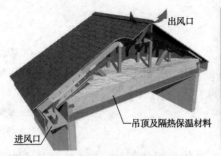 

（a）利用阁楼做通风隔热层　　　　　　（b）利用吊顶空间做通风隔热层

图 12.17　利用阁楼或吊顶空间做通风隔热层

（3）蓄水隔热

蓄水隔热屋面利用水的蒸发将热量带走,起到屋面隔热的作用。水还能使混凝土池壁长期处于养护状态以延长其使用年限。但蓄水屋面不宜用于寒冷地区、地震地区和振动较大的建筑物。

12.2.3　内外墙隔热

影响外墙隔热性能的因素主要有:建筑物的体形系数、窗墙面积比、屋面和外墙的传热系数。设计应注意采取以下措施:

①尽量减少建筑物的体形系数。体形系数是指建筑物接触室外大气的外表面积与其包围的体积之比,体形系数越大,则耗能越高。

②选择适当的窗墙面积比,采用传热系数小的窗户(如中空玻璃塑料窗、断热桥的铝合金中空窗),解决好东西向外窗的遮阳问题等。节能建筑不宜设置凸窗和转角窗。

③尽量减小屋面和外墙的传热系数。目前大多数建筑都要采取外墙外保温措施才能达到节能标准。

④采用浅色饰面层材料反射阳光,也可增强外墙和屋面的夏季隔热能力,例如采用铝箔材料用于屋面以防热辐射,采用隔热漆饰面等。从特性原理分类,隔热漆主要分为两类:一是隔绝传导型,其热传导率极低,使热能传导几乎隔绝,从而将温差环境隔离;二是反射热光型,对红外线和热性可见光(太阳光线产生热量的主要部分)能有效反射。

⑤热桥阻断技术。热桥是热量传递的捷径,会造成大量热能传递,常见的热桥部位见图 12.18。在设计施工时,应当对门窗洞、阳台板、圈梁及构造柱等部位采取构造措施,将其热桥阻断,以达到较好的节能效果。

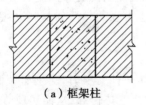 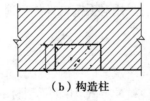 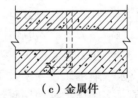

（a）框架柱　　　　　　　（b）构造柱　　　　　　　（c）金属件

图 12.18　常见热桥部位

12.2.4 门窗隔热

衡量建筑门窗是否节能应该主要考虑三个要素,即热量的流失(热量的交换)、热量的对流以及热量的传导和辐射。门窗的能耗占建筑能耗的49%左右,是建筑物保温最薄弱的部位。因此,提高门窗的保温性能,是降低建筑物能耗的主要途径。

门窗隔热主要采取以下两种措施。

(1)选择适宜的窗墙比

建筑外窗传热系数通常比墙体大很多(表12.5),因此建筑物的冷、热耗量与其面积比成正比。如果要节能,窗墙比越小越好,但太小会影响采光、通风和太阳能的利用。设计应根据建筑所处的地区、建筑的类型、使用功能和门窗方位等来选择适宜的窗墙比,既能满足建筑造型的需要,又能节省能源。

表 12.5   建筑外门窗的传热系数和遮阳系数

类型		建筑户门外窗及阳台门名称及类型	传热系数	遮阳(遮蔽)系数
门		多功能户门(具有保温、隔声和防盗功能)	1.5	
		夹板门或蜂窝板门	2.5	
		双层玻璃门	2.5	
窗	铝合金	普通单层玻璃窗	6~6.5	0.8~0.9
		单框普通中空玻璃窗	3.6~4.2	0.75~0.85
		单框低辐射中空玻璃窗	2.7~3.4	0.4~0.44
		双层普通玻璃窗	3.0	0.75~0.85
	断热铝合金	单框普通中空玻璃窗	3.3~3.5	0.75~0.85
		单框低辐射中空玻璃窗	2.3~3.0	0.4~0.55
	塑料	普通单层玻璃窗	4.5~4.9	0.8~0.9
		单框普通中空玻璃窗	2.7~3.0	0.75~0.85
		单框低辐射中空玻璃窗	2.0~2.4	0.4~0.55
		双层普通玻璃窗	2.3	0.75~0.85

(2)加强门窗的隔热性能

提高门窗的隔热性能主要有4个途径:采用合理的建筑外遮阳、设计挑檐、遮阳板、活动遮阳等;选择遮蔽系数合适的玻璃;采用对太阳红外线反射能力强的热反射材料贴膜;提高门窗的气密性。

(3)型材的设计与选择

型材及玻璃的热传导系数不同决定了门窗的能耗。选择一种材料时,对型材截面的设计非常重要。多腔体型材使用隔绝冷桥的方式,阻止了型材的快速热传导,从而实现节能。

(4)玻璃的选择

为保证建筑门窗的节能,还需根据具体需求,选择具有相应的传热系数和隔热系数的玻璃。

(5)五金配件

节能门窗应选择锁闭良好的多点锁系统,以保证门在受风压的作用下,扇、框变形同步,并有效保证密封材料的合理配合,使密封胶条能随时保持在受压力的状态下有良好的密封性能。

12.3 建筑保温

建筑保温,主要是指北方地区或严寒地区在冬季防止热量传出室外的措施。

在寒冷的地区的建筑或装有空调设备的建筑中,热量会通过建筑的外围护结构(外墙、门、窗、屋顶等)向外传递,使室内温度降低,造成热的损失。因此,外围护结构所采用的建筑材料必须具有保温性能,以保持室内适宜的环境,减少能量消耗。

12.3.1 建筑保温对材料的要求

建筑常用保温材料有以下几种:

①板材:憎水性水泥膨胀珍珠岩保温板、发泡聚苯乙烯保温板、挤塑型(或称挤压型)聚苯乙烯保温板、硬质和半硬质的玻璃棉或岩棉保温板等。

②块材:水泥聚苯空心砌块等。

③卷材:玻璃棉毡、岩棉毡等。

④散料:膨胀蛭石、膨胀珍珠岩、发泡聚苯乙烯颗粒等。

12.3.2 建筑保温细部构造

(1)屋顶的保温

屋顶保温层的位置如下:

①保温层设在结构层与防水层之间。这是较常用的一种做法,构造简单。为防止结露影响保温层,应当在保温层下设置隔汽层。

②保温层设置在防水层上面,即所谓"倒置式保温屋面",其构造层次为保温层、防水层、结构层。这种屋面使用憎水材料作为保温层(如聚苯乙烯泡沫塑料板或聚氯酯泡沫塑料板),并在保温层上加设钢筋混凝土、卵石、砖等较重的覆盖层。

③保温层与结构层结合。主要有两种做法:一种是在钢筋混凝土槽形板内设置保温层;另一种是将保温材料与结构融为一体,如配筋加气混凝土板。这些做法使屋面板同时具备结构层和保温层的双重功能,工序简化,还可降低建造成本。

④坡屋顶的保温层的做法与平屋顶相似,保温层既可以设在屋顶结构层以上,也可以设在其下。

(2)建筑外墙保温

建筑外墙的保温层设置有外保温、内保温和墙中间设置保温层3种方案,详见图12.19,其各自特点分别如下:

①外墙内保温:将保温材料置于外墙体的内侧,其构造见图12.20。其优点是做法简单、造价较低,但是在热桥的处理上容易出现局部结露和较多能耗,近年来在我国的应用减少,但

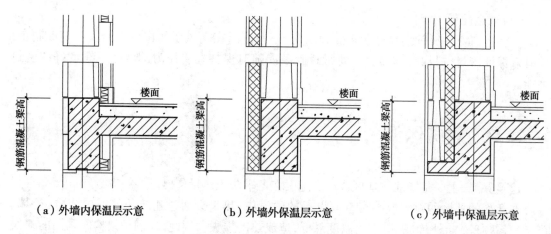

（a）外墙内保温层示意　　　（b）外墙外保温层示意　　　（c）外墙中保温层示意

图 12.19　外墙保温层设置部位

在我国的夏热冬冷和夏热冬暖地区,以及旧房改造中,还是有很大的应用潜力。

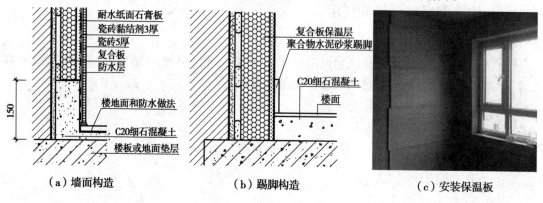

（a）墙面构造　　　　　　（b）踢脚构造　　　　　　（c）安装保温板

图 12.20　外墙内保温构造

②外墙外保温:将保温材料置于外墙体的外侧,其构造见图 12.21。其优点是基本上可以消除建筑物各个部位的热桥和冷桥效应,还可在一定程度上阻止风霜雨雪等的侵袭和温度变化的影响,保护墙体和结构构件,是目前采用最多的方法,而且它既适用于北方需冬季采暖的建筑,也适用于南方需夏季隔热的空调建筑。

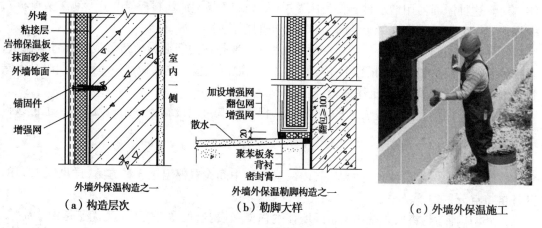

外墙外保温构造之一　　　　外墙外保温勒脚构造之一
（a）构造层次　　　　　　（b）勒脚大样　　　　　　（c）外墙外保温施工

图 12.21　外墙外保温

③外墙中保温层:将保温材料置于外墙的内、外侧墙片之间,内、外侧墙片可采用混凝土空心砌块。其优点是对内侧墙片和保温材料形成有效的保护,对保温材料的选材要求不高,聚苯乙烯、玻璃棉以及脲醛现场浇注材料等均可使用;对施工季节和施工条件的要求也不高,可以在冬期施工。缺点是与传统墙体相比偏厚,构造较传统墙体复杂,外围护结构的"热桥"较多。在地震区,由于建筑中圈梁和构造柱的设置,使得热桥更多,保温材料的效率得不到充分的发挥;且外侧墙片受室外气候影响大,昼夜温差和冬夏温差大时容易造成墙体开裂和雨水渗漏。外墙中保温层构造见图 12.20(c)。

总之,建筑的隔热或保温措施都能降低能耗,但保温的主要效果是延缓室外高温进入室内的时间,减缓温度的急剧变化,而不能像隔热措施那样,将大量热量阻止于外墙和屋面的表面并带走。从这个意义上说,建筑的隔热和保温是有区别的。

(3)楼地层的保温

①地坪层保温。设保温层可以减少能耗和降低温差,对防潮也能起一定作用。保温层常用两种做法:一种是在地下水位较高的地区,在面层与混凝土垫层间设保温层,例如满铺或在距外墙内侧 2 m 范围内铺 30~50 mm 厚的聚苯乙烯板,并在保温层下做防水层;另一种是在地下水位低、土壤较干燥的地区,可在垫层下铺一层 1:3 水泥炉渣或其他工业废料做保温层,见图 12.22。

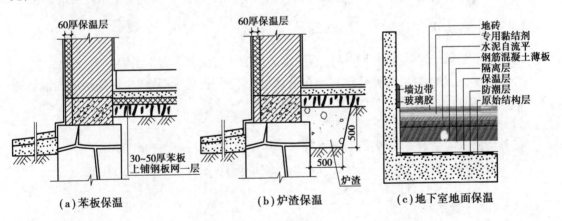

(a)苯板保温   (b)炉渣保温   (c)地下室地面保温

图 12.22 地坪层的保温

②楼板层的保温。在寒冷地区,对于悬挑出去的楼板层或建筑物的门洞上部楼板、封闭阳台的底板、上下温差大的楼板等处需做好保温处理:一种方法是在楼板层上面设保温材料,可采用高密度苯板、膨胀珍珠岩制品、轻骨料混凝土等[图 12.23(a)];另一种是在楼板层下面做保温处理,将保温层与楼板层浇筑在一起,然后再抹灰,或将高密度聚苯板粘贴于挑出部分的楼板层下面作吊顶处理[图 12.23(b)]。

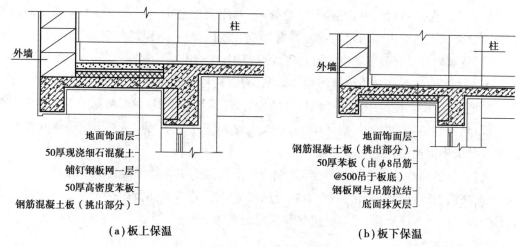

地面饰面层
50厚现浇细石混凝土
铺钉钢板网一层
50厚高密度苯板
钢筋混凝土板（挑出部分）

（a）板上保温

地面饰面层
钢筋混凝土板（挑出部分）
50厚苯板（由φ8吊筋@500吊于板底）
钢板网与吊筋拉结
底面抹灰层

（b）板下保温

图12.23　悬挑楼板的保温处理

12.4　建筑特殊部位防水、防潮

建筑物防水防潮的重点部位是屋面、外墙、地下室、用水房间和其他会受水侵袭的部位。

12.4.1　外墙防水

外墙防水是保证建筑物内部和结构不受水的侵蚀的一项分部防水工程。

外墙防水工程的目的，是使建筑物能在设计耐久年限内，免受雨水、生活用水的渗漏和地下水的侵蚀，确保建筑结构、内部空间不受污损。

（1）外墙墙体防水构造要求

①外墙防水的砌筑要求：砌筑时避免外墙墙体重缝、透光，砂浆灰缝应均匀；

②应封堵墙身的各种孔洞，不平整处用水泥砂浆找平，如遇太厚处，应分层找平；

③面层采用防渗性好的材料装修。

（2）外墙墙面防水

外墙防水实例详见图12.24。

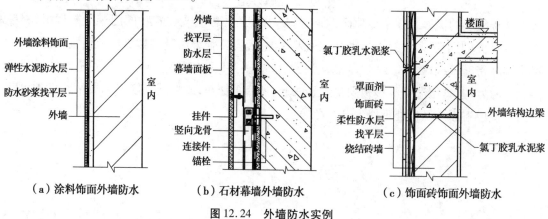

外墙涂料饰面
弹性水泥防水层
防水砂浆找平层
外墙
室内

（a）涂料饰面外墙防水

外墙
找平层
防水层
幕墙面板
挂件
竖向龙骨
连接件
锚栓
室内

（b）石材幕墙外墙防水

氯丁胶乳水泥浆
罩面剂
饰面砖
柔性防水层
找平层
烧结砖墙
楼面
室内
外墙结构边梁
氯丁胶乳水泥浆

（c）饰面砖饰面外墙防水

图12.24　外墙防水实例

12.4.2 门窗防水

门窗防水的重点是缝隙的密闭要好。外墙窗框固定好后,需用聚合物防水砂浆对窗框周边进行塞缝,塞缝要压实、饱满,绝不能有透光现象出现。门窗安装、粉饰成型后,要进行成品保护,不能被破坏。

12.4.3 楼地层防潮、防水

(1)地坪层防潮

底层地面直接与土壤接触,土壤中的水在毛细作用下进入室内,房间湿度会增大,从而影响房间的温湿状况和卫生状况,影响结构的耐久性、美观和人体健康,应进行防潮处理。

地坪层的垫层一般采用 C10 混凝土即可;有较高要求时,应在混凝土垫层与地面面层之间,铺设热沥青或防水涂料形成防潮层,以防止潮气上升到地面,如图 12.25 所示。

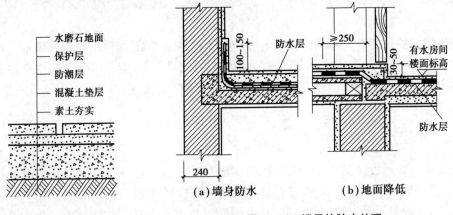

图 12.25 地面的防潮   图 12.26 楼层的防水处理

(2)楼地面防水

用水频繁和容易积水的房间(如卫生间、厨房、实验室等),应做好楼地面的排水和防水。地面应设地漏,并用细石混凝土从四周向地漏找 0.5% ~1% 的坡;为防积水外溢,地面应比其他房间或走道低 30 ~50 mm,或在门口设 20 ~30 mm 高的门槛。

这类房间宜采用现浇钢筋混凝土楼板,采用水泥砂浆地面、水磨石地面或贴缸砖、瓷砖、陶瓷锦砖等防水性能好的面层,还可在楼板结构层与面层之间设置一道防水层(常用防水卷材、防水砂浆和防水涂料等),防水层应沿四周墙面向上延伸≥150 mm,门口处,防水层应向外延伸 250 mm 以上(图 12.26)。

管道穿过楼板处常采用现浇楼板,并预留孔洞。安装管道时,为防止产生渗漏,一般采用两种处理方法:当穿管为冷水管时,可在穿管的四周用 C20 的干硬性细石混凝土振捣密实,再用卷材或防水涂料作密封处理[图 12.27(a)];当穿管为热力管道时,要在管道外加一个钢制套管,以防止因热胀冷缩变形而引起立管周围混凝土开裂,套管至少应高出地面 30 mm,穿管与套管之间应填塞弹性防水材料[图 12.27(b)]。

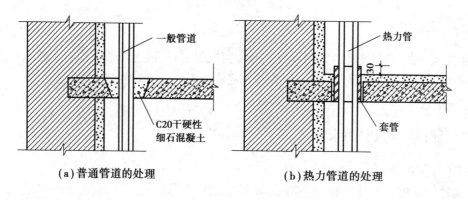

（a）普通管道的处理　　　　　（b）热力管道的处理

图 12.27　管道穿楼板的处理

12.5　建筑隔声构造

建筑隔声的目的是阻止环境噪声干扰,为人们的生活和工作提供安静的环境。声能的传递是借助固体、气体和液体等媒介,通过振动波的方式进行的,建筑隔声就是阻隔声能在空气和固体中的这种传递,其主要途径是增强门窗和隔墙的密闭性,削弱固体(包括门窗)的振动传声。

12.5.1　单层墙隔声

单层隔声墙是板状或墙状的隔声构件,墙的单位面积质量越大,隔声效果越好。对于低频声(小于 500 Hz),隔声效果与隔墙的刚度有关,频率越高,刚度应该越低;对于中频(500 Hz),一般采用阻尼构件(如在钢板上刷沥青);对于高频声(大于 500 Hz),可加大墙的质量来隔绝。

12.5.2　多层墙的隔声特性

（1）双层隔声墙

双层隔声墙(包括轻质隔墙)的隔声效果比单层墙好,因为一般夹有空气层或隔声材料。当声波透过第一墙时,经空气与墙板两次反射会衰减,加之空气层的弹性和附加吸收作用加大了衰减;声波传至第二墙,再经两次反射,透射声能再次衰减。例如,图 12.28(a)是钢筋混凝土墙+岩棉+纸面石膏板墙,图 12.28(b)是砖墙+岩棉+纸面石膏板墙,图 12.28(c)是砖墙+隔声毡+轻质隔板。

（2）多层复合板隔声

多层复合板是由几层面密度或性质不同的板材组成的复合隔声构件,通常用金属或非金属的坚实薄板做面层,内侧覆盖阻尼材料,然后或填入多孔吸声材料或设空气层等组成。多层复合板质轻、隔声性能良好,广泛用于多种隔声结构中,例如隔声门(窗)、隔声罩、隔声间的墙体等,见图 12.29。

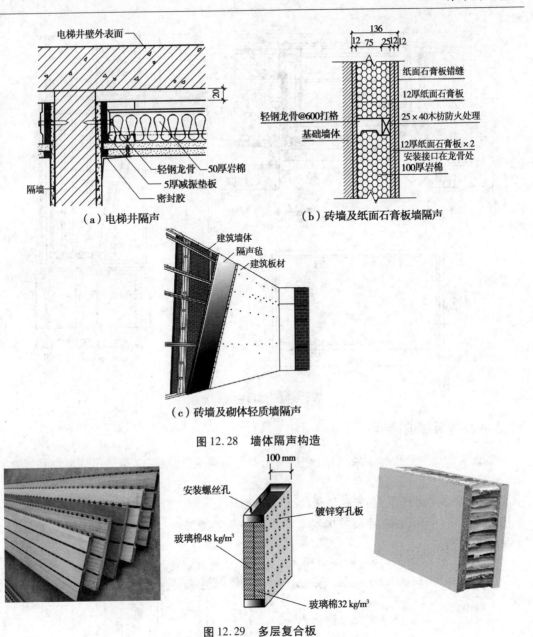

（a）电梯井隔声

（b）砖墙及纸面石膏板墙隔声

（c）砖墙及砌体轻质墙隔声

图 12.28 墙体隔声构造

图 12.29 多层复合板

12.5.3 门（窗）的隔声和缝隙的处理

（1）缝隙的处理

门窗与边框的交接处应尽量加以密封，密封材料可选用柔软而富有弹性的材料，如细软橡皮、海绵乳胶、泡沫塑料、毛毡等。橡胶类密封材料若老化应及时更换。

（2）门窗的隔声构造

隔声窗构造见图 12.30，其隔声原理主要有：双层玻璃相互倾斜，减少共振引发的振动传声；对所有缝隙封堵。

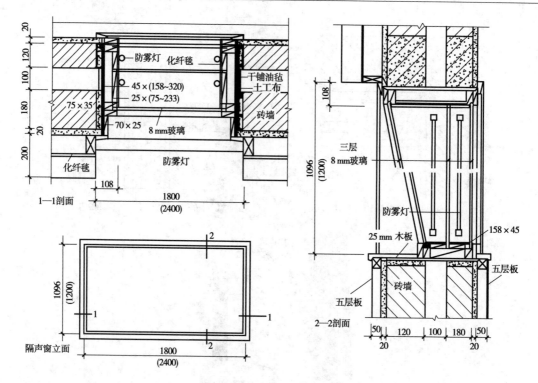

图 12.30　隔声窗设计举例

12.5.4　楼板层的隔声

楼板层的隔声处理有两条途径：一是采用弹性面层或浮筑层,二是做吊顶增加隔声效果。

（1）楼板及板面的处理

如图 12.31（a）所示,是先在楼板层结构上做 50 mm 厚 C7.5 炉渣混凝土垫层,再做面层；如图 12.31（b）所示,是在楼板结构层上加橡胶垫一类的弹性材料,再于其上设置龙骨,龙骨上另做木地板。

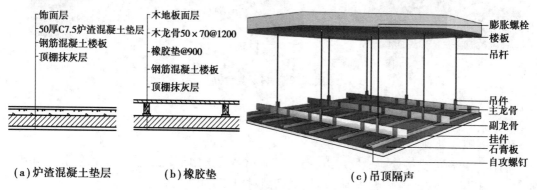

（a）炉渣混凝土垫层　　**（b）橡胶垫**　　　　**（c）吊顶隔声**

图 12.31　楼板层隔声处理

（2）吊顶隔声

采用密闭的材料吊顶,可隔绝声能的传播,常用轻钢龙骨纸面石膏板吊顶隔声,见图 12.31（c）。混凝土楼板刚性强、减振效果差,因此对撞击声隔声很差。提高混凝土楼板隔声性能的方法常用的有浮筑法[图12.32(a)和(b)]、吊顶隔声法[图12.32(c)]，以及采用阻尼材料(弹性材料)敷贴板底的方法。采用木地板或铺设地毯，可以减少楼板振动，也可以起到隔声的作用。

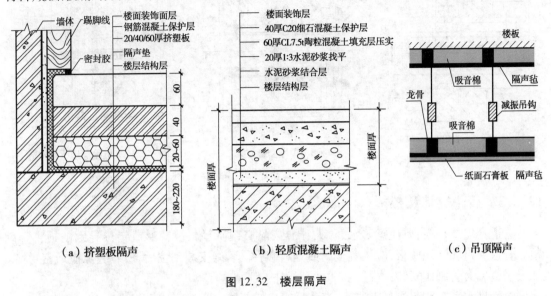

（a）挤塑板隔声　　　　　（b）轻质混凝土隔声　　　　　（c）吊顶隔声

图12.32　楼层隔声

12.6　管线穿基础楼层屋面和墙体的构造

12.6.1　管道穿基础

管道需穿基础时，基础应预留孔洞，与管道保留一定的空间距离，避免因基础下沉导致管道受损，见图12.33。

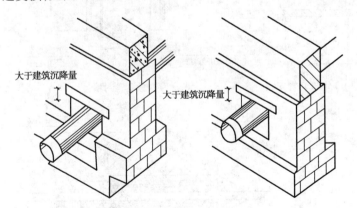

管道穿基础预留洞尺寸/mm

管径	洞口尺寸	
d(mm)	宽	高
50	300	300
75	300	300
≥100	d+300	d+200

图12.33　管道穿基础

12.6.2　管道穿地下室

其原理同管道穿墙，但防水要求更高，其主要构造原理和措施见图12.34。

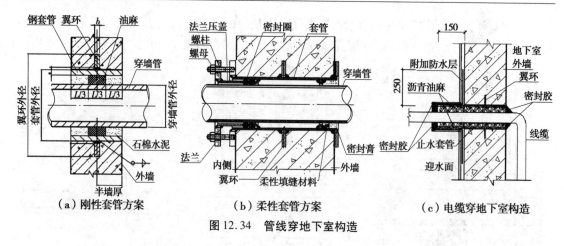

（a）刚性套管方案　　　（b）柔性套管方案　　　（c）电缆穿地下室构造

图 12.34　管线穿地下室构造

12.6.3　管道穿墙和楼板

管道穿墙或楼板,要注意防水、防火、隔热、隔声,避免墙、板变形或错位导致的损害等问题。管道穿过墙壁和楼板,应设置金属或塑料套管。管线安装到位后,所有缝隙应严密封堵。

①金属套管制作安装:

a.给排水套管在制作时应注意,安装后管口应与墙、梁、柱完成面相平。

b.电气套管安装后管口两边应伸出墙、梁、柱面 50 ~ 100 mm。

②楼板套管的封堵及要求:见图 12.35（c）。

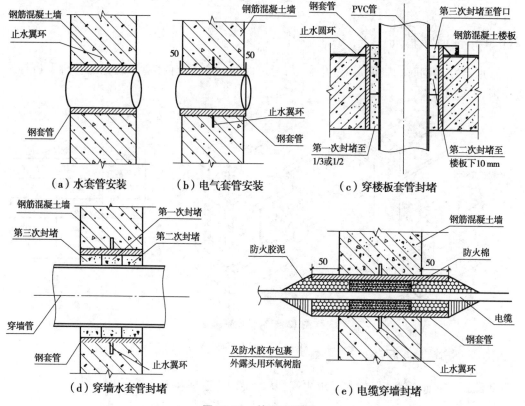

（a）水套管安装　　　（b）电气套管安装　　　（c）穿楼板套管封堵

（d）穿墙水套管封堵　　　　　（e）电缆穿墙封堵

图 12.35　管线穿墙板

③穿墙水套管的安装详见图12.35(a),封堵及要求见图12.35(d)。

④电气套管穿墙的安装详见图12.35(b),封堵及要求见图12.35(e)。

12.6.4 管道穿越变形缝的构造处理

一般采用刚性套管[图12.36(a)]、柔性套管[图12.36(b)]和补偿器[图12.36(c)],来保证管线穿越的安全和缝隙的密闭。刚性防水套管是钢管外加翼环(钢板做的环形)套在钢管上,置于混凝土墙内,用于一般管道穿墙,如地下室等管道需穿管道地位置;柔性防水套管除了外部翼环,内部还有柔性材料和法兰内丝,用于有减震需要的或密闭要求较高的地方,如与水泵连接的管道穿墙、人防墙、水池等处。

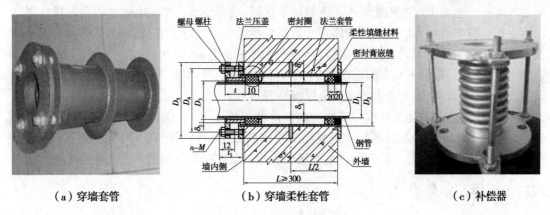

（a）穿墙套管　　（b）穿墙柔性套管　　（c）补偿器

图 12.36　管道穿变形缝措施

12.6.5 管道穿屋面

一般排气道和通风道应高出屋面2 m。下水管道的透气管出屋面的,对于不上人的屋面,不小于0.6 m;上人的屋面,不超过2 m,见图12.37。

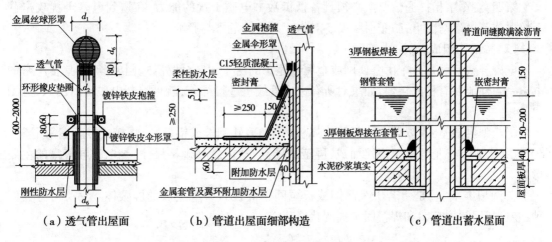

（a）透气管出屋面　　（b）管道出屋面细部构造　　（c）管道出蓄水屋面

图 12.37　管道出屋面的构造

12.7 电磁屏蔽

12.7.1 电磁屏蔽

建筑的电磁屏蔽,其目的是为保证建筑内部不受外界电磁干扰或建筑内部的电磁波不会干扰外界。由于电磁波遇到金属等导电物质都会被反射或吸收,所以可利用良好接地的金属网,将电磁辐射截获并通过大地把它吸收掉。建筑的电磁屏蔽就是利用这个原理,使得电磁辐射场源所产生的干扰电磁能流不进入被屏蔽区域,或者建筑内部的电磁波不会干扰外界。

干扰来源于自然界的或人为的因素。自然干扰源包括地球上各处雷电、太阳黑子爆炸以及银河系的宇宙噪声等。人为干扰源包括各种无线电发射机,工业、科学和医用射频设备,架空输电线、高压设备和电力牵引系统,机电车辆和内燃机,电动机、家用电器、照明器具及类似设备、信息技术设备,以及静电放电和电磁脉冲等。

今天,越来越多的建筑物或构筑物对电磁屏蔽提出了要求,例如精密车间、国防工程、有较多尖端设备的场所以及其他保密程度要求较高的工业与民用建筑。但有的建筑仅需要设置一些电磁屏蔽室,这是一种可以将电磁场的影响抑制在一定范围之内或之外的装置。

12.7.2 屏蔽室分类

(1)按用途分类

屏蔽室按用途可以分为以下4类:

第一类:阻断室内电磁辐射向外界扩散。

第二类:隔离外界电磁干扰,例如雷电、电火花、无线通信等。

第三类:防止电子通信设备信息泄漏,确保信息安全。

第四类:军事指挥通信要素必须具备抵御敌方电磁干扰的能力,在遭到电磁干扰攻击甚至核爆炸等极端情况下,防止射频设备对作业人员的危害与影响。

(2)按结构组成分类

电磁屏蔽室就是一个由金属网或金属板笼罩的房子,其空间壳体、门、窗等都具备严密的电磁密封性能并有良好接地,如果对所有进出管线也进行屏蔽,就可阻断电磁辐射出入,见图12.34。

①板型屏蔽室:主要屏蔽材料为金属板(例如冷轧钢板或铝板)。焊接式屏蔽室采用2～3 mm冷轧钢板与龙骨框架焊接而成,屏蔽效能高,适应各种规格尺寸,是电磁屏蔽室的主要形式。

②网型屏蔽室:是由若干金属网或板拉网等嵌在骨架上组成的屏蔽体。它又可分为两种:装配式网状屏蔽室和焊接固定式网状屏蔽室。

12.7.3 屏蔽室的设计

屏蔽室的设计可以分为下述几部分,如图12.38所示。

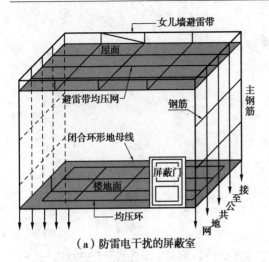

（a）防雷电干扰的屏蔽室

（b）防无线电干扰的屏蔽室

图12.38 电磁屏蔽室

（1）屏蔽材料的选择

从屏蔽效能来看，近场屏蔽和远场屏蔽可采用不同的屏蔽材料。远场屏蔽：选用钢（被动场防护）；近场屏蔽：选用紫铜（主动场防护）。可用于屏蔽的材料还有铝、铁和不锈钢材料等。

（2）屏蔽材料的连接方法

由金属网组成的屏蔽室，网与网之间的连接方法是采用同一材料的金属带做过渡连续焊，构成屏蔽整体。金属带是宽5～10 cm的金属板。

（3）屏蔽室门的设计

电磁屏蔽门是屏蔽室唯一活动部件，电磁屏蔽门有铰链式插刀门、平移门两大类，各有手动、电动、全自动等形式。屏蔽室门可以设计成以下两种：

①金属板屏蔽门。采用与屏蔽壁相同的材料制造，用屏蔽材料将木制门架包裹，形成一金属门。

②金属网屏蔽门。也是采用与屏蔽壁相同的金属网材料制造，将木制门架包裹，从而形成一金属网屏蔽门。

（4）屏蔽室窗的设计

屏蔽室的窗户必须镶有双层小网孔的金属网，网距在0.2 mm以下，两层网之间距离不应小于5 cm，两层金属网必须与屏蔽室屏蔽壁（窗框）具有可靠的电气接触，最好焊接。

（5）屏蔽室通风孔的设计

通风问题主要是针对板型屏蔽室提出的，对于网型屏蔽室，则不是主要的，可以不采取特殊的通风措施。

①板型屏蔽室的通风装置可以用"截止波导"管组成。

②屏蔽室的通风口也可用金属双层屏蔽网进行屏蔽。

（6）管道屏蔽设计

若有气体、水等管道穿入屏蔽室，将造成屏蔽效能的严重下降，应将管道的适当部分（如龙头等部位）用圆形网片焊接，同时将接向龙头的网片焊接在屏蔽壁上。进入防护室的各种非导体管线（如消防喷淋管、光纤等），均应通过波导管，其对电磁辐射的截止原理与波导窗相同。

12.8 建筑遮阳

遮阳板是建筑物的组成部分,它的作用是避免阳光直射室内。

12.8.1 遮阳的类型

(1)窗口遮阳

常用遮阳的形式可分为 4 种:水平式、垂直式、综合式和挡板式(图 12.39)。

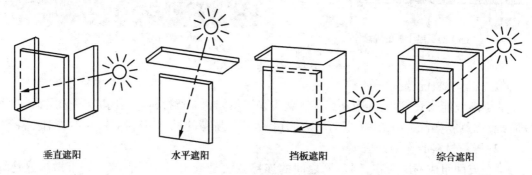

垂直遮阳　　　　水平遮阳　　　　挡板遮阳　　　　综合遮阳

图 12.39　窗户的遮阳形式

(2)建筑外立面遮阳

对于大面积的玻璃窗、玻璃幕墙或其他外墙面,遮阳措施实质上是采取对整个建筑外立面进行遮阳处理,其原理和方法与对窗口的遮阳大体相同,见图 12.40。

（a）外立面水平遮阳　　　（b）外立面垂直遮阳　　　（c）外立面综合遮阳

图 12.40　建筑外立面遮阳

水平式遮阳能够遮挡太阳高度角较大、从窗上方照射的阳光,适于南向及接近南向的窗口,见图 12.40(a)。垂直式遮阳能够遮挡太阳高度角较小、从窗两侧斜射的阳光,适用于东、西及接近东、西朝向的窗口,见图 12.40(b)。综合式遮阳包含有水平及垂直遮阳,能遮挡窗上方及左右两侧的阳光,故适用南、东南、西南及其附近朝向的窗口,见图 12.40(c)。挡板式遮阳能够遮挡太阳高度角较小、正射窗口的阳光,适于东、西向的窗口。

(3)成品遮阳构件

成品遮阳构件的特点是工厂生产、现场安装。优点是质量轻;可选种类多;耐候性好;一般不影响热气流沿外墙上升,可避免其受不通透的混凝土遮阳的拦截而进入室内;可以调节或自动调节角度等,见图12.41。

（a）成品塑料遮阳

（b）成品金属机翼形遮阳

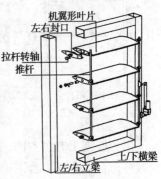
（c）机翼形遮阳原理图

图12.41　成品遮阳构件

（4）简易设施遮阳

简易设施遮阳的特点是制作简易、经济、灵活、拆卸方便,但耐久性差。简易设施可用苇席、布篷、百叶窗、竹帘、塑料和其他成品遮阳构件等。

12.8.2　绿化遮阳

对于低层建筑来说,绿化遮阳既经济又美观,可利用搭设棚架、种植攀缘植物或利用阔叶树来遮阳,见图12.42。

（a）垂直绿化遮阳

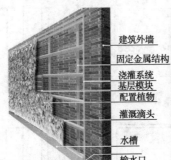
（b）垂直绿化构造

（c）攀缘植物遮阳

图12.42　绿化遮阳

12.9　阳台

阳台设置于建筑物每一层的外墙以外,给楼层上的居住人员提供一定的室外空间,是多层住宅、高层住宅和旅馆等建筑中不可缺少的一部分。

12.9.1　阳台的类型与尺寸

阳台由承重梁、板和栏杆组成,按其与外墙面的关系可分为挑阳台、凹阳台、半挑半凹阳台和转角阳台,见图12.43。

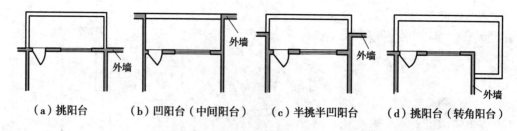

（a）挑阳台　　（b）凹阳台（中间阳台）　（c）半挑半凹阳台　　（d）挑阳台（转角阳台）

图 12.43　阳台类型

阳台按施工方法不同,分为预制阳台和现浇阳台。按照使用功能的不同,分为生活阳台和服务阳台。生活阳台用于休闲活动及眺望等,一般紧邻居室（客厅、书房或卧室）;服务阳台供晾晒和食品粗加工等杂用,紧邻厨房。

阳台平面尺寸的确定涉及建筑使用功能和结构的经济性和安全性。阳台悬挑尺寸大,使用空间大但遮挡室内阳光,不利于室内采光和日照;且悬挑长度过大,在结构上不经济。一般悬挑长度为 1.2 ~ 1.5 m 为宜,过小不便使用,过大又增加结构自重。阳台宽度通常等于一个开间,以方便结构处理。

12.9.2　阳台结构布置方式

阳台的承重结构应与室内楼板的结构布置协调。阳台的结构方案有墙承式和悬挑式,悬挑阳台按悬挑方式不同,又可分为挑梁式阳台、挑板式阳台和压梁式阳台（图 12.44）。

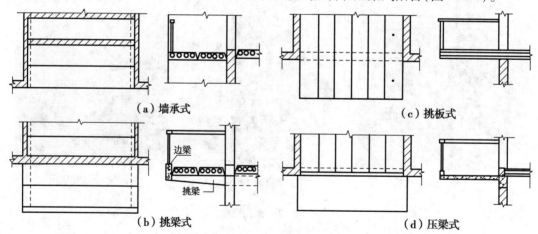

（a）墙承式　　　　　　　　　　　　　　　　（c）挑板式

（b）挑梁式　　　　　　　　　　　　　　　　（d）压梁式

图 12.44　阳台结构布置

（1）挑梁式

挑梁式即从承重墙内外伸挑梁,其上搁置预制楼板形成阳台,阳台荷载通过挑梁传给承重墙。这种结构布置简单、传力直接明确,但由于挑梁尺寸较大,阳台外形笨重。为美观起见,可在挑梁端头设置面梁,既可以遮挡挑梁端部,又可以承受阳台栏杆重量,还可以加强阳台的整体性,见图 12.44(b)。

（2）挑板式

挑板式是利用楼板向外悬挑一部分形成阳台,见图 12.44(c)。这种阳台构造简单,造型轻巧,但阳台与室内楼板在同一标高,雨水易进入室内。挑板厚度应不小于挑出长度的 1/12。

12.9.3 阳台的细部构造

阳台栏杆(栏杆)是设置在阳台外围的保护设施,供人们扶倚之用,必须牢固,按立面形式有实心栏板、空花栏杆和组合式栏杆(图12.45)。多层建筑栏杆的阳台栏杆高度应不小于1 105 mm,高层建筑的栏杆净高度应不低于1 100 mm,栏杆垂直杆件之间的净距离应不大于110 mm,也不应设水平分格,以防儿童攀爬。栏杆材料以金属及混凝土为主。金属栏杆一般采用方钢、圆钢、扁钢或钢管焊接成各种形式的镂花,以及采用铸铁构件,与阳台板中预埋件焊接或直接插入阳台板的预留孔洞中连接,见图12.47(d)。

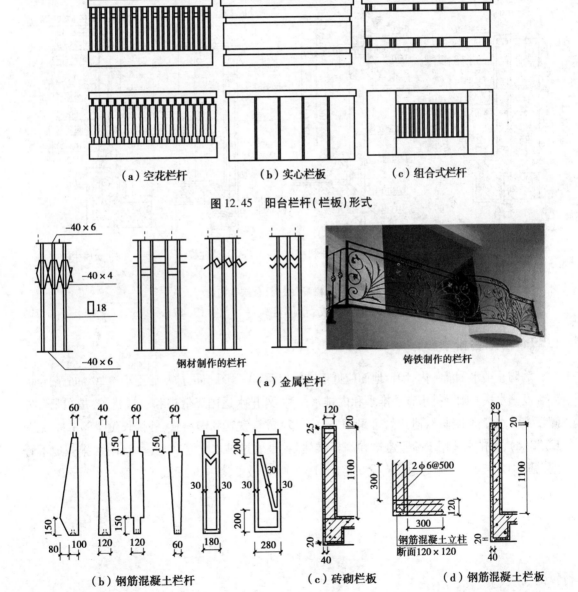

（a）空花栏杆　　　　（b）实心栏板　　　　（c）组合式栏杆

图12.45　阳台栏杆(栏板)形式

钢材制作的栏杆　　　　铸铁制作的栏杆

（a）金属栏杆

（b）钢筋混凝土栏杆　　　（c）砖砌栏板　　　（d）钢筋混凝土栏板

图12.46　栏杆及栏板构造

阳台栏板按材料分为砌筑、钢筋混凝土(图 12.46)以及玻璃和金属栏板等。

砌筑栏板一般为 60 mm 或 120 mm 厚。由于砖砌栏板整体性差,为保证安全,常在栏板中设置通长钢筋或在外侧固定钢筋网,并采用现浇扶手和转角立柱增强其整体稳定性,见图 12.47(a)。

钢筋混凝土栏板以预制为主,栏板厚 60 ~ 80 mm,用 C20 细石混凝土制作,见图 12.48(b)。栏板下端和预埋铁件连接,上端伸出钢筋可与扶手连接,因其耐久性和整体性较好,应用较为广泛。

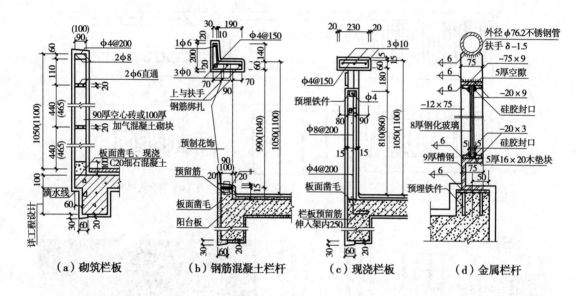

（a）砌筑栏板　　（b）钢筋混凝土栏杆　　（c）现浇栏板　　（d）金属栏杆

图 12.47　栏杆(栏板)及扶手构造

现浇钢筋混凝土栏板常二次现浇而成,整体性较好,见图 12.47(c)。

12.9.4　阳台排水

为防止雨水倒灌室内,阳台地面应低于室内地面 60 ~ 100 mm,抹灰后不小于 20 mm;阳台板外缘设挡水坎。阳台排水有外排水和内排水两种,外排水适用于低层和多层建筑,是在阳台外侧设置吐水管将水排出,泄水管可采用 ϕ40 ~ ϕ50 镀锌铁管和塑料管,外挑长度 >80 mm,见图 12.48(a);内排水适用于高层建筑和高标准建筑,是通过排水立管和地漏,将雨水排入地下管网,见图 12.48(b)。阳台地面应设 0.5% ~ 1% 的排水坡度,坡向地漏或泄水管。

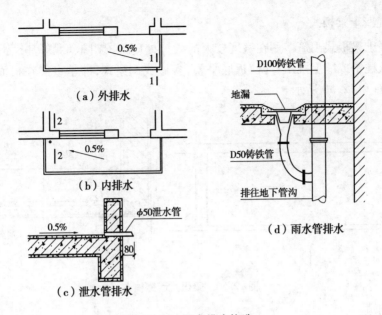

（a）外排水

（b）内排水

（c）泄水管排水

（d）雨水管排水

图 12.48　阳台排水构造

12.10　雨篷

雨篷设于建筑物出入口或顶层阳台上方处,用于遮挡雨雪等,并起到突出入口和丰富建筑立面的作用。雨篷依据材料和结构可分为钢筋混凝土雨篷、钢结构悬挑雨篷、玻璃采光雨篷、软面折叠雨篷等类型。

雨篷板的悬挑长度由建筑要求和结构可行性决定。当悬挑长度较小时,可采用悬板式;挑出长度较大时,可采用挑梁式。

1）钢筋混凝土悬板式

悬板式雨篷[图 12.49(a)]一般为 0.9~1.5 m,板根部厚度不小于 70 mm,端部厚度不小于 50 mm,雨篷宽度比门洞每边宽应大于 250 mm,排水方式可采用无组织排水[图 12.48(c)]和有组织排水[图 12.48(d)]。

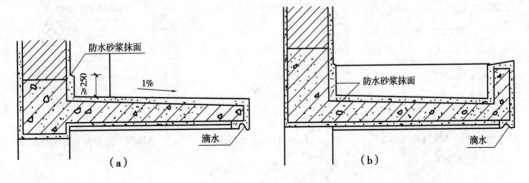

（a）

（b）

图 12.49　悬板式雨篷构造

2)钢筋混凝土梁板式

钢筋混凝土梁板式雨篷多用在宽度较大的入口处(如影剧院、商场等),由雨篷板和挑梁组成。挑梁从柱子或墙上挑出,为使板底平整,多做成倒梁式,即承重梁在板面以上的形式,如图12.49(b)和12.50所示。

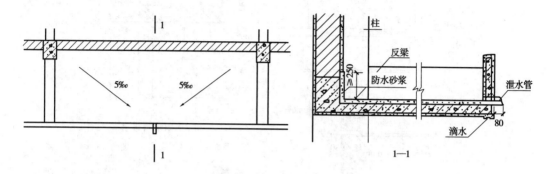

图12.50 梁板式雨篷构造

3)细部构造

为防止雨水渗入室内,梁板式雨篷梁面必须高出板面至少60 mm,板面用防水砂浆抹面,并向排水口做1%坡度,防水砂浆应顺墙上卷至少300 mm。

雨篷的常见类型及做法见图12.51。

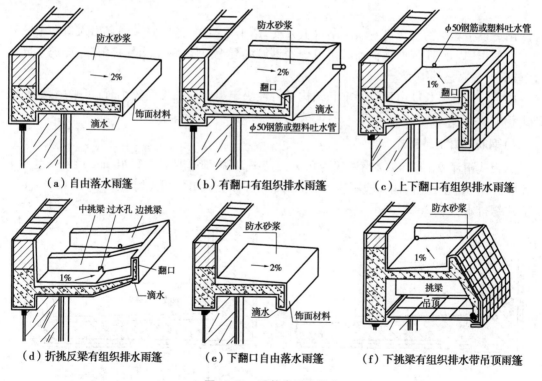

（a）自由落水雨篷   （b）有翻口有组织排水雨篷   （c）上下翻口有组织排水雨篷

（d）折挑反梁有组织排水雨篷   （e）下翻口自由落水雨篷   （f）下挑梁有组织排水带吊顶雨篷

图12.51 雨篷类型及做法

4)钢结构悬挑雨篷

钢结构悬挑雨篷由支撑系统、骨架系统和板面系统三部分组成,如塑铝板饰面的钢结构悬挑雨篷[图12.52(a)],用钢化玻璃和夹胶玻璃等作雨篷面板的钢结构悬挑玻璃雨篷[图12.52(b)和图12.52(c)]。

(a)钢结构铝塑板饰面雨篷　　(b)钢结构悬挑玻璃面板雨篷　　(c)钢结构悬挂玻璃面板雨篷

图12.52　钢结构悬挑雨篷

复习思考题

1.简述建筑变形缝的作用和差异,说明其设置位置和宽度。

2.简述建筑隔热与保温的异同。

3.简述用水房间防水防潮的原理。

4.建筑隔声的依据及常用的构造措施有哪些?

5.管道穿越基础、建筑的水平和垂直构件的主要构造措施有哪些?

6.电磁屏蔽的原理和相应措施有哪些?

7.生态环保的遮阳措施有哪些?

8.阳台的类型有哪些?

9.阳台板的结构类型有哪些?

10.阳台栏杆类型有哪些? 各有何特点?

11.绘图表示阳台的排水构造。

12.雨篷的类型有哪些? 常采用的支承方式有哪些?

13.简述雨篷防水和排水的处理方式。

习　题

一、判断题

1.变形缝的封缝处理方法,因伸缩缝、沉降缝、防震缝而不同。　　　　　　（　　）

2.对必须设伸缩缝或沉降缝的建筑,一律按两种或三种缝结合起来处理。　（　　）

3. 设置防震缝时,所有建筑的基础可以不断开。   (   )

4. 地面上的钢筋混凝土框架结构,超过 50 m 就须设置伸缩缝。   (   )

5. 变形缝的特点是缝两侧的建筑或构件可以相对移动。   (   )

6. 最有效的隔热方式,是将热量从维护结构外表面带走。   (   )

7. 体形系数是指建筑物的表面积与其包围的体积之比,越大则耗能越低。 (   )

8. 墙的单位面积质量越大,隔声效果越差。   (   )

9. 管道穿越基础、墙体、楼面和屋面,都应设置套管。   (   )

10. 电磁屏蔽是为了将电磁干扰隔绝在外。   (   )

11. 生活阳台是供家庭杂用的,宜靠近厨房。   (   )

12. 挑阳台从经济考虑,出挑长度一般在 1.8 m。   (   )

13. 悬挑阳台有挑梁式、挑板式和压梁式阳台。   (   )

14. 转角阳台的稳定主要靠现浇扶手维系。   (   )

15. 为方便排水,阳台面四周不应设置挡水和边梁等。   (   )

16. 高层建筑阳台的栏杆净高度不应小于 1 100 mm。   (   )

17. 金属阳台栏杆的净空不能小于 120,且不能有水平分格。   (   )

18. 阳台和雨篷的排水坡度在 0.5% ~2% 范围。   (   )

19. 挑板式阳台为防雨水,应设置门槛。   (   )

20. 阳台板底应做滴水,防止雨水飘进室内。   (   )

二、选择题

1. 关于变形逢的构造做法,下列哪个是不正确的?(   )

    A. 当建筑物的长度或宽度超过一定限度时,要设伸缩缝

    B. 在沉降缝处应将基础以上的墙体、楼板全部分开,基础可不分开

    C. 当建筑物竖向高度相差悬殊时,应设沉降缝

2. 楼板层的隔声措施不正确的是(   )。

    A. 楼面上铺设地毯　　　　　　　　B. 设置矿棉毡垫层

    C. 做楼板吊顶处理　　　　　　　　D. 设置混凝土垫层

3. 为提高墙体的保温或隔热性能,不可采取的做法(   )。

    A. 增加外墙厚度　　　　　　　　　B. 采用组合墙体

    C. 在靠室外一侧设隔汽层　　　　　D. 选用浅色的外墙装修材料

4. 下列哪种构造层次不属于架空隔热层(   )。

    A. 结构层　　　　B. 找平层　　　　C. 隔汽层　　　　D. 防水层

5. 保温屋顶为了防止保温材料受潮,应采取(   )措施。

    A. 加大屋面坡度　　　　　　　　　B. 用钢筋混凝土基层

    C. 加做水泥砂浆粉刷层　　　　　　D. 设隔蒸汽层

6. 对有保温要求的墙体,需提高其构件的(   )。

    A. 热阻　　　　　B. 厚度　　　　　C. 密实性　　　　D. 材料导热系数

7. 屋顶是建筑物最上面起维护和承重的构件,屋顶构造设计的核心是(   )。

    A. 承重　　　　　B. 保温隔热　　　C. 防水和排水　　D. 隔声和防火

8. 电磁屏蔽的作用不包括(   )。

A. 阻断室内电磁辐射 B. 隔离外界电磁干扰

C. 确保信息安全 D. 降低热能损耗

9. 建筑遮阳的措施不包括(　　)。

　A. 垂直式遮阳 B. 绿化遮阳 C. 镀膜玻璃 D. 百叶窗遮阳

10. 垂直绿化遮阳的组成,不包括(　　)。

　　A. 固定金属架 B. 照明系统 C. 水槽 D. 滴灌系统

11. 不属于阳台构成的是(　　)。

　　A. 挑梁 B. 扶手 C. 立柱 D. 遮阳板

12. 阳台的结构形式不包括(　　)。

　　A. 挑梁 B. 挑板 C. 悬挂式 D. 墙承式

13. 多层建筑的栏杆高度是(　　)mm。

　　A. 800 ~ 1 100 B. 800 ~ 1 200 C. 1 000 ~ 1 200 D. 1 200 ~ 1 500

14. 阳台面一般(　　)。

　　A. 高于室内地面 20 ~ 60 mm B. 低于室内地面 20 ~ 60 mm

　　C. 低于室内地面 60 ~ 120 mm D. 低于室内地面 20 ~ 150 mm

15. 为防止雨水渗入室内,梁板式雨篷梁面必须高出板面至少(　　)。

　　A. 60 mm B. 70 mm C. 80 mm D. 90 mm

16. 挑板式雨篷较合理的最大出挑尺寸是(　　)mm。

　　A. 1 000 B. 1 200 C. 1 500 D. 1 800

17. 从经济角度出发,阳台内排水一般适合于(　　)。

　　A. 普通低层住宅 B. 普通多层住宅

　　C. 低层旅馆建筑 D. 别墅建筑

18. 生活阳台不必靠近设置的房间是(　　)。

　　A. 书房 B. 客厅 C. 储藏室 D. 次卧

三、填空题

1. 建筑的变形缝包括＿＿＿＿、＿＿＿＿和＿＿＿＿。

2. 设置伸缩缝时,砖混结构的墙和楼板及屋顶结构布置,可采用＿＿＿＿或＿＿＿＿方案。

3. 设置沉降缝时,建筑从＿＿＿＿到＿＿＿＿在＿＿＿＿全部断开。

4. 在地震烈度＿＿＿＿及其以上的＿＿＿＿地区,建筑应在必要的部位设置＿＿＿＿,建筑如有伸缩缝和＿＿＿＿,均应作成＿＿＿＿。

5. 变形缝可用＿＿＿＿、＿＿＿＿等＿＿＿＿材料填充。

6. 屋顶变形缝的位置与＿＿＿＿一致,须在缝两边做＿＿＿＿并盖缝。

7. 屋顶隔热可采取屋顶间层通风隔热、屋顶＿＿＿＿、屋顶＿＿＿＿和屋顶反射阳光隔热等措施。

8. 影响外墙外保温隔热性能的因素主要有建筑物的＿＿＿＿系数、窗墙＿＿＿＿、屋面和外墙的传热系数。

9. 倒置式保温屋面的主要特点是＿＿＿＿在＿＿＿＿的上面。

10. 外墙内保温的优点是＿＿＿＿,造价较低,但是在＿＿＿＿的处理上容易出现问题。

11. 建筑隔声就是阻隔声能在空气和固体中的传递。阻绝空气的传播,应增强门窗和隔墙的_____;阻绝固体的传播,主要是削弱固体(包括门窗)_____。

12. 楼层隔声的方法主要有防止楼面的_____产生振动发声和采用_____隔声。

13. 管道穿墙或楼板,要注意_____、防火、隔热、_____,避免墙、板_____导致的损害等问题。

14. 管道穿过墙壁和_____,应设置金属或_____。

15. 电磁屏蔽室就是一个金属网或_____笼罩的房子,包括空间壳体、门、窗等都具备严密的_____性能并有良好_____。

16. 阳台按其与外墙面的关系分为挑阳台、_____、_____和转角阳台。

17. 挑梁式阳台结构布置_____、传力直接明确,但由于_____尺寸较大,阳台外型笨重。

18. 高层建筑阳台的栏杆净高度不应低于_____ mm,空花栏杆垂直杆件之间的净距离不大于_____ mm。

19. 金属栏杆一般采用_____、圆钢、_____或钢管焊接成各种形式的镂花,以及采用_____。

20. 为防止倾覆,常将雨篷与_____或_____浇筑在一起。

21. 为使_____的板底平整,多作成_____式,即_____在板面以上的形式。

22. 钢结构悬挑雨篷由_____、骨架系统和_____三部分组成。

四、简答题

1. 简述建筑隔热与保温的区别。

2. 简述不同遮阳类型所适用的建筑朝向。

3. 生活阳台与服务阳台哪个更宜靠近客厅? 为什么?

4. 阳台出挑的方式有哪些?

5. 不同高度的建筑对栏杆和栏板的高度要求是什么?

6. 晾晒衣服一般是用生活阳台还是服务阳台?

7. 阳台栏杆或栏板的用途及高度要求是一致的吗? 各自有何不同的特点?

五、作图题

1. 绘制直径100金属管道穿基础、墙体、楼板和柔性防水屋面的构造大样各一个。

2. 抄绘外墙外保温和保温屋面的构造层次大样图各一个。

3. 设计并绘制一个多层建筑阳台金属栏杆的施工图,挑梁式,宽3 600,出挑1 600。

4. 抄绘挑阳台、凹阳台、半挑半凹阳台和转角阳台的平面图各一个。

13

工业建筑

[本章导读]

通过本章学习,应了解工业建筑设计原理;了解厂房的有关设计参数;了解工业建筑的采光通风原理、设计参数和构造措施;掌握厂区总平面设计的要点,以及单层和多层建筑设计的要点;熟悉排架结构厂房及构造。

13.1 概述

工业建筑是供人们从事各类工业生产活动用的各种建筑物和构筑物的总称,也简称为工业厂房,包括车间、变电站、锅炉房、仓库等建筑。工业建筑既为生产服务,也要考虑人们的日常生活要求。工业建筑应安全适用、技术先进、经济合理。

13.1.1 工业建筑的特点

工业建筑的设计除应满足适用、安全、经济、美观等与民用建筑相同的设计需求外,在设计的原则、建筑材料的选用、建筑构造原理及构造做法方面又具有以下一些特点:

(1)厂房的设计建造与生产工艺密切相关

每一种工业产品的生产都有特定的生产程序,即生产工艺流程。因此,为了保证生产的顺利进行,保证产品质量和提高劳动生产率,厂房设计必须满足生产工艺要求。

(2)内部空间大

由于厂房中的生产设备多、体积大,各生产环节联系密切,还有多种起重和运输设备通行,因此,要求厂房内部具有较大的空间。工业厂房的尺度较大,例如有桥式吊车的厂房,室内净高一般均在 8 m 以上;厂房长度一般均在数十米,有些大型厂房如轧钢厂,其长度可达数百米甚至超过千米。

（3）厂房屋顶面积大,构造复杂

当厂房尺度较大时,为满足室内采光、通风的需要,常在屋顶开设天窗;同时为了屋面防水、排水的需要,还应设置屋面排水系统(天沟及雨水管),这些设施均使屋顶构造变得复杂。

（4）荷载大

工业厂房由于跨度大、屋顶自重大,且一般都设置有一台或多台起质量为数吨至数百吨的吊车,同时还要承受较大的振动荷载,因此多采用钢筋混凝土钢骨架承重。

（5）需满足生产工艺的某些特殊要求

一些有特殊要求的厂房,为保证产品质量、保护工人身体健康及生产安全,在设计建造时需要采取相应的技术措施。如热加工厂房因产生大量余热及有害烟尘,需要有足够的通风;精密仪器、生物制剂、制药等厂房,要求车间内空气保持一定的温度、湿度、洁净度;有的厂房还有防振、防辐射或电磁屏蔽的要求等。

13.1.2　工业建筑的分类

一般按照厂房的层数、用途、生产状况来对其进行分类。

1)按层数不同分类

按层数的不同,厂房可分为单层厂房、多层厂房和层数混合厂房。

（1）单层厂房

单层厂房是层数仅为一层的工业厂房,见图 13.1。它适用于大型机器设备或有重型起重运输设备的厂房,其特点是生产设备体积大、质量大、厂房内以水平运输为主。

（2）多层厂房

多层厂房由若干楼层组成,生产在不同标高的楼层上进行,见图 13.2。

多层厂房的最大特点是每层之间不仅有水平的联系,还有垂直方向的。因此在厂房设计时,不仅要考虑同一楼层各工段间应有合理的联系,还必须解决好楼层之间的垂直交通联系。

①节约用地。

多层厂房具有占地面积少、节约用地的特点。例如,建筑面积为 10 000 m² 的单层厂房,它的占地面积为 10 000 m²,若改为 5 层多层厂房,其占地面积仅需要 2 000 m² 就够了。

②节约投资。

a.减少土建费用:由于多层厂房占地少,从而使地基的土石方工程量减少,屋面面积减少,相应地也减少了屋面天沟、雨水管及室外的排水工程等费用。

b.缩短厂区道路和管网:多层厂房占地少,厂区面积也相应减少,厂区内的铁路、公路运输线及水电等各种工艺管线的长度缩短,可节约部分投资。

c.多层厂房柱网尺寸较小,通用性较差,不利于工艺改革和设备更新,当楼层上布置有震动较大的设备时,对结构及构造要求较高。

③层数混合厂房

同一厂房内既有单层也有多层的称为混合层数的厂房,多用于化学工业、热电站的主厂房等,见图 13.3。其特点是能够适用于同一生产过程中不同工艺对于空间的需求,经济实用。

图 13.1　单层厂房　　　　　　图 13.2　多层厂房　　　　　图 13.3　层数混合厂房

2）按用途不同分类

按用途的不同，厂房一般可分为主要生产厂房、辅助生产厂房、动力用厂房、库房、运输用房和其他用房等。

①主要生产厂房：在这类厂房中进行生产工艺流程的全部生产活动，一般包括从备料、加工到装配的全部过程。生产工艺流程是指产品从原材料到半成品到成品的全过程，例如钢铁厂的烧结、焦化、炼铁、炼钢车间。

②辅助生产厂房：是为主要生产厂房服务的厂房，例如机械修理、工具等车间。

③动力用厂房：是为主要生产厂房提供能源的场所，例如发电站、锅炉房和煤气站等。

④库房：是为生产提供存储原料、半成品、成品的仓库，例如炉料、油料、半成品成品库房等。

⑤运输用房屋：是为生产或管理用车辆提供存放与检修的房屋，例如汽车库、消防车库、电瓶车库等。

⑥其他：包括解决厂房给水、排水问题的水泵房、污水处理站，厂房配套生活设施等。

3）按生产状况不同分类

按生产状况的不同，厂房又可分为冷加工车间、热加工车间、恒温恒湿车间、洁净车间和其他特种状况的车间等。

①冷加工车间：是供常温状态下进行生产的厂房，例如机械加工车间、金工车间等，见图13.4。

②热加工车间：是供高温和熔化状态下进行生产的厂房，可能散发大量余热、烟雾、灰尘、有害气体，例如铸工、锻工、热处理车间，见图13.5。

③恒温恒湿车间：是供恒温、恒湿条件下生产的车间，例如精密机械车间和纺织车间等。

④洁净车间：是供在高度洁净的条件下进行生产的厂房，防止大气中灰尘及细菌对产品的污染，例如集成电路车间、精密仪器加工及装配车间等，见图13.6。

⑤其他特种状况的车间：是指生产过程中有爆炸可能性、有大量腐蚀物、有放射性散发物、有防微振或防电磁波干扰要求等情况的厂房。

图13.4　冷加工车间

图13.5　热加工车间

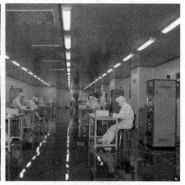

图13.6　洁净车间

13.1.3　工业建筑的设计

工业建筑设计过程是：建筑设计人员根据设计任务书和工艺设计人员提出的生产工艺设计资料和图纸(图13.7)，设计厂房的平面形状、柱网尺寸、剖面形式、建筑体形；合理选择结构方案和围护结构的类型，进行细部构造设计；协调结构、水、暖、电、气等各工种。在整个工业建筑设计过程中，要正确贯彻"坚固适用、经济合理、技术先进"的原则。

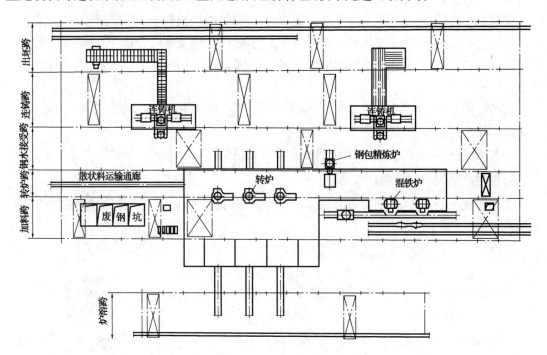

图13.7　工艺设计的设备布置举例

工业建筑设计应满足以下要求：

(1)满足生产工艺的要求

生产工艺是工业建筑设计的主要依据，设计之前，应该先了解工艺设计所提出工艺要求。工艺要求主要体现在工艺设计图纸文件中。工艺设计图是生产工艺设计的主要图纸，包括工艺流程图、设备布置图和管道布置图；生产工艺的要求就是该建筑使用功能上的要求。建筑设计在建筑面积、平面形状、柱距、跨度、剖面形式、厂房高度以及结构方案和构造措施等方面必须满足生产工艺的要求。

(2)满足建筑技术的要求

①工业建筑的坚固性及耐久性应符合建筑的使用年限。建筑设计应为结构设计的经济合理性创造条件,使结构设计更利于满足安全性、适用性和耐久性的要求。

②建筑设计应使厂房具有较大的通用性和改建、扩建的可能性。

③应严格遵守《厂房建筑模数协调标准》(GB/T 50006—2010)的规定,合理选择厂房建筑设计参数(柱距、跨度、柱顶标高、多层厂房的层高等),以便采用标准的、通用的结构构件,使设计标准化、生产工厂化、施工机械化,从而提高厂房建造的工业化水平。

(3)满足建筑经济的要求

①在不影响卫生、防火及室内环境要求的条件下,将若干个车间合并成联合厂房,对现代化连续生产极为有利。联合厂房占地较少,外墙面积也相应减小,且缩短了管网线路,使用灵活,因此能满足工艺更新的要求。

②应根据工艺要求、技术条件等,尽量采用多层厂房以节省用地。

③在满足生产要求的前提下设法缩小建筑体积,充分利用空间,合理减少结构面积,增加使用面积。

④在不影响厂房的坚固、耐久、生产操作、使用要求和施工速度的前提下,应尽量降低材料的消耗,从而减轻构件的自重和降低建筑造价。

⑤设计方案应便于采用先进的、配套的结构体系及工业化施工方法。

(4)满足卫生及安全的要求

①应有与厂房所需采光等级相适应的采光条件,以保证厂房内部工作面上的照度;应有与室内生产状况及气候条件相适应的通风措施。

②能排除生产余热、废气,提供正常的卫生、工作环境。

③对散发出的有害气体、有害辐射、严重噪声等,应采取净化、隔离、消声、隔声等措施。

④美化室内外环境,注意厂房内部的水平绿化、垂直绿化及色彩处理。

⑤总平面设计时应将有污染的厂房放在下风位。

13.2　工厂总平面设计

工厂的总平面设计是对整个工厂布局的宏观把控,合理的总平面设计能够降低工程项目的成本,提高工厂建设的施工进度,也对工厂今后的生产有很大的帮助。

工厂总平面设计要求:根据全厂的生产工艺流程、交通运输、卫生、防火、风向、地形、地质等条件确定建筑物、构筑物和堆场的布局;合理地组织人流和货流,避免交叉和迂回;合理布置各种工程管线;进行厂区竖向设计;美化和绿化厂区等。建筑物布局时,应保证生产运输线最短,且不迂回、不交叉干扰,并保证各建筑物的卫生和防火要求等。

工厂总平面的功能分区,一般包括生产区和厂前区两大部分,见图13.8。生产区主要布置生产厂房、辅助建筑、动力建筑、原料堆场、备品及成品仓库、水塔和泵房等;厂前区布置行政办公楼等。各厂房在总平面的位置确定后,其平面设计会受总图布置的影响和约束,因此工厂总平面图在人物流组织、地形和风向等方面对厂房平面形式有直接影响。

13.2.1 厂址选择原则

①厂址选择必须符合工业建筑布局和城市规划的要求,并按照国家有关法律、法规及建设前期工作的规定进行。

②配套的居住区、交通运输、动力公用设施、废料场及环境保护工程等用地,应与厂区用地同时选择。

③厂址选择应对原料和燃料及辅助材料的来源、产品流向、建设条件、经济、社会、人文、环境保护等各种因素进行深入的调查研究,并进行多方案技术经济比较后择优确定。

④厂址宜靠近原料、燃料基地或产品主要销售地,并有方便、经济的交通运输条件。

⑤厂址应有必需的水源和电源,用水、用电量特别大的工业企业,宜靠近水源和电源。

⑥散发有害物质的工业企业厂址,应位于城镇、相邻工业企业和居住区全年最小频率风向的上风侧,不应位于窝风地段。

⑦厂址的工程地质条件和水文地质条件良好。

⑧厂址应有必需的场地面积和适宜的地形,并应适当留有发展的余地。

⑨厂址应有利于同关系密切的其他单位之间的协作。

13.2.2 总平面设计的主要内容

①合理地进行用地范围内建筑物、构筑物及其他工程设施的平面布置,处理好相互间关系。

②结合场地状况,确定场地排水,计算土方工程量、建筑物和道路的标高,合理进行竖向布置。

③根据使用要求,合理选择交通运输方式,搞好道路路网布置,组织好厂区内的人流、货运流线。

④协调室内外及地上、地下管线综合布置。

⑤配合好环保部门,合理布置厂区绿化,考虑处理"三废"和综合利用的场地位置。

⑥与工艺设计、交通运输设计、公用工程(水电气供应等)设计等相配合。

13.2.3 总平面设计要点

①节约用地,紧凑布置。在满足生产的需求和防火、安全、通风、日照等要求的同时,尽量节约用地。

②建筑物的平面轮廓,宜采用规整的外形,避免造成土地浪费和增加建造难度。

③充分利用厂区的边角、零星地布置辅助建筑物、构筑物、堆料场等;有铁路运输的工厂,应合理选择线路接轨处,使铁路进场专用线与厂区形成的夹角控制在60°左右,以减少扇形面积,提高土地利用率。

④尽量少占或不占耕地,充分利用荒地、坡地、劣地等地。

⑤将分散的建筑物合并成联合厂房,可以节约用地、缩短运距和管线长度,减少投资;有利于机械化、自动化,以适应工艺的不断发展和变化,见图13.9。

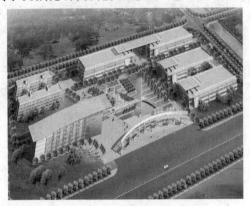

图13.8　厂区内部功能分区

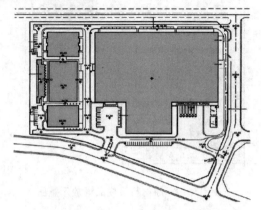

图13.9　厂房合并节约土地

13.2.4　总平面各分区的设计要点

厂区还可细分为厂前区、生产区、仓库区,有些厂还需设计生活区。各个部分的设计要点如下:

①厂前区一般安排有产品销售、行政办公、产品设计研究、质量检验及检测中心(或中心化验室),可根据不同的需要将各个部分建筑集中或分散布置。

②生产区根据工艺流程来安排生产顺序,一般为"原材料检验→零配件粗加工→零配件精加工→装配→试车→产品检验→产品包装→入库"。应根据不同的产品生产性质来布置各工序工种厂房,有的产品可集中在大厂房中,有些则需分散布置。

③仓库区一般有3个部分,一是原料库,主要存放备用够生产一个周期的原材料;二是设备库,储备生产设备、备用件及需要及时更换的零配件,储存量能保证正常的生产使用;三是成品库,用于存放已包装待售产品。仓库的设置应结合生产流程,将原料库放在工艺流程的上游,成品库放在下游,设备库则可根据各工序的需要分散存放。仓库的设置还要结合运输条件,如大宗原材料及成品运输可能有铁路、公路专用线,需建设相应的货台以利装卸。仓库的大小视生产储备的需要和现代物流、原材料产地及运输条件等诸多因素来确定,见图13.10。

④生活区一般分为两个部分:一是在厂内必须设置的更衣室、浴室、食堂,可单独设置,也可分散安排于车间内,对生产性质不间断的某些小厂,还可设计在厂外;二是供职工生活的居住区,包括单身职工宿舍及家属住宅区等,特别是远离城市的厂区更需要考虑,见图13.11。

厂房总平面设计除了考虑留足建筑间距,保证房屋的日照、通风条件外,还要考虑对环境的要求及良好的服务功能,例如漫步、休憩、晒太阳、遮阴、聊天等户外活动场所。特别在厂前区和生活区,要求绿化、美化,最终建设无污染、环境优美的园林化的工厂。

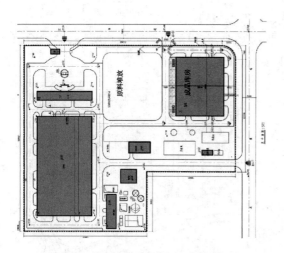

图 13.10　原材料及成品堆放示意图

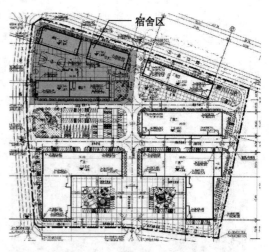

图 13.11　厂内宿舍区示意图

13.3　单层工业厂房

13.3.1　概述

目前,我国单层工业厂房约占工业建筑总量的75%。单层厂房便于沿地面水平方向组织生产工艺流程及布置大型设备(这些设备的荷载会直接传给地基),也便于生产工艺的改革。

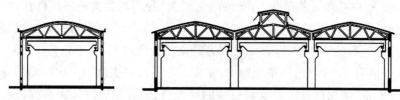

图 13.12　单跨与多跨厂房

单层厂房按照跨数的多少又有单跨和多跨之分,见图 13.12。多跨厂房在实际的生产生活中采用得较多,其面积最多可达数万平方米,但也有特殊要求的车间会采用大跨度厂房,例如飞机库、船坞等。

单层厂房有墙承重与骨架承重两种结构类型。当厂房的跨度、高度、吊车荷载较小时,可采用墙承重方案;在厂房的跨度、高度、吊车荷载较大时,多采用骨架承重结构体系。骨架承重结构体系由柱子、屋架或屋面大梁等承重构件组成,又可分为刚架、排架等空间结构,其中以排架最为多见,因为其梁柱间为铰接,所以可以适应较大的吊车荷载。在骨架结构中,墙体一般不承重,只起围护或分隔空间的作用。我国单层厂房现多采用钢排架(图 13.13)和钢筋混凝土排架结构(图 13.14)。

骨架结构的厂房内部具有宽敞的空间,有利于生产工艺及其设备的布置、工段的划分,也有利于生产工艺的更新和改善。

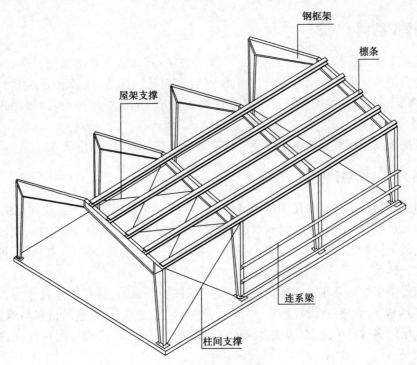

图 13.13 钢排架结构

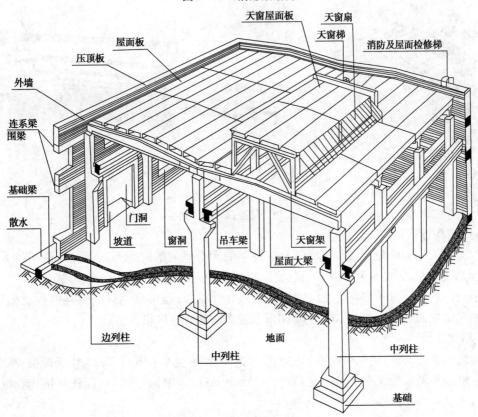

图 13.14 钢筋混凝土排架结构

13.3.2 排架结构

钢筋混凝土排架结构多采用预制装配的施工方法,其结构主要由横向骨架、纵向联系杆以及支撑构件组成。横向骨架主要包括屋面大梁(或屋架)、柱子、柱基础;纵向构件包括屋面板、连系梁、吊车梁、基础梁等;此外,还有垂直和水平方向的支撑构件,用以提高建筑的整体稳定性,见图13.14。

钢结构排架与预制装配式钢筋混凝土排架的组成基本相同,见图13.13。

13.3.3 轻型门式刚架结构

轻型门式刚架结构近年来在厂房建筑中应用广泛。它是用等截面或变截面的焊接 H 型钢作为梁柱,以冷弯薄壁型钢作檩条、墙梁、墙柱,以彩钢板作为屋面板及墙板,现场用螺栓或焊接拼接完成,见图13.15。它以门式刚架为主要承重结构,再配以零件、扣件、门窗等形成比较完善的建筑体系。

轻型门式刚架结构是在工厂批量生产,在现场拼装形成的,具有构件尺寸小,自重轻、抗震性能好、施工安装方便、建设周期短、空间大、外表美观、适应性强、造价低和易维护等特点。

目前应用较多的有单跨、双跨或多跨的单双坡门式刚架,单跨刚架的跨度国内最大已达到72 m。

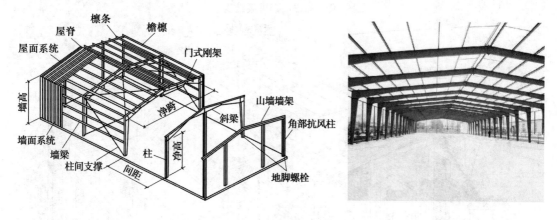

图 13.15 轻型门式刚架结构

(1)结构形式

门式刚架分为单跨、双跨、多跨以及带挑檐的和带毗屋的刚架形式。多跨钢架宜采用双坡或者单坡屋盖,必要时采用由多个双坡单跨相连的多跨刚架形式,见图13.16。

单层门式刚架可采用隔热卷材做屋盖隔热和保温层,也可采用带隔热层的板材做屋面。门式刚架的屋面坡度宜取 1/20 ~ 1/8,在雨水较多的地区宜取较大值。

(2)建筑尺寸

门式刚架的跨度,应取横向刚架柱轴线间的距离,宜为9 ~ 36 m,以30 M 为模数;高度(地面至柱轴线与斜梁轴线交点的高度)宜为4.5 ~ 9 m;门式刚架的间距(即柱网轴线在纵向的距离),宜为4.5 ~ 12 m。

（3）结构、平面布置

门式刚架结构的纵向温度区段长度不应大于 300 m,横向温度区段长度不应大于 150 m。

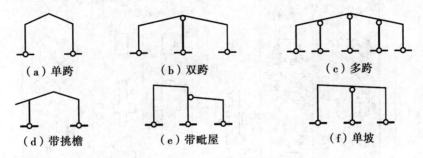

图 13.16 门式刚架的形式

（4）墙梁布置

门式刚架结构的侧墙,在采用压型钢板作维护面时,墙梁宜布置在刚架柱的外侧。

外墙在抗震设防烈度不高于 6 度的情况下,可采用砌体;当为 7 度、8 度时,不宜采用嵌砌砌体;9 度时宜采用与柱柔性连接的轻质墙板。

（5）支撑布置

柱间支撑的间距一般取 30 ~ 40 m,不应大于 60 m。房屋高度较大时,柱间支撑要分层设置。

13.3.4 单层厂房的平面设计

单层厂房建筑的平面设计必须满足生产工艺的要求。生产工艺平面图主要包括以下 5 个方面的内容:

①根据生产的规模、性质、产品规格等确定的生产工艺流程。

②选择和布置生产设备和起重运输设备。

③划分车间内部各生产工段及其所占面积。

④确定厂房的跨间数、跨度和长度。

⑤对某些有特殊需求的厂房,应满足其采光、通风、防震、防尘、防辐射等特殊需求。

例如,某机械加工车间的生产工艺平面图,见图 13.17。

（1）以平面形式分类

单层厂房的平面形式主要有单跨矩形、多跨矩形、方形、L 形、E 形和 H 形等,见图13.18。其中,矩形平面厂房采用最多,其平面形式较简单,利于抗震设计和施工,综合造价较为经济,建筑具有良好的通风、采光、排气散热和除尘的功能,适用于中型以上的热加工厂房,如轧钢、锻造、铸工等。在总平面布置时,宜将纵横跨之间的开口迎向当地夏季主导风向或与夏季主导风向呈≤45°夹角。

（2）以工艺流程分类

单层厂房内部的生产工艺流程一般以直线式、平行式和垂直式这 3 种为主,见图 13.19。

①直线式:原料由厂房一端进入,成品或半成品由另一端运出,此时厂房多为矩形平面,可以是单跨或多跨平行布置。其特点是厂房内部各工段间联系紧密,但运输线路和工程管线较长,平面布置简单规整,适合对保温要求不高或工艺流程不会改变的厂房,如线材轧钢车间。

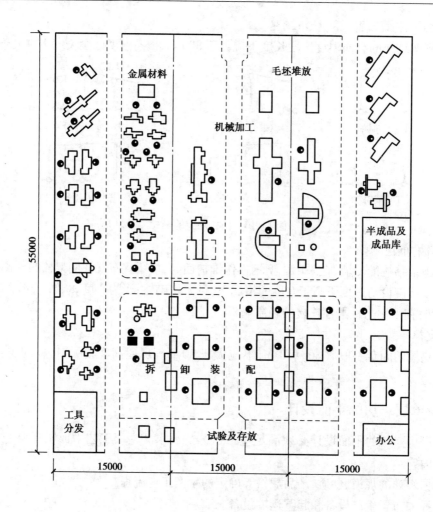

图 13.17 某机械加工车间的生产工艺平面

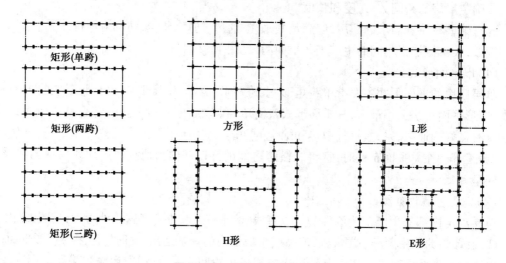

图 13.18 单层厂房的平面形式

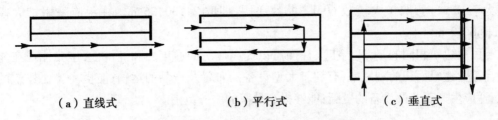

（a）直线式　　　　（b）平行式　　　　（c）垂直式

图13.19　单层厂房内的工艺流程类型

②平行式:原料从厂房的一端进入,产品则由同一端运出,相适应的是多跨并列的矩形或方形平面。其特点是工段联系紧密,运输线路和工程管线短捷,形状规整,节约用地,外墙面积较小,对节约材料和保温隔热有利,适合于多种生产性质的厂房。

③垂直式:垂直式的特点是工艺流程紧凑,运输线路及工程管线较短,相适应的平面形式是 L 形平面,即出现垂直跨。因在纵横跨相接处的结构和构造复杂,经济性较差,一般仅用于大中型的车间。

13.3.5　单层厂房的柱网选择

在骨架结构的厂房中,柱子是主要的竖向承重构件,其在平面中排列所形成的网格称为柱网,柱子纵向定位轴线之间的距离成为跨度,横向轴线之间的距离称为柱距。柱网的设计就是根据生产工艺要求等因素确定跨度及柱距,见图13.20。

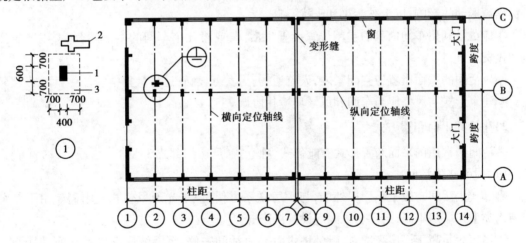

图 13.20　单层厂房柱网

1—柱子;2—生产设备;3—柱基础轮廓

柱网的选择除满足基本的生产工艺流程需求外,还需满足以下设计要求:

①满足生产工艺设备的要求。

②严格遵守《厂房建筑模数协调标准》(GB/T 50006—2010)。

③调整和统一柱网。

④尽量选用扩大柱网。

《厂房建筑模数协调标准》要求厂房建筑的平面和竖向的基本协调模数应取扩大模数 3M。当建筑跨度不大于 18 m 时,应采用扩大模数 30M 的尺寸系列,即取 9,12,15,18 m。当跨度大于 18 m 时,取扩大模数 60M,模数递增,即取 24,30,36 m。柱距应采用扩大模数 60M,即 6,12 m。

与民用建筑相同的是,适当扩大柱网可以提高厂房的通用性和经济性,主要体现在能有效提高工业建筑面积的利用率;有利于大型设备的布置及产品的运输;能提高工业建筑的通用性,适应生产工艺及设备的更新;能够提高吊车的服务范围。

13.3.6 单层厂房的生活间设计

1)生活间布置要点

在厂房设计中应考虑生产辅助用房和生活间,以满足生产过程中员工的生活需要。生产辅助用房包括工具库房、材料间、计量室等,一般生活间包含更衣室、浴室、盥洗间、休息室、卫生间和车间办公室等。布置生活间时应注意以下要点:

①生活间应尽量布置在车间主要人流出入口处,且与生产操作地点有方便的联系,并避免工人上、下班时与厂区内主要运输线发生交叉;人数较多时,集中设置的生活间可以布置在厂区主要干道两侧且靠近车间为宜。

②生活间应有较好的采光、通风和日照。同时也应尽量减少对厂房天然采光和自然通风的影响。

③生活间不宜布置在有散发粉尘、毒气及其他有害气体车间的下风侧或顶部,并应尽量避免噪声振动的影响,以免被污染和干扰。

④应尽量利用车间内部的空闲位置设置生活间,或将几个车间的生活间合并,以节省用地和投资。

⑤生活间的平面布置应空间紧凑,人流通畅,男女分设,管道尽量集中。

⑥建筑形式与风格应与车间和厂区环境相协调。

2)生活间平面布置方式

生活间最常用的平面布置形式有毗邻式、独立式、厂房内部式 3 种。

(1)毗邻式生活间

毗邻式生活间一般紧靠厂房外墙,与厂房联系方便,但采光通风会相互阻碍。由于其荷载结构类型与厂房不同,与厂房之间应设置沉降缝。

①当生活间高于厂房高度时,毗邻墙设置于生活间一侧,沉降缝一般设置在毗邻墙与厂房之间,见图 13.21(a)。

②当生活间低于厂房高度时,毗邻墙设置于厂房一侧,沉降缝设置在毗邻墙与生活间之间,见图 13.21(b)。

(2)独立式生活间

独立式生活间距厂房有一定距离,相对独立。这种布置方式灵活,通风和采光与车间互不影响;但缺点是占地较多,且联系不够方便。它适用于产生大量热量、有害气体排放以及易燃易爆的生产车间。

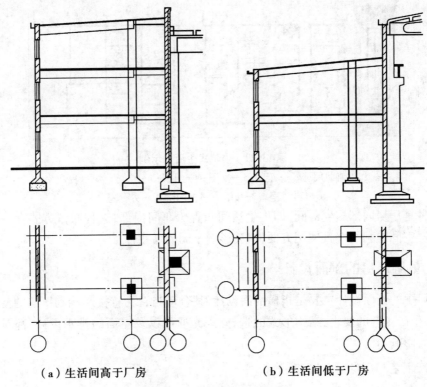

（a）生活间高于厂房　　　　　（b）生活间低于厂房

图 13.21　毗邻式生活间布置

（3）混合式的生活间

为了改进上述两种布置的缺点,产生了混合式的生活间方式。其特点是在平面形式上独立但又与车间保持一定毗连,见图 13.22。一种是在厂房一端或一侧围合形成内院式的生活间,见图 13.23。内院式的生活间不仅有利于争取好的朝向,且院落可兼作工人的休息场地,比独立式的更节约用地,同时又比毗邻式的卫生条件略好。

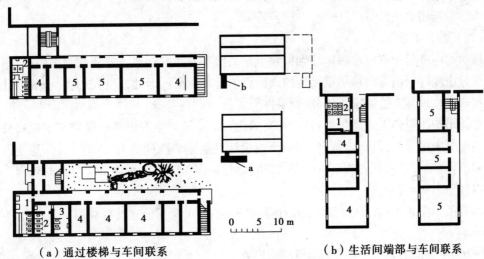

（a）通过楼梯与车间联系　　　　　（b）生活间端部与车间联系

图 13.22　毗连式生活间改进示例

1—男卫;2—女卫;3—妇女卫生用房;4—学习、休息、更衣室;5—办公室

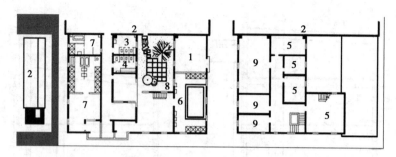

图 13.23　内院式生活间示例

1—生产辅助用房;2—车间;3—女卫;4—男卫;5—学习、休息、更衣室;

6—男浴室;7—女浴室;8—内院;9—办公室

　　另一种是厂房内部式生活间,即将生活间布置于车间内部,这种布置方式在一定程度上提高了厂房空间的利用率且使用方便,但会影响车间的通用性。

13.3.7　单层厂房的剖面设计

　　单层厂房的剖面设计主要是指横剖面设计,其合理与否会直接影响到厂房的使用和经济性。因此,生产工艺的要求、结构形式的选择、采光通风以及屋面的排水设计,都对剖面的设计产生重大影响。

1)生产工艺与厂房剖面设计

(1)设计要点

　　厂房的剖面设计同样受生产工艺的制约,生产设备、运输工具、原材料码放、产品尺度等都对建筑高度、采光形式、通风、排水等因素提出了要求,主要包括:

　　①满足生产工艺的需求。

　　②设计参数符合《厂房建筑模数协调标准》(GB/T 50006—2010)。

　　③满足生产工艺及设备的采光、通风、排水、保温、隔热要求。

　　④尽量选用合理经济、易于施工的构造形式。

(2)厂房的高度

　　厂房的高度是指室内地坪标高到屋顶承重结构下表面的距离。若屋顶为坡屋顶,则厂房的高度是由地坪标高到屋顶承重结构的最低点的垂直距离。因此,厂房的高度一般以柱顶标高来代表。柱顶标高的确定一般分为两种:

　　①无吊车作业的工业建筑中,柱顶标高的设计是按最大生产设备高度安装及检修要求的净空高度等来确定的,设计应符合《工业企业设计卫生标准》(GBZ 1—2010)、《厂房建筑模数协调标准》(GB/T 50006—2010)的要求,同时设计还需符合扩大模数 3M 模数的规定。且一般不得低于 3.9 m。

　　②有吊车作业车间(图 13.24)的柱顶标高的确定,可套用公式计算获得:

$$H = H_1 + h_6 + h_7$$

式中　H——柱顶标高,m,必须符合 3M 的模数;

　　　　H_1——吊车轨顶标高,m,一般由工艺要求提出;

　　　　h_6——吊车轨顶至小车顶面的高度,m,根据吊车规格查出;

h_7——小车顶面到屋架下弦底面之间的安全净空尺寸,mm,按国家标准及根据吊车起重量可取 300、400 或 500。

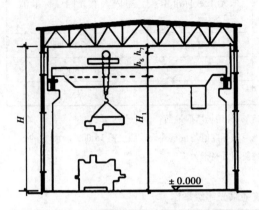

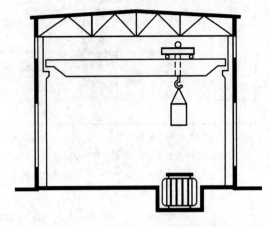

图 13.24　有吊车作业车间的柱顶标高确定　　图 13.25　合理布置设备以降低车间高度

吊车轨顶标高 H_1 实际上是牛腿标高与吊车梁高、吊车轨高及垫层厚度之和。当牛腿标高小于 7.2 m 时,应符合 3M 模数,当牛腿标高大于 7.2 m 时应符合 6M 模数。为了使厂房具有较大的适应性,设计时往往会增大厂房高度作为备用空间。因厂房高度直接影响厂房造价,所以在确定高度时,要注意空间的合理性及经济性。车间如有特殊设备或工艺要求时,可以灵活处理,如图 13.25 所示:某厂房变压器修理工段在修理大型变压器时,需将芯子从变压器中抽出,维修工人将其放在室内地坪下 3 m 深的地坑内进行抽芯操作,使轨顶标高由 11.4 m 降到 8.4 m,减少了空间浪费。设计时还可以利用两榀屋架间的空间布置特别高大的设备。

2)厂房剖面设计中的采光、通风及排水

(1)采光标准

天然采光是指利用日光或天光来提供优质的采光条件。在厂房的设计中应充分利用天然采光。我国的《建筑采光设计标准》(GB 50033—2013)规定,在采光设计中,天然采光标准以采光系数为指标。采光系数是室内某一点直接或间接接受天空漫射光所形成的照度,与同一时间不受遮挡的该半球天空在室外水平面上产生的天空漫射光照度之比。这样,不管室外照度如何变化,室内某一点的采光系数是不变的。采光系数用符号 C 表示,它是无量纲量。照度是衡量(工作)水平面上,单位面积接收的光能多少的指标,照度的单位是 Lx,称作勒克斯。《建筑采光设计标准》给出了不同作业场所工作面上的采光系数标准值,详见表 13.1。各厂房设计应采用的采光标准值,与厂房的采光等级密切相关,不同厂房的采光等级详见表 13.2。

表 13.1　各采光等级参考平面上的采光标准值

采光等级	侧面采光		顶部采光	
	采光系数标准值(%)	室内天然光照度标准值(Lx)	采光系数标准值(%)	室内天然光照度标准值(Lx)
I	5	750	5	750
II	4	600	3	450

续表

采光等级	侧面采光		顶部采光	
	采光系数标准值（%）	室内天然光照度标准值（Lx）	采光系数标准值（%）	室内天然光照度标准值（Lx）
Ⅲ	3	450	2	300
Ⅳ	2	300	1	150
Ⅴ	1	150	0.5	75

注：①工业建筑参考平面取距地面1 m，民用建筑取距地面0.75 m，公用场所取地面；

②表中所列采光系数标准值适用于我国Ⅲ类光气候区，采光系数标准值是按室外设计照度值15 000 Lx 制定的；

③采光标准的上限不宜高于上一采光等级的级差，采光系数值不宜高于7%。

表13.2 部分工业建筑的采光等级举例

采光等级	车间名称	侧面采光		顶部采光	
		采光系数标准值（%）	室内天然光照度标准值(Lx)	采光系数标准值（%）	室内天然光照度标准值(Lx)
Ⅰ	特精密机电产品加工、装配、检验、工艺品雕刻、刺绣、绘画	5	750	5	750
Ⅱ	精密机电产品加工、装配、检验、通信、网络、视听设备、电子元器件、电子零部件加工、抛光、复材加工、纺织品精纺、织造、印染、服装裁剪、缝纫及检验、精密理化实验室、计量室、测量室、主控制室、印刷品的拼版、印刷、药品制剂	4	600	3	450
Ⅲ	机电产品加工、装配、检修、机库、一般控制室、木工、电镀，油漆、铸工、理化实验事、造纸、石化产品后处理、冶金产品冷轧，热轧、拉丝、粗炼	3	450	2	300
Ⅳ	焊接、钣金、冲压时切、锻工、热处理、食品、烟酒加工和包装，饮料、日用化工产品、炼铁、炼钢、金属冶炼、水泥加工与包装、配、变电所，橡胶加工、皮革加工、精细库房（及库房作业区）	2	300	1	150
Ⅴ	发电厂主厂房、压缩机房、风机房、锅炉房、泵房、动力站房、（电石库、乙炔库、氧气瓶库、汽车库、大中件贮存库）一般库房、煤的加工、运输、选煤配料间、原料间，玻璃退火、熔制	1	150	0.5	75

（2）采光方式

厂房建筑的天然采光方式主要有侧面采光、顶部采光（天窗）和混合采光（侧窗＋天窗）。

①侧面采光。侧面采光又分为单侧采光和双侧采光。单侧采光的有效进深约为侧窗口上沿至地面高度的 1.5~2.0 倍,单侧采光房间的进深一般不超过窗高的 1.5~2.0 倍为宜,单侧窗光线衰减情况见图 13.26。如果厂房的宽高比很大,超过单侧采光所能解决的范围时,就需要双侧采光或辅以人工照明。

在有吊车的厂房中,常将侧窗分上下两层布置,上层称为高侧窗,下层称为低侧窗。为不使吊车梁遮挡光线,高侧窗下沿距吊车梁顶面应有适当距离,一般取 600 mm 左右(图13.27)。低侧窗下沿即窗台高,一般应略高于工作面的高度,工作面高度一般取 800 mm 左右。沿侧墙纵向工作面上的光线分布情况和窗及窗间墙分布有关,窗间墙以等于或小于窗宽为宜。如沿墙工作面上要求光线均匀,可减少窗间墙的宽度做成带形窗。

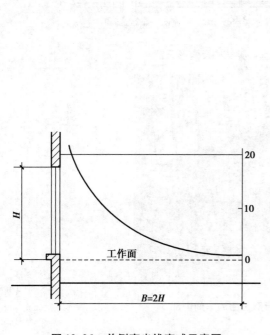

图 13.26 单侧窗光线衰减示意图

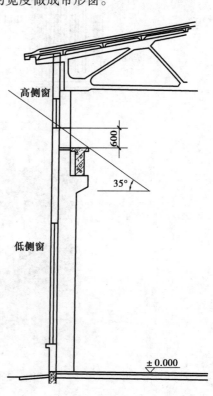

图 13.27 高低侧窗采光示意图

②顶部采光。顶部采光的形式包括矩形天窗(图 13.28)、锯齿形天窗(图 13.29)和平天窗等(图 13.34)。

a. 矩形天窗。矩形天窗的应用相对较为广泛,一般朝向为南北方向,室内光线均匀,直射光较少,不易产生眩光,且由于采光面是垂直的,便于防水和通风。矩形天窗厂房剖面见图13.30。为了获得良好的采光效果,合适的天窗宽度为厂房跨度的 1/3~1/2。两天窗的边缘距离 L 应大于相邻天窗高度之和的 1.5 倍,矩形天窗宽度与跨度的关系见图 13.31。

b. 锯齿形天窗。某些生产工艺对厂房有特殊要求,如纺织厂为了使纱线不易断头,要求厂房内保持一定的温度和湿度;印染车间要求工作光线均匀、稳定,无直射光进入室内从而产生眩光等。这一类厂房常采用窗口向北的锯齿形天窗,充分利用天空的漫射光采光,锯齿形天窗的厂房剖面见图 13.32。

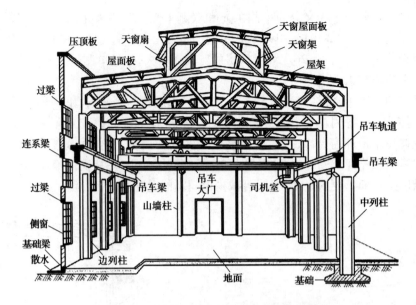

图 13.28 钢筋混凝土排架结构及矩形天窗

图 13.29 设锯齿形天窗的车间内部

图 13.30 矩形天窗厂房采光曲线

　　锯齿形天窗厂房既能得到从天窗透入的光线,也能获得屋顶表面的反射光,可比矩形天窗节约窗户面积约 30% 。由于玻璃面积小而且朝北,所以在炎热地区对防止室内过热也有一定作用。

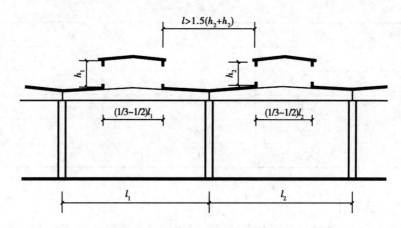

图 13.31　矩形天窗宽度与跨度的关系

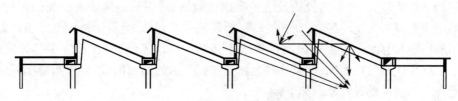

图 13.32　锯齿形天窗剖面

c.横向天窗。当厂房受场地条件的限制东西向布置时,为避免西晒,可采用横向天窗。这种天窗适合于厂房跨度较大、高度较高的车间和散热量不大、采光要求高的车间,见图13.33。横向天窗有两种:一种是突出于屋面,另一种是下沉于屋面(即所谓横向下沉式天窗)。这种天窗具有造价较低、采光面大、效率高、光线均匀等优点,其缺点是窗扇形状不标准、构造复杂、厂房纵向刚度较差。

图 13.33　横向平天窗

图 13.34　平天窗

一般采光口面积的确定,是根据厂房的采光、通风、立面处理等综合要求,先大致确定开窗的形式、面积及位置,然后根据厂房的采光要求进行校验其是否符合采光标准值。采光计算的方法很多,最简单的方法是通过《工业企业采光设计标准》(GB 50033—2010)给出的窗地面积比的方法进行计算。窗地面积比是指窗洞口面积与室内地面面积的比值,利用窗地面积比可以估算出采光口的面积,见表13.3。

表13.3　采光窗地面积比

采光等级	侧　窗	矩形天窗	锯齿形天窗	平天窗
Ⅰ	1/2.5	1/3	1/4	1/6
Ⅱ	1/3	1/3.5	1/5	1/8
Ⅲ	1/4	1/4.5	1/7	1/10
Ⅳ	1/6	1/8	1/10	1/13
Ⅴ	1/10	1/11	1/15	1/23

3)通风与剖面设计

厂房的通风一般分为机械通风和自然通风两种形式。机械通风主要依靠通风机,通风稳定可靠但耗费电能较大,设备的投资及维护费用也较高,适用于通风要求较高的厂房。自然通风是利用自然风来实现厂房内部的通风换气,既简单又经济,但易受外界气象条件影响,通风效果不够稳定,因此,一般为通风条件要求不高的厂房所采用,可再辅之少部分的机械通风。为了更好地组织自然通风,在设计时要注意选择厂房的剖面形式,合理布置车间的进、出风口位置。自然通风的设计原则如下:

(1)合理选择建筑朝向

应使厂房长轴垂直于当地夏季主导风向。从减少建筑物的太阳辐射和组织自然通风的综合角度来说,厂房南北朝向是最合理的。

(2)合理布置建筑群

建筑群的平面布置有行列式(图13.35)、错列式、斜列式、周边式(图13.36)和自由式(图13.37)等,从自然通风的角度考虑,行列式和自由式均能争取到较好的朝向,自然通风效果良好。

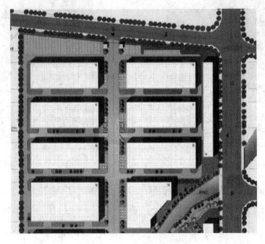

图13.35　行列式布置

(3)厂房开口与自然通风

为了获得舒适的通风,厂房进风口开口的高度应低些,使气流能够作用到人身上。高窗和天窗可以使顶部热空气更快散出。室内的平均气流速度只取决于较小的开口尺寸,通常取

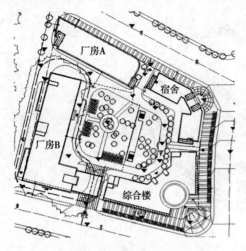

图 13.36　周边式布置

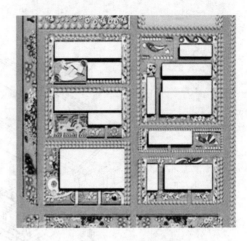

图 13.37　自由式布置

进出风口面积相等为宜。

（4）导风设计

中轴旋转窗扇、水平挑檐、挡风板、百叶板、外遮阳板及绿化均可以起到挡风、导风的作用，可以用于组织室内通风。

4）排水与剖面设计

厂房屋顶的排水与民用建筑的设计相同，根据地区气候状况、工艺流程、厂房的剖面形式以及技术经济等，综合设计排水方式。排水方式也分为无组织排水和有组织排水两种。

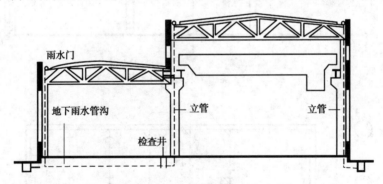

图 13.38　檐沟排水

无组织排水常用于降雨量较小的地区，适合屋顶坡长较小、高度较低的厂房。其特点是使雨水由外挑一定长度的挑檐自由下落，排至地面。

有组织排水又分为内排水和外排水。内排水主要用于大型厂房及严寒地区的厂房，图13.38 为檐沟内排水，图 13.39 为内天沟外排水。有组织外排水常用于降雨量较大的地区，图13.40 为挑檐沟及内设雨水管排水。

13.3.8　单层厂房的定位轴线

单层厂房的定位轴线是确定厂房建筑主要承重构件的平面位置及其标志尺寸的基准线，同时也是工业建筑施工放线和设备安装的最主要定位依据。厂房定位轴线的确定必须遵照我国《厂房建筑模数协调标准》（GB/T 50006—2010）的有关规定。

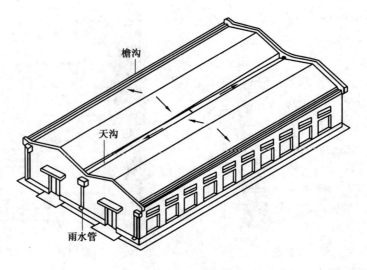

图 13.39 内天沟排水

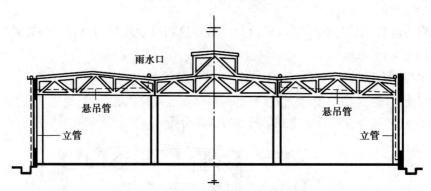

图 13.40 挑檐沟及内设雨水管排水

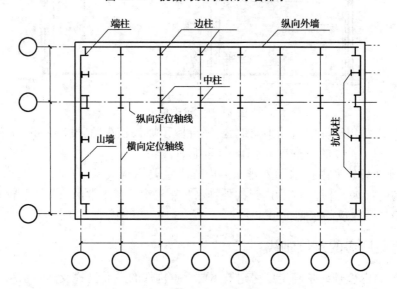

图 13.41 单层工业建筑定位轴线示意

1)横向定位轴线

一般情况下,将短轴方向的定位轴线称为横向定位轴线,相邻两条横向定位轴线之间的距离则为厂房的柱距;将厂房长轴方向的定位轴线称为纵向定位轴线,相邻两条纵向定位轴线间的距离则为该厂房的跨度,见图13.41。

横向定位轴线主要用来标注厂房的纵向构件,如吊车梁、联系梁、基础梁、屋面板、墙板、纵向支撑等。确定横向定位轴线,应主要考虑工艺的可行性、结构的合理性和构造的可操作性。

（1）柱与横向定位轴线

除两端的边柱外,中间柱的截面中心线与横向定位轴线重合,而且屋架中心线也与横向定位轴线重合,中柱横向定位轴线见图13.42。纵向的结构构件（如屋面板、吊车梁、连系梁）的标志长度皆以横向定位轴线为界。

在横向伸缩缝处一般采用双柱处理。为保证缝宽的要求,应设两条定位轴线,缝两侧柱截面中心均应自定位轴线向两侧内移600 mm,横向伸缩缝的双柱处理见图13.43。两条定位轴线之间的距离称为插入距,此处的插入距等于变形缝的宽度。

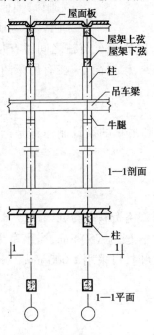

图13.42　中柱横向定位轴

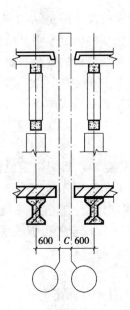

图13.43　横向伸缩缝

（2）山墙与横向定位轴线

①当山墙为非承重墙时,山墙内缘与横向定位轴线重合（图13.44）,端部柱截面中心线应自横向定位轴线内移600 mm。这是因为山墙内侧设有抗风柱,抗风柱上柱应符合屋架上弦连接的构造需要（有些刚架结构厂房的山墙抗风柱直接与刚架下面连接,端柱不内移）。

②当山墙为承重山墙时,承重山墙内缘与横向定位轴线的距离应按砌体块材的半块或者取墙体厚度的一半（图13.45）,以保证构件在墙体上有足够的支承长度。

2)纵向定位轴线

单层厂房的纵向定位轴线主要用于标注厂房的屋架或屋面梁等横向构件长度的标志尺

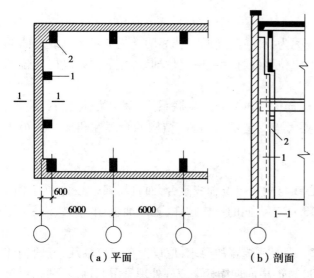

图 13.44 非承重山墙横向定位轴线
1—抗风柱;2—端柱

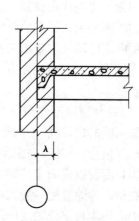

图 13.45 承重山墙横向定位轴线
λ—墙体块材的半块长,
半块的倍数长或墙厚的50%

寸。纵向定位轴线应使厂房结构和吊车的规格协调,保证吊车与柱之间留有足够的安全距离。纵向定位轴线的确定原则是结构合理、构件规格少、构造简单,在有吊车的情况下,还应保证吊车的运行及检修的安全需要。

(1)外墙、边柱的定位轴线

在支承式梁式或桥式吊车厂房设计中,由于屋架和吊车的设计制作都是标准化的,建筑设计应满足:

$$L = L_k + 2e$$

式中 L——屋架跨度,即纵向定位轴线之间的距离;

L_k——吊车跨度,也就是吊车的轮距(可查吊车规格资料获得);

e——纵向定位轴线至吊车轨道中心线的距离,一般为 750 mm,当吊车为重级工作制需要设安全走道板或吊车起重量大于 50 t 时,可采用 1 000 mm。

由图 13.46(a)可知:

$$e = h + K + B$$

式中 h——上柱的截面高度;

K——吊车端部外缘至上柱内缘的安全距离;

B——轨道中心线至吊车端部外缘的距离,自吊车规格资料查出。

由于吊车的起重量、柱距、跨度、有无安全走道板等因素的不同,边柱与纵向定位轴线的联系有封闭式结合和非封闭式结合两种情况。

①封闭式结合。在无吊车或只有悬挂式吊车,桥式吊车起重量≤20 t,柱距为 6 m 条件下的厂房,其定位轴线一般采用封闭式结合。

此时相应的参数为:$B \leq 260$ mm,h 一般为 400 mm,$e = 750$ mm,$K \geq 90$ mm,满足大于等于80 mm 的要求,封闭式结合的屋面板可全部采用标准板,不需设补充构件,具有构造简单、施工方便等优点。

②非封闭式结合。在柱距为 6 m、吊车起重量大于等于 30 t/5 t,此时 $B = 300$ mm,如继续采用封闭式结合,已不能满足吊车运行所需安全间隙的要求。解决问题的办法是将边柱外缘自定位轴线向外移动一定距离,这个距离称为联系尺寸,用 D 表示。为了减少构件类型,D 值一般取 300 mm 或 300 mm 的倍数。采用非封闭结合时,如按常规布置屋面板只能铺至定位轴线处,与外墙内缘出现了非封闭的构造间隙,需要非标准的补充构件板,非封闭式结合构造复杂,施工也较为麻烦,见图 13.46(b)。

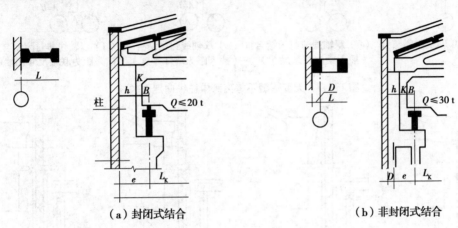

(a)封闭式结合　　　　　　(b)非封闭式结合

图 13.46　外墙边柱与纵向定位轴线

(2)中柱与纵向定位轴线的关系

多跨厂房的中柱有等高跨和不等高跨两种情况。等高跨厂房中柱通常为单柱,其截面中心与纵向定位轴线重合。此时上柱截面一般取 600 mm,以满足屋架和屋面大梁的支承长度。

高低跨中柱与定位轴线的关系也有两种情况:

①设一条定位轴线。当高低跨处采用单柱时,如果高跨吊车起重量 $Q \leqslant 20$ t/5 t,则高跨上柱外缘和封墙内缘与定位轴线相重合,单轴线封闭结合见图 13.46。

②设两条定位轴线。当高跨吊车起重量较大,如 $Q \geqslant 30$ t/5 t 时,应采用两条定位轴线。高跨轴线与上柱外缘之间设联系尺寸 D,为简化屋面构造,低跨定位轴线应自上柱外缘、封墙内缘通过。此时同一柱子的两条定位轴线分属高低跨,当高跨和低跨均为封闭结合,而两条定位轴线之间设有封墙时,则插入距等于墙厚,当高跨为非封闭结合,且高跨上柱外与低跨屋架端部之间设有封墙时,则两条定位轴线之间的插入距等于墙厚与联系尺寸之和,见图13.47。

3)纵横跨交接处的定位轴线

在厂房的纵横跨相交时,常在相交处设变形缝,使纵横跨各自独立。纵横跨应有各自的柱列和定位轴线。设计时,常将纵跨和横跨的结构分开,并在两者之间设变形缝。纵横跨连接处设双柱、双定位轴线。两条定位轴线之间设插入距 a_i,纵横跨连接处的定位轴线,见图13.48。当封墙为砌体时,a_e 的值为变形缝的宽度;当墙为墙板时,a_e 值取变形缝的宽度或吊装墙板所需净空尺寸的较大者。

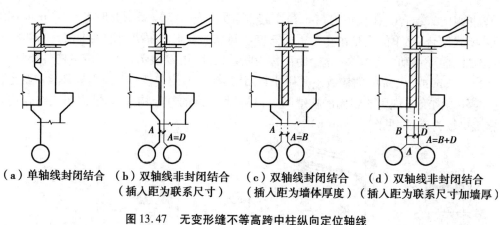

（a）单轴线封闭结合　（b）双轴线非封闭结合　（c）双轴线封闭结合　（d）双轴线非封闭结合
　　　　　　　　　　（插入距为联系尺寸）　（插入距为墙体厚度）　（插入距为联系尺寸加墙厚）

图 13.47　无变形缝不等高跨中柱纵向定位轴线

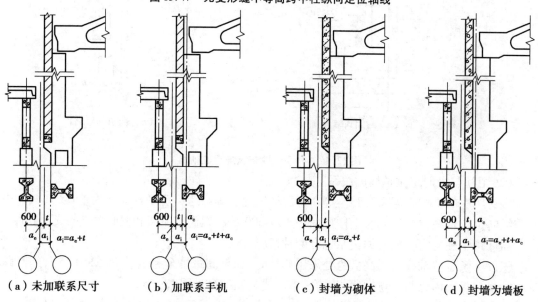

（a）未加联系尺寸　　（b）加联系手机　　（c）封墙为砌体　　（d）封墙为墙板

图 13.48　纵横跨相交处柱与定位轴线的联系
a_i—插入距；a_c—联系尺寸；a_e—变形缝宽；t—封墙厚度

13.3.9　单层厂房的造型及内部空间设计

（1）单层厂房的造型设计

单层厂房造型和内部空间处理的恰当与否，会直接影响人们的使用和心理感受，如何通过不同的处理手法设计出简洁明快，又能体现工业建筑特色的建筑造型，是设计人员面临的一大挑战。厂房的造型及内部空间的设计应综合考虑生产工艺、结构形式、基地环境、气候条件、生态环保、经济等条件因素的制约。

厂房的立面设计应与厂房的体型组合综合考虑，而厂房的工艺特点对厂房的形体也有很大的影响。例如轧钢、造纸等工业，由于其生产工艺流程是直线式的，厂房多采用单跨或单跨并列的形式，厂房的形体呈线形水平构图的特征，立面往往采用竖向划分以求变化，见图13.49。厂房体型为长方形或长方形多跨组合时，造型平稳，内部空间宽敞，立面设计在统一完整中又有变化，设计灵活。

图 13.49 某电子厂厂房设计

结构形式及建筑材料对厂房造型也有直接的影响。同样的生产工艺,可以采用不同的结构方案,其结构传力和屋顶形式决定厂房的体型。如排架、刚架、拱形、壳体、折板、悬索等结构的厂房有着形态各异的建筑造型,图 13.50 即为国外 NOVA 工厂的厂房设计。

图 13.50 NOVA 工厂厂房设计

图 13.51 布置井然有序的生产车间

对厂房的形体组合和立面设计有一定的影响的还包括环境和气候条件。例如在寒冷地区,由于防寒保温的要求,其开窗面积一般较小,厂房的体型显得比较厚重;而在炎热地区,由于通风散热的要求,厂房的开窗面积较大,立面开敞,形体显得较为轻巧。

(2)单层厂房的内部空间设计

生产环境直接影响生产者的身心健康,良好的室内环境有利于职工的身心健康,对提高劳动生产效率十分重要。优良的室内环境除有良好的采光、通风外,还要室内布置井然有序,使人愉悦。影响厂房室内空间设计的主要因素有以下几个:

- 厂房的结构形式;
- 生产设备的布置(图 13.51);
- 管道组织;
- 室内小品及绿化布置;
- 宣传画及图表;
- 室内的色彩处理。

13.4 多层工业厂房

多层厂房主要用于机械、电子、电器、仪表、光学、轻工、纺织、仓储等轻工业行业。在信息时代,随着工业自动化程度的提高和计算机的高度普及,从节省用地的角度出发,多层工业厂房在整个工业建筑的比重越来越大。

1)多层厂房的特点

与单层厂房对比,多层厂房具有以下几个特点:

①生产在不同楼层进行,各层之间除了需要组织好水平联系外,还需要解决竖向层之间的生产关系。

②厂房的占地少,减少了基础的工程量,缩短了厂区道路、管线、围墙等的长度。

③屋顶面积较小,一般不需要开设天窗,因此屋顶构造相对简单,且有利于保温和隔热的处理。

2)适用范围

多层厂房结构一般为梁板柱承重,柱网尺寸较小,生产工艺的灵活性受到一定约束,对于较大的荷载、设备以及引起的震动,适应性也较差,需要进行特殊的结构处理。多层厂房适用于以下几类情况:

①生产工艺上需要进行垂直运输的,如面粉厂、造纸厂、啤酒厂、乳制品厂以及化工厂的某些生产车间。

②生产上要求在不同标高上进行操作的,如化工厂的大型蒸馏塔、碳化塔等。

③生产过程中对于生产环境有一定要求的,如仪表厂、电子厂、医药及食品企业等。

④工艺上虽无特殊要求,但设备及产品质量较轻的。

⑤工艺上无特殊要求但建设用地紧张的新建或改扩建的。

多层厂房的结构选型要满足生产工艺的要求,还要考虑建造材料、当地的施工安装条件、构配件的生产能力以及场地的自然条件等。

3)结构分类

多层厂房结构按照所用材料的不同分为混合结构、钢筋混凝土结构和钢结构。

①混合结构的取材及施工都比较方便,保温隔热性能较好,且经济适用,可用于楼板跨度在 4~6 m,层数在 4~5 层,层高为 5.4~6.0 m,楼面荷载较小且无振动的厂房。但当场地自然条件较差,有不均匀沉降时,应慎重选用,此外地震多发区亦不宜选用。

②钢筋混凝土结构是我国目前采用最为广泛的一种形式。其剖面较小、强度大,能够适应层数较多、荷载较大、跨度较大的需要。除此之外,还可采用门式刚架组成的框架结构等。

③钢结构具有质量轻、强度高、施工速度快等优点,目前多采用轻钢结构和高强度钢材,比普通钢结构可节省钢材 15%~20%,造价降低 15%,减少用工 20% 左右。

13.4.1 多层厂房的平面设计

1)工艺流程的类型

生产工艺流程的布置是厂房平面设计的主要依据。按照生产工艺流向的不同,多层厂房的生产工艺流程的布置可归纳为上下往复式、自上而下式、自下而上式 3 种类型,见图 13.51。

(1)自下而上式

自下而上式是原料自底层按照生产按流程逐层向上输送并被加工,最后在顶层加工成为成品。如手表厂、照相机厂或一些精密仪表厂等轻工业厂房,见图 13.52(a)。

（2）上下往复式

上下往复式是一种混合布置的方式（如印刷厂），它能适应不同的情况要求，应用范围较广，见图 13.52（b）。

（3）自上而下式

自上而下式的特点是把原料先送至最高层，然后按照生产工艺流程自上而下的逐步进行加工，最后的成品由底层输出。这样可利用原料的自重来减少垂直运输设备，一些进行粒状或粉状材料加工的工厂常采用，如面粉加工厂、电池干法密闭调粉楼等，见图 13.52（c）。

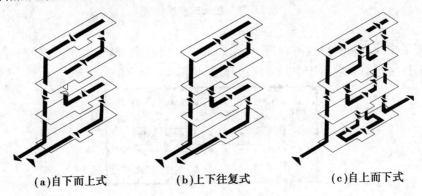

（a）自下而上式　　　（b）上下往复式　　　（c）自上而下式

图 13.52　3 种生产工艺流程

2）平面设计的原则

平面设计应根据生产工艺流程、工段的组合、交通运输、采光通风及生产上的各类要求，经过综合探讨后决定。由于各工段间生产性质、环境要求不同，组合时应将具有共性的工段作水平和垂直的集中分区布置。

多层厂房的平面布置形式一般有内廊式、统间式、大宽度式、混合式和套间式几种。

（1）内廊式

内廊式的特点是两侧布置生产车间和办公、服务房间，中间为走廊。它适用于各工段面积不大，生产上既紧密联系又不互相干扰的工段。各工段可按工艺流程布置在各自的房间内，再用内廊联系起来，见图 13.53。

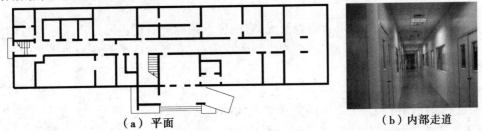

（a）平面　　　　　　　　　　　　　　（b）内部走道

图 13.53　内廊式多层厂房

（2）统间式

统间式中间只有承重柱，不设隔墙。这种布置形式对于自动化流水线的操作较为有利，见图 13.54。

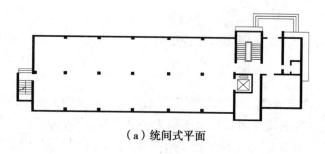

（a）统间式平面　　　　　　　　　（b）统间式厂房内部

图 13.54　统间式多层厂房

（3）大宽度式

通常为了平面的布置更经济合理，可采用加大厂房宽度，形成大宽度式的平面形式。垂直交通可根据生产需要设置于中间或周边部位，见图 13.55 和图 13.56。

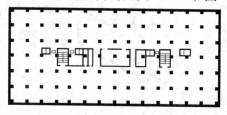

图 13.55　垂直交通集中在中间

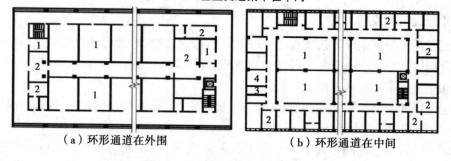

（a）环形通道在外围　　　　　　　（b）环形通道在中间

图 13.56　垂直交通集中在周边

1—生产用房；2—办公、服务用房；3—管道井；4—仓库

（4）混合式

混合式由内廊与统间式混合布置而成，它的优点是能够满足不同生产工艺流程的要求，灵活性较大；缺点是施工比较麻烦，结构类型较难统一，常易造成平面及剖面形式的复杂化，且对防震也不利。

（5）套间式

通过一个房间进入另一个房间的布置形式称为套间式，这也是为了满足生产工艺的要求，或为了保证高精度生产的正常进行而采用的组合形式。

13.4.2　多层厂房柱网设计

多层厂房的柱网设计首先应满足生产工艺的需要，应符合《建筑模数协调统一标准》（GBJ 2—86）和《厂房建筑模数协调标准》（GB/T 50006—2010）的要求，还应考虑厂房的结构形式、建筑材料和施工难易程度，综合考虑其经济性。在工程实践中，多层厂房的柱网可概括为内廊式、等跨式、对称不等跨式、大跨度式等几种主要类型，见图 13.57。

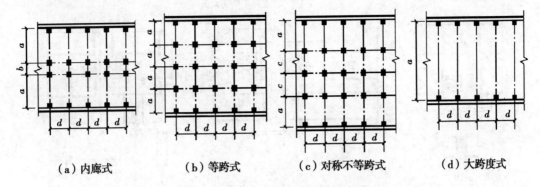

（a）内廊式　　　（b）等跨式　　　（c）对称不等跨式　　　（d）大跨度式

图 13.57　多层厂房柱网布置的类型

增加厂房的宽度会相应降低建筑的造价,因为建筑面积增加的同时,外墙和窗的面积却增加不多,这样单位面积的造价会有所降低;但扩大厂房宽度易造成通风采光的不利,有时甚至还会带来结构构造上的困难,因此在设计时应选择较为合适的柱距及跨度,见图 13.58。

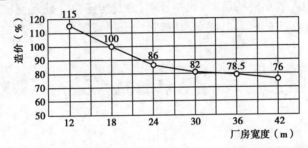

图 13.58　多层厂房的宽度对承重和维护结构造价的影响

13.4.3　多层厂房楼电梯间和生活、辅助用房的设计

多层厂房的楼、电梯通常布置在一起,组成综合交通枢纽,并将生活、辅助用房组合在一起,这样既方便使用,又利于节约建筑空间。常见的楼、电梯间与出入口的关系处理有以下两种:

①人流和货流由同一出入口进出。楼、电梯的相对位置可能有不同的布置方案,但无论组合方式如何,均要达到人、货流同门进出,直接通畅而互不相交,见图 13.59。

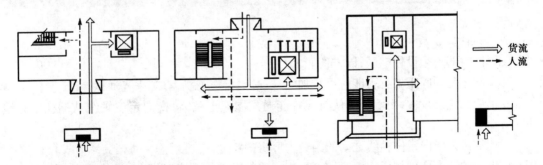

图 13.59　人流货流同门布置

②人、货流分不同的出入口进出。这种组合方式人、货流区分明细,互不干扰,特别适合有洁净需求的厂房,见图 13.60。

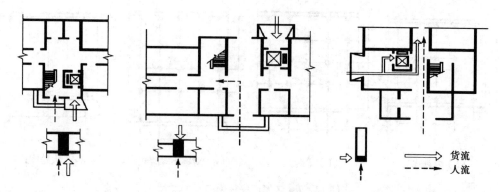

图 13.60　人流货流分开布置

多层厂房的生活辅助用房分为三类:第一类为使用时间集中且人数较多的用房如盥洗室、更衣室等;第二类是使用时间分散但使用人数较多的房间,如卫生间、吸烟室等;第三类是使用时间分散且使用人数不多的房间,如办公室、健身房等。在建筑空间的组合中,应尽量保证第一类房间布置在厂房的出入口或交通枢纽处,分层或集中布置。

复习思考题

1. 简述厂房总平面的功能分区。
2. 单层厂房的结构类型有哪些?
3. 什么是单层厂房的高度? 如何确定?
4. 影响厂房柱网设计的依据有哪些?
5. 排架结构的基本组成构件有哪些?
6. 排架结构和钢架结构的经济跨度是什么?
7. 工艺设计布置图的主要内容有哪些?

习　题

一、判断题

1. 厂区内部必须设住宅区,以方便职工。　　　　　　　　　　　　　　　　(　　)

2. 车间之间的间距如有可能应尽量加大,可避免噪声干扰,有利采光通风。　(　　)

3. 单层厂房设计中,山墙处为使抗风柱能通到屋架上弦,将横向定位轴线从端柱中心线外移了 600 mm。　　　　　　　　　　　　　　　　　　　　　　　　　　(　　)

4. 相邻两条横向定位轴线之间的距离为厂房的跨度。　　　　　　　　　　(　　)

5. 纵向的结构构件如屋面板、吊车梁、连系梁的标志长度皆以横向定位轴线为界。
　　　　　　　　　　　　　　　　　　　　　　　　　　　　　　　　　(　　)

6. 厂房的高度是指室内地坪标高到屋顶承重结构下表面的距离。　　　　　(　　)

7. 吊车起重量较小时,外墙边柱与纵向定位轴线,一般采用非封闭式结合。　(　　)

8. 生产工艺流程的布置是厂房平面设计的主要依据。 （   ）

9. 增加多层厂房的宽度会相应降低建筑的造价。 （   ）

10. 边柱与纵向定位轴线的联系有封闭式结合和非封闭式结合两种。 （   ）

二、选择题

1. 厂区建筑占地系数是指（   ）。

    A. 建筑物占地面积与厂区占地面积之比 ×100%

    B. 建筑占地面积和道路广场面积与厂区占地面积之比 ×100%

    C. 建筑物、构筑物和露天堆场占地面积,与厂区占地面积之比 ×100%

    D. 建筑占地面积、道路与广场面积、工程管网占地面积之和与厂区占地面积之比 ×100%

2. 工业建筑在功能上必须首先满足的要求是（   ）。

    A. 采光、通风   B. 防火   C. 交通   D. 生产工艺

3. 厂房的跨度在 18 m 以下时,常采用的跨度有（   ）。

    A. 6 m、10 m、15 m、18 m   B. 9 m、12 m、15 m、18 m

    C. 6 m、7.5 m、15 m、18 m   D. 4.5 m、9 m、13.5 m、18 m

4. 在棉纺厂建筑设计中,常采用北向锯齿形天窗,其主要作用是（   ）。

    A. 保持室内温湿度稳定   B. 防止阳光直射

    C. 美观需要   D. 标志性

5. 下面哪组为通风天窗（   ）。

    Ⅰ. 矩形天窗   Ⅱ. 井式天窗   Ⅲ. 平天窗   Ⅳ. 三角形天窗

    A. Ⅰ,Ⅱ   B. Ⅰ,Ⅲ   C. Ⅰ,Ⅳ   D. Ⅱ,Ⅳ

6. 厂房柱网的选择,实际上是（   ）。

    A. 确定跨度   B. 确定柱距

    C. 确定屋架跨度和柱距   D. 确定定位轴线

7. 单层厂房的山墙为非承重墙时,横向定位轴线与（   ）。

    A. 山墙中线重合   B. 山墙外皮重合

    C. 山墙内皮重合   D. 端部柱中线重合

8. 单层工业厂房定位轴线标注有（   ）,结合形式有（   ）。

    A. 横向轴线   B. 纵向轴线   C. 封闭结合

    D. 非封闭结合   E. 中心轴线

三、填空题

1. 厂房按层数不同分为单层厂房、_____和_____厂房等。

2. 动力用厂房,是为主要生产厂房提供能源的场所,例如 _____、_____ 和 _____ 等。

3. 厂房又分为_____、热加工车间、_____、_____和其他特种状况的车间等。

4. 工艺设计图是生产工艺设计的_____,包括_____、设备布置图和_____。

5. 联合厂房占地较少,_____相应减小,缩短了_____,使用灵活,能满足工艺更新的要求。

6. 工厂总平面的功能分区,一般包括_____和_____两大部分。

7. 厂址宜靠近原料、_____基地或产品_____,并有方便、经济的_____条件。

8. 单层厂房的骨架承重结构体系又可分为刚架、_____及_____,其中以_____最为多见。

9. 排架纵向结构构件包括屋面板、_____、_____等。此外,还有垂直和水平方向的_____,用以提高建筑的整体稳定性。

10. 单层厂房的平面形式主要有单跨矩形、多跨矩形、方形、_____、E 形和_____等几种。

11. 厂房内部的生产工艺流程一般以直线式、_____和_____这 3 种为主。

12. 厂房生活间一般包含生_____、浴室、盥洗间、_____、_____和车间办公室等。

13. 厂房的高度是指室内地坪标高到屋顶_____下表面的距离,一般以_____来代表。

14. 厂房建筑的天然采光方式主要有侧面采光、_____和_____。

15. 厂房建筑群的平面布置有_____、错列式、斜列式、_____和自由式等。

16. 单层厂房的纵向定位轴线主要用来标注厂房的_____或_____等横向构件长度的_____。

17. 多跨厂房的中柱有_____跨和_____跨两种情况。

18. 多层厂房自下而上式工艺流程的特点是,_____自底层按照生产按流程_____输送并被加工,最后在顶层_____。

19. 多层厂房的平面布置形式一般有内廊式、_____、_____和套间式几种。

四、简答题

1. 单层厂房的结构类型有哪些?

2. 单层厂房的高度以什么为代表?

3. 工艺设计布置图的主要内容有哪些?

五、作图题

1. 抄绘外墙边柱与纵向定位轴线的封闭式和非封闭式结合关系图。

2. 抄绘非承重山墙横向定位轴线及承重山墙横向定位轴线。

14

场地配套设施的构造

[本章导读]

通过本章学习,应了解场地排水及构造措施;了解建筑小品的作用和构造;熟悉道路广场等地面硬化的材料与构造;熟悉相关标准设计;掌握各种地形改造加固的方法和构造措施。

14.1 道路与广场构造

道路与广场是建筑环境的重要组成部分,道路在场地中起着组织交通和引导流线的作用;广场供人流集散与休憩、停车等。大多数的广场和活动场地是由道路拓宽后形成的,例如车行道拓宽后就形成停车场或回车场;人行道拓宽就成为人群的活动场所(如广场或羽毛球场等),当然大型的活动场所(如田径场)是例外。

14.1.1 道路

1)道路类别

按材料和铺筑方式不同,可分为刚性道路和柔性道路。刚性道路稳定性强,但变形受到限制,如现浇混凝土或现浇钢筋混凝土道路。为适应混凝土热胀冷缩的变化,需设变形缝,缝中嵌设沥青等弹性材料。柔性道路一般指沥青路面和散块铺设的道路,它可自身调节温度变形。

按使用功能的不同,分为车行道和人行道。车行道承载能力大、路面平整较宽、长方向坡度有一定的限度(例如不超过8%),详《城市道路工程设计规范》(CJJ 37—2012),道路拐弯处要有一定的转弯半径,坡度不宜超过 8%,超标时应改为台阶,见图 14.1(a)。人行道按路面铺装材料的不同,分为砂石路、碎石路、花砖铺路、木桩路等。车行道与人行道一般各成体系,车行道通常还有组织地面排水的功能,使得车行和人行两个体系有 100~200 mm 的高差,也使车流与人流得以分开。设计时应在重要部位设置斜坡沟通两个体系,以方便轮椅、儿童车和自行车等通行。两个体系的构造做法大体相同但有区别,因为各自承受的荷载不同。车行道的铺砌层一般铺筑在素混凝土基层上。人行道的铺砌层一般是构筑在砂、矿渣、建筑废料的基层上,仅重要的广场和街道例外。

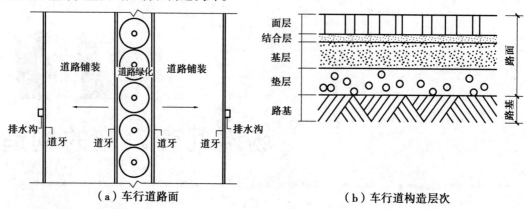

（a）车行道路面   （b）车行道构造层次

图 14.1　道路

2)道路的基本构造层次

道路一般由路面和路基两部分组成,如图 14.1(b)所示。路基是道路的地基,承受路面上传递下来的负荷,保证道路的强度和刚度,一般的构造做法是素土夯实。路面的构造层次有垫层、基层、结合层和面层。

（1）垫层

垫层的作用是解决路基标高过低、排水不良等问题,并满足排水、隔温或防冻等的需要,常用煤渣土、石灰土或与路基同类土等筑成。

（2）基层

基层直接设置于路基之上,传递来自面层的负荷给路基,一般用碎石、灰土或各种工业废渣等筑成,对于要求较高的道路则采用现浇混凝土。

（3）结合层

结合层在面层和基层之间,起找平和结合面层作用。常用 30~50 mm 厚的中粗砂、水泥砂浆或白灰砂浆。

（4）面层

面层是道路最上面一层,要求美观、坚固、平稳、耐磨损,具有一定的粗糙度、少起尘并便于清扫。材料和施工方法不同,面层的构造方式也不同。

各类道路面层的最小厚度,见表 14.1。

表 14.1　道路面层最小厚度控制值

结构层材料		层　位	最小厚度值(mm)	备　　注
现浇水泥混凝土		面层	60	
现浇钢筋混凝土		面层	80	
水泥砂浆表面处理		面层	10	1:2水泥砂浆用中粗砂
石片、釉面地砖铺贴		面层	15	水泥做结合层
沥青混凝土	细粒式	面层	30	双层式结构的上层为细粒式时,上层油毡层最小厚度为20 mm
	中粒式	面层	35	
	粗粒式	面层	50	
石板、混凝土预制板		面层	60	预制板φ6@150 双向钢筋
整齐石块、预制砌块		面层	100～120	
半整齐、不整齐石块		面层	100～120	包括拳石、圆石
卵石铺地		面层	25	干硬性1:1水泥砂浆结合层
砖石镶嵌拼花		面层	50	1:2水泥砂浆结合层
石灰土		基层或垫层	80 或 150	老路上为80 mm,新路上为150 mm
级配碎砾石		基层	60	
手摆石块		基层	120	
砂、煤渣		垫层	150	
透水混凝土		面层		

3)常见道路的构造

常见的道路的构造做法,详见表 14.2。

表 14.2　常见道路的构造举例

名　　称	材料及做法
混凝土车行道	C25 混凝土 200 mm 厚,30 mm 厚粗砂间层,大块石垫层厚 200 mm,素土夯实
	C25 混凝土 120 mm 厚,30 mm 厚粗砂垫层,100 mm 厚碎石碾压,素土夯实
预制混凝土路面	C20 预制混凝土块 250 mm×250 mm 厚 50 mm,块缝灌 1:3 水泥砂浆,厚 30 mm 粗砂层,100 厚碎石碾压,素土夯实
透水混凝土	装饰性透水面层,50 厚彩色强固透水混凝土,100 厚基准打孔透水混凝土,20 厚粗砂滤水层,150 厚级配碎石垫层,素土夯实
沥青表面	25 mm 厚沥青表面处理,级配碎石面层厚 50 mm,碎石垫层厚 100 mm,素土夯实
沥青混凝土路	50 mm 厚中粒沥青混凝,60 mm 厚碎石间层,150 mm 厚碎石垫层,素土夯实
卵石路面	80 mm 厚 C20 混凝土栽小卵石,30 mm 厚粗砂垫层,100 mm 厚碎石碾压,素土夯实
砌块嵌草路面	100 mm 厚混凝土空心砖,30 mm 厚粗砂间层,200 mm 厚碎石垫层,素土夯实
砖铺地面	MU7.5 灰砂砖铺地,M5 水泥砂浆嵌缝,30 mm 厚粗砂垫层,100 厚碎石压实,素土夯实
石板浅草路面	100 mm 厚石板留草缝宽,40 mm,50 mm 厚黄沙垫层,素土夯实

4)路面铺装构造实例

路面铺装是指路面材料的选用、外形形状的处理和相应的施工工艺的考虑等。建筑环境中的道路除了稳定、结实、耐用外,同时要求有相应的景观效果,尤其是对面层的铺装有一定的要求。常见场地铺装的构造如下:

(1)整体路面

整体路面是指一次性整体铺装的路面,如沥青混凝土或水泥混凝土路面。它平整度好、耐磨耐压、施工和养护简单,多用于车行道和主要人行道。

水泥混凝土路面基层常用 80 ~ 120 mm 的碎石或 150 ~ 200 mm 厚的大石块,上置 50 ~ 80 mm 的砂石层做间隔层,面层常采用 100 ~ 150 mm 厚的 C20 现浇混凝土。为加强抗弯能力,对于行使重型车辆的道路,应在其中间设置 φ14@250 mm 的双向钢筋网片。路面每隔 6 ~ 10 m 设置横向伸缩缝一道。

沥青混凝土路面基层的做法同水泥混凝土的基层,或用石灰碎石铺设 60 ~ 150 mm 厚做垫层,再以 30 ~ 50 mm 沥青混凝土做面层,并以 15 ~ 20 mm 厚的沥青细石砂浆做光面覆盖层。

目前各种路面的首选应是透水混凝土路面(图 14.2),这是一种能让雨水流入地下,缓解城市的地下水位急剧下降、能有效消除地面上的油类化合物等对环境的污染、能维护生态平衡和减少城市热岛效应的优良的路面铺装材料。

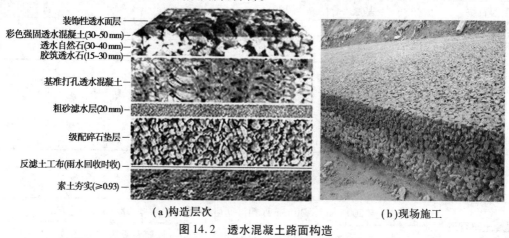

(a)构造层次   (b)现场施工

图 14.2 透水混凝土路面构造

(2)块料路面

块料路面是指用砖、预制混凝土块、石板材等做路面铺装。块料一般使用水泥砂浆结合层,铺设于混凝土的基层上。

①砖铺路面。以成品砖为路面面层,使用砖的自身色彩,采用各种不同的编排图式,构成各种形式,见图 14.3。

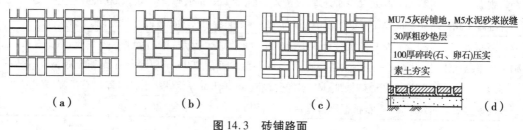

(a)   (b)   (c)   (d)

图 14.3 砖铺路面

②石板路面。一般选用等厚的石板材作面层,利用石材的天然质感,营造出一种自然、沉稳的气氛。石板可直接铺设于砂垫层上或路基上,见图14.4。其厚度以花岗石为例,车道≥70 mm,人行道≥40 mm。

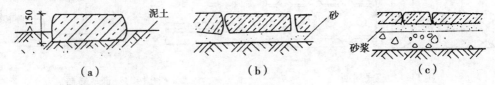

図 14.4　石板路面

③预制混凝土块路面。预制混凝土块的规格一般按设计要求而定。素混凝土预制块,其厚度不应小于80 mm;钢筋混凝土板,其厚度最小可达60 mm;钢筋为φ6～φ8双向@200～250 mm。混凝土预制块的顶部可做成彩色、光面、露骨料等艺术形式。预制混凝土块的铺设基本上与石板路面相同。

(3)颗粒路面

颗粒路面是指采用小型不规则的硬质材料,使用水泥砂浆粘结于混凝土基层上的路面铺装方式,主要有卵石、陶材碎片等路面形式。

①卵石路面。将卵石按大小、色彩、形状等分类铺设成各种色彩、图案,常见于公园游步道或小庭园中的道路,见图14.5。卵石路面可充作足疗健身步道。

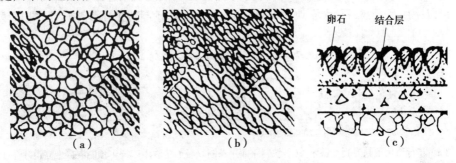

图14.5　卵石路面

②碎石路面。碎石路面又称"弹街石"路面,常用颗粒直径50～100 mm的不规则碎石或较规则正方体石块,用中粗砂固定于路的基层上,见图14.6。

图14.6　碎石路面

(4)花式路面

花式路面是指艺术形式特别、功能要求复杂的路面,如图案路面、嵌草路面等。最常见的图案路面为"石子画",它是选用精雕的砖、磨细的瓦和经过严格挑选的各色卵石拼凑铺装而成的路面,如图14.7所示为其中几种,用于人行道。

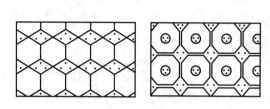
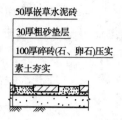
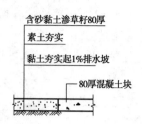

图 14.7　花式路面　　　　　　　　　　　图 14.8　嵌草路面

（5）嵌草路面

嵌草路面又称植草路面,指在面层块材之间留出 30~50 mm 的缝隙或在块材自身的穿空中填土,用以种植草或其他地被植物的路面,见图 14.8。嵌草路面的面层块材,一般可直接铺设在路基上,或在混凝土基层上设置较厚的砂结合层。常用于人行道或停车场。

14.1.2　附属工程的构造

（1）道牙

道牙又称路肩石、路缘石或路牙,是安置在道路两侧的道路附属工程。它保护路面,便于排水,在路面与路肩之间起衔接联系的作用。道牙的结构形式有立式、平式等多种形式。道牙一般采用 C20 的预制混凝土块或长方形的石块做成,也可采用砖块砌作小型的路牙。自然式的步行小道,可以采用瓦、大卵石、大石块等材料构成,造景效果好,常见的道牙构造见图 14.9。

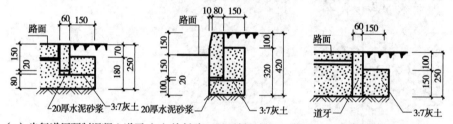

（a）步行道用预制混凝土道牙（b）快料路面用预制混凝土立道牙　（c）预制混凝土立道牙

图 14.9　道牙设计实例

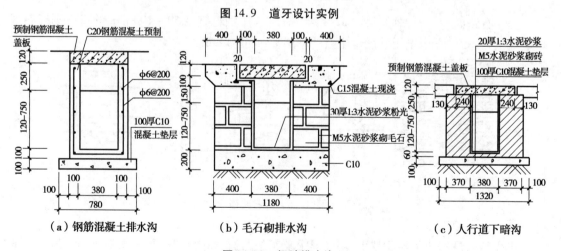

（a）钢筋混凝土排水沟　　　　　（b）毛石砌排水沟　　　　　（c）人行道下暗沟

图 14.10　场地排水沟

（2）排水沟和雨水井

排水沟和雨水井是收集和排放地面雨水的设施。因排水量较大,场地排水沟的断面尺寸大于建筑四周设置的排水沟,见图14.10。水沟的纵向排水坡度一般为0.5%。排水沟较长时,水沟底会变深,池壁构造类似挡土墙才够牢固,见图14.11。

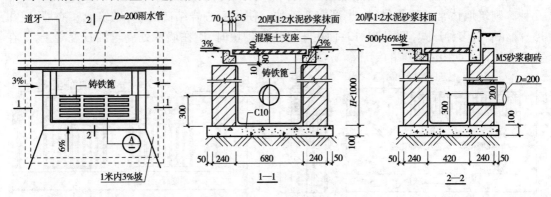

图14.11　雨水井

（3）台阶

当人行道坡度超过15%时,必须做成台阶,每级台阶的高度为120～150 mm,面宽为300～380 mm,每级台阶面应有1%～2%的外倾坡度,以利于排水。室外台阶常用的材料有现浇混凝土、石材、预制混凝土块、砖材、木材、型钢等。

14.2　景墙和围墙

建筑环境中的墙有景墙围墙等形式,它们只承受自重,建造的材料以砖、石、混凝土、金属为主。景墙和围墙一般分为基础、墙体、顶饰和面饰等几部分。

14.2.1　基础

由于不承受其他荷载且自重较轻,围墙的基础断面较小,常埋置于硬土或构筑物(如挡土墙)之上,见图14.12。

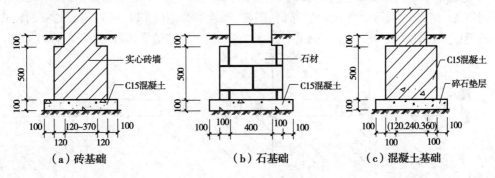

（a）砖基础　　　　（b）石基础　　　　（c）混凝土基础

图14.12　围墙基础构造

14.2.2 墙体

为加强稳定性,墙体中间应间隔 2 400～3 600 mm 设置墙垛或柱,墙垛的平面尺寸符合砖或砌块的模数。墙体的高度一般为 2 200～3 200 mm,厚度常为 120 mm、180 mm、240 mm 等几种。砌筑墙体常使用烧结砖、小型空心砖块。使用实心烧结砖时,可砌筑成实心墙、空斗墙、漏花墙等多种形式,见图 14.13;使用小型空心砌块时,应在墙垛处浇筑细石混凝土,并在孔洞中加设 4 φ10～φ14 的钢筋。

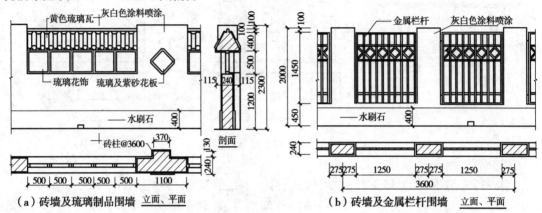

（a）砖墙及琉璃制品围墙 立面、平面　　　　（b）砖墙及金属栏杆围墙 立面、平面

图 14.13　围墙及墙垛设计实例

14.2.3 顶饰

顶饰指墙体的顶部装饰。顶饰的构造处理不仅考虑造型,还能保护墙体。

顶饰常采用抹灰工艺进行处理,或者以装饰砂浆、石子砂浆抹出各种装饰线脚,以及用瓦覆盖等。

14.2.4 墙面饰

墙面饰指墙面的装饰,一般有勾缝、抹灰、贴面 3 种构造类型。

（1）勾缝

勾缝是指对砌体或饰面块材间的缝隙进行涂抹处理。常用的有麻丝砂浆、白水泥砂浆、细沙水泥浆等。勾缝的剖面形状有凸缝、平缝、凹缝、圆缝等类型(图 14.14),勾缝的立面样式,可做冰纹缝(一般做凹缝)、虎皮缝(一般做凸缝)、十字缝、十字错缝等多种形式,见图 14.15。

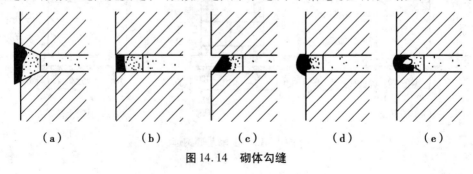

（a）　　　　（b）　　　　（c）　　　　（d）　　　　（e）

图 14.14　砌体勾缝

（2）抹灰

抹灰是指在墙体表面采用水泥混合砂浆、水泥砂浆或石子水泥砂浆，经过拉毛、搭毛、压毛、扯制浅脚、堆花，或采用喷砂、喷石、洗石、斩石、磨石等工艺处理，取得相应的材质效果。在抹灰层的表面，可以喷涂各种涂料，能够获得设计所需要的色彩效果。

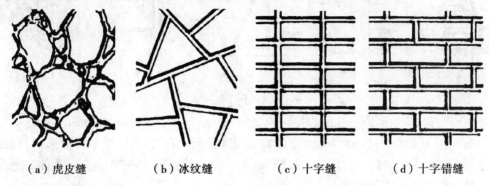

（a）虎皮缝　　　　（b）冰纹缝　　　　（c）十字缝　　　　（d）十字错缝

图 14.15　勾缝平面形式

（3）贴面

围墙和景墙的贴面材料种类很多，如青砖、劈裂石、劈裂砖、花岗石、大理石板、琉璃砖以及墙面雕塑块件等。

14.2.5　墙窗洞口

中国传统样式围墙上的什景窗外形丰富多彩，以其功能不同，可分为镶嵌窗（图14.16）、漏窗（图14.17）和夹樘窗（图14.18）3 种形式。

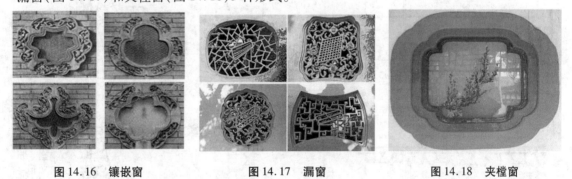

图 14.16　镶嵌窗　　　　　　图 14.17　漏窗　　　　　　图 14.18　夹樘窗

14.3　挡土墙、护坡与驳岸、水池

地形有高差或坡度的地方，因建筑工程实施而被改造后，会设置挡土墙、护坡或驳岸。

14.3.1　挡土墙

挡土墙的主要用于坡度较大处的高低地面之间充当泥土阻挡物，以防止陡坡坍塌。其建造材料为砌体块材、混凝土与钢筋混凝土等，结构类型有重力式、悬臂式、扶垛式、桩板式和砌块式等，见图 14.19。

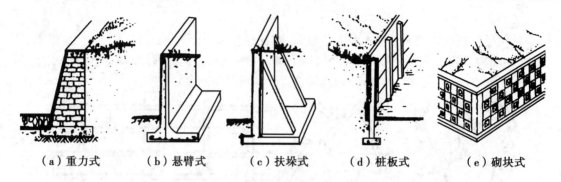

（a）重力式　　（b）悬臂式　　（c）扶垛式　　（d）桩板式　　（e）砌块式

图 14.19　挡土墙类型

挡土墙应设泄水孔排水,孔的直径可为 20 ~ 40 mm,竖向每隔 1 500 mm 左右设一个,水平方向的间距为 2 000 ~ 3 500 mm。当墙面不允许设泄水孔时,则在墙身背面采用砂浆或贴面防水构造措施,并在墙脚设排水沟,见图 14.20。挡土墙每隔 10 ~ 20 m 应设置伸缩缝,挡土墙的主体一般由结构工种设计。

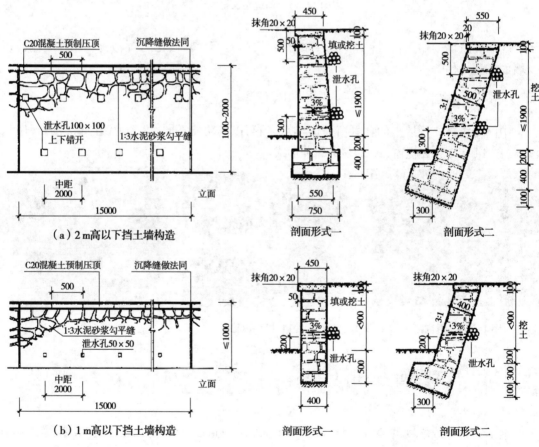

（a）2 m 高以下挡土墙构造　　剖面形式一　　剖面形式二

（b）1 m 高以下挡土墙构造　　剖面形式一　　剖面形式二

图 14.20　挡土墙排水

14.3.2　护坡

护坡是用于坡度较缓处,防止边坡受冲刷或土层滑移,在坡面上所做的加固、铺砌和栽植的统称,大至山体护坡,小至地貌处理,建筑场地一般仅涉及小型护坡。常用做法有草皮护坡、灌木护坡、铺石护坡等。设于水岸的缓坡,或较高一侧所受荷载较大的缓坡处,如道路旁。

草皮护坡适用于 1:20 ~ 1:5 的缓坡处,见图 14.21;灌木护坡适用于平缓坡度,见图 14.22。

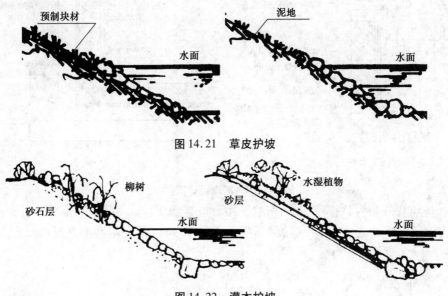

图 14.21　草皮护坡

图 14.22　灌木护坡

铺石护坡适用于地形坡度稍大处,或水岸坡岸较陡,风浪较大,或造景需要设置的地方。护坡的石料应为吸水率低、密度大和较强耐水抗冻性的石材,常用抛石、干砌片石、浆砌片石、石笼等修筑。如图 14.23 所示为铺石护坡的几种构造做法。

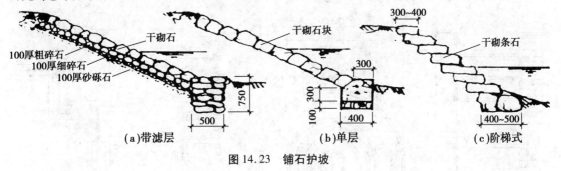

(a)带滤层　　　　　　　　　(b)单层　　　　　　　　　(c)阶梯式

图 14.23　铺石护坡

14.3.3　驳岸

驳岸是防止水岸坍塌的挡土设施,并保护其不受波浪冲刷损害。驳岸的构造一般分为基础、堰身和压顶三部分,见图 14.24。

基础起承重作用,要求坚固稳定。常用浆砌毛石或 C10 ~ C20 的混凝土做成。

堰身是驳岸的主体部分,承受自身的垂直荷载、水压力与水冲刷力、身后土侧压力等。堰身的高度以水面的最高水位与水的浪高来确定。岸顶一般高出 250 ~ 1 000 mm,水面大、风浪大时可高出 500 ~ 1 000 mm。堰身用浆砌块石、现浇混凝土或现浇钢筋混凝土做成。

压顶为驳岸的最上面部分,常用钢筋混凝土做成,以增强驳岸的整体稳定性。当岸上为

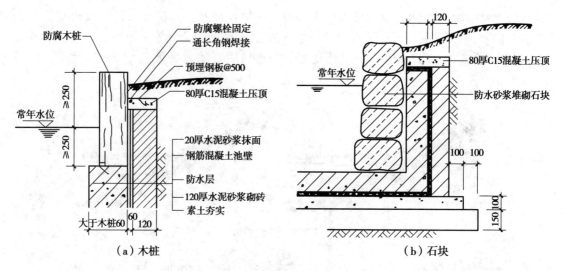

图 14.24 驳岸设计实例

平坦地时,应该设置防身栏杆或栏板,一般采用石材、金属型材、钢筋混凝土杆件组成。

驳岸应每隔 15 m 左右设置伸缩缝,缝宽为 15~25 mm,缝中填塞油膏或以二至三层的油毡隔开。

14.3.4　人工水池

人工水池包括游泳池、蓄水池、跌水池(图 14.25)、人工喷泉(图 14.26)等,按建筑材料不同可分为砖池、浆砌石池、混凝土池等,按形状特点可分为几何形或随意形水池。设计建造时应注意水的循环利用。

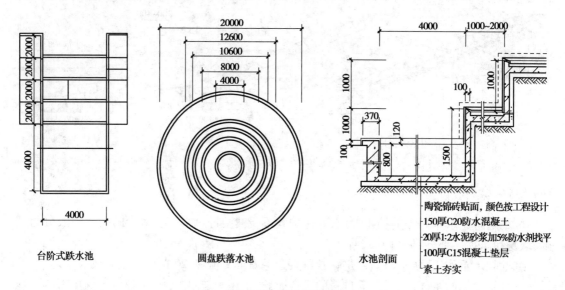

图 14.25　跌水池构造

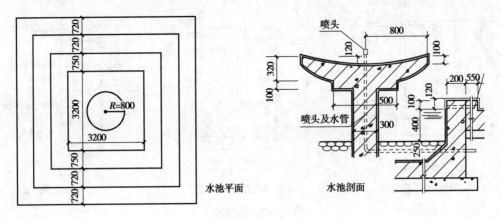

图 14.26 喷水池构造

14.4 其他构造

1)用于绿化种植的建筑小品

①花台,是高出地面的搁置盆栽花木的台子,一般高出周围地面 250 ~ 900 mm,见图14.27(a)。

| (a) 花台 | (b) 花池 | (c) 花坛 |

图 14.27 花台、花池与花坛

②花池,是养花和栽树用的经过围栏的区域,可以丰富绿地的层次和变化。池壁一般用砖石砌筑,其饰面材料多样,以耐候性能好的为主。小型花台应注意排水,以保护植物根系,见图 14.27(b)。

③花坛,是按照图案栽植观赏植物以表现花卉群体美的园林设施,可在几何形轮廓的植床内,搭配种植各种不同色彩的花卉。构造做法类同花池,见图 14.27(c)。

花池构造做法详见图 14.28,花坛构造详见图 14.29(a),花池护栏构造详见图 14.30(b)。

2)假山

假山是人工堆砌和塑造的山体,所用材料主要为天然石材(如千层石,龟纹石,灵璧石、黄蜡石和太湖石等),或人造假石[如轻质材料砌筑(图 14.30)、玻璃钢塑石、钢丝或钢板网抹灰(图 14.31)以及 GRC(玻璃纤维增强水泥,见图 14.32)]。这些材料的共同点是中空质轻、塑形方便,而且有足够的强度和刚度。塑形时也会少量使用砖、加气混凝土等材料。假山按照

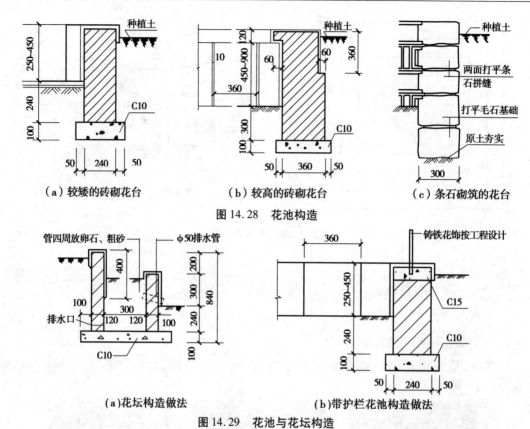

（a）较矮的砖砌花台　　　　（b）较高的砖砌花台　　　　（c）条石砌筑的花台

图 14.28　花池构造

（a）花坛构造做法　　　　　　　（b）带护栏花池构造做法

图 14.29　花池与花坛构造

施工工序塑造成形后,再用水泥砂浆等塑造出面层纹理,最后上色或喷涂石粉等完成造景。

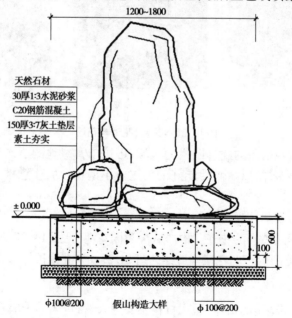

图 14.30　砌筑假山

图 14.31　钢丝网抹灰塑形

图 14.32　GRC 塑石假山

3）花架

制作花架的材料主要有钢筋混凝土和防腐木，形式有双排柱花架（图 14.33）、片式花架（单排梁柱悬挑片板，见图 14.34）、独立式花架（图 14.35）。其中，双排柱花架最常见，其构造做法详见图 14.36 和图 14.37。

图 14.33　双排柱花架

图 14.34　片式花架

图 14.35　独立式花架

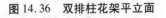

图 14.36　双排柱花架平立面

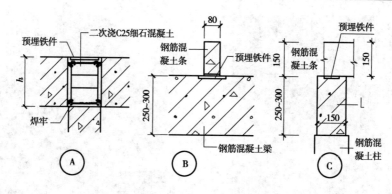

图14.37 双排柱花架构造大样

复习思考题

1.目前较好的路面和广场硬化材料有哪些?

2.人行道与车行道在构造上有何不同?

3.挡土墙、护坡与驳岸的差别有哪些?

4.修建假山可以选择哪些材料?

习 题

一、判断题

1.挡土墙一般每隔20 m长度就应设伸缩缝。 （ ）

2.人行道与车行道的基层构造是不同的。 （ ）

3.选用透水材料来硬化地面,是较环保的方式。 （ ）

4.石板路面的石板可直接铺设于砂垫层上或路基上。 （ ）

5.挡土墙设置于陡坡,护坡设置于缓坡处。 （ ）

6.驳岸所起的作用和挡土墙一样。 （ ）

7.花台是里边有土,专用于种花养草的小品。 （ ）

8.围墙设置墙垛或柱子,是为增加其强度。 （ ）

9.道路垫层的作用是解决路基标高过低、排水不良等问题和满足排水、隔温或防冻等的需要。 （ ）

10.块材路面平整度好、耐磨耐压、施工和养护简单,多用于车行道和主要人行道。
（ ）

二、选择题

1.下面( )不属于道路的构造层。

　A.基层　　　　　B.垫层　　　　　　C.防水层　　　　　D.面层

2.混凝土路面应每隔( )设置横向伸缩缝一道。

A.3~5 m   B.6~10 m   C.11~15 m   D.15~20 m

3.场地排水沟的纵向坡度一般是(　　)。

     A.0.5%   B.1%   C.2%   D.3%

4.人行道大于(　　)的坡度时,应改为台阶。

     A.8%   B.15%   C.20%   D.30%

5.围墙长度一般不超过(　　)距离应设墙垛或柱。

     A.2 400   B.3 000   C.3 600   D.4 000

6.围墙高度一般不超过(　　)

     A.2.0 m   B.2.4 m   C.3.0 m   D.3.2 m

7.设置挡土墙泄水孔的水平距离不超过(　　)。

     A.3.5 m   B.4.0 m   C.4.5 m   D.5.0 m

8.风浪较大的水岸边,驳岸应高出常年水位以上(　　)。

     A.250 mm   B.300 mm   C.500 mm   D.600 mm

9.挡土墙伸缩缝的间隔距离,不应超过(　　)。

     A.9 m   B.20 m   C.24 m   D.30 m

10.驳岸每隔(　　)左右应设置伸缩缝。

     A.10 m   B.15 m   C.20 m   D.25 m

三、填空题

1.车行道与人行道一般有_____的高差,既便于_____,也使车行与人行得到_____。

2.道路按受力情况不同分为_____和_____,_____稳定性强。

3.透水混凝土能补充_____、消除_____污染,缓解城市_____等。

4.块料路面是用砖、_____、_____等做路面铺装。

5.嵌草路面是在面层块材之间_____或块材_____填土,用以_____。

6.道牙一般采用预制混凝土块或_____等做成,有时采用_____砌作小型的路牙。

7.当人行道坡度超过_____时,须做成台阶,每级台阶的高度为_____,面宽为_____。

8.装饰石材墙勾缝的立面样式,可做冰纹缝、_____、_____和_____等多种形式。

9.中国传统样式围墙上的什景窗,以其构造不同可分为_____、_____和_____3种形式。

10.镶嵌窗是镶在墙身上的一种_____,又叫_____。

11.挡土墙的结构类型有重力式、_____、_____、桩板式和_____等。

12._____是防止水岸坍塌的挡土设施,并保护其不受_____损害。

13.假山所用天然石材有千层石、_____、灵璧石、_____和_____等。

14.人造假石的塑形材料和构造方式有玻璃钢塑石、_____和_____等。

15.常见的花架形式有廊式花架、_____和_____。

四、简答题

1.简述车行道与人行道的异同。

2.简述挡土墙与护坡的异同和各自的适用范围。

3.试列举水池表面层可用的材料4种。

4.500 mm 高的花池的池壁,算挡土墙吗?为什么?

五、作图题

1.设计并绘制距地面高差为1 m 的室外排水沟两种(例如混凝土现浇和砖砌),绘出断面大样图,可参考标准设计。

2.设计一种围墙并绘出施工图,总长50 m,只绘一个完整局部。

参考文献

［1］西南地区建筑标准设计协作领导小组办公室.西南地区建筑标准通用图［西南］合订本（1）、（2）、（3）［M］.北京:中国建筑工业出版社,2013.

［2］《建筑设计资料集》编委会.建筑设计资料集［M］.北京:中国建筑工业出版社,1994.

［3］陈志华.外国建筑史(19世纪末叶以前)［M］.北京:中国建筑工业出版社,2010.

［4］罗小未.外国近现代建筑史［M］.北京:中国建筑工业出版社,2004.

［5］潘谷西.中国建筑史［M］.北京:中国建筑工业出版社,2009.

［6］刘松茯.外国建筑历史图说［M］.北京:中国建筑工业出版社,2008.

［7］侯幼彬,李婉贞.中国古代建筑历史图说［M］.北京:中国建筑工业出版社,2002.

［8］刘先觉.外国建筑简史［M］.北京:中国建筑工业出版社,2010.

［9］唐丽.建筑设计与新技术新材料——从世博建筑看设计发展［M］.天津:天津大学出版社,2011.

［10］樊振和.建筑构造原理与设计［M］.天津:天津大学出版社,2011.

［11］李必瑜,王雪松.房屋建筑学［M］.武汉:武汉理工大学出版社,2014.

［12］李必瑜,魏宏杨,覃琳.建筑构造:上册［M］.北京:中国建筑工业出版社,2013.

［13］王万江,金少蓉,周振伦.房屋建筑学［M］.重庆:重庆大学出版社,2011.

［14］同济大学,等.房屋建筑学［M］.北京:中国建筑工业出版社,2006.

［15］金虹.房屋建筑学［M］.北京:科学出版社,2002.

［16］李必瑜.房屋建筑学［M］.武汉:武汉理工大学出版社,2005.

［17］钱坤,吴歌.房屋建筑学(下:工业建筑)［M］.北京:北京大学出版社,2009.

［18］聂洪达,郐恩田.房屋建筑学［M］.北京:北京大学出版社,2007.

［19］同济大学,等.房屋建筑学［M］.北京:中国建筑工业出版社,2005.

［20］轻型钢结构设计指南编辑委员会.轻型钢结构设计指南［M］.北京:中国建筑工业出版社,2005.

［21］袁雪峰.房屋建筑学［M］.北京:科学出版社,2007.

［22］赵研.房屋建筑学［M］.北京:高等教育出版社,2002.

［23］赵毅.房屋建筑学［M］.重庆:重庆大学出版社,2007.

［24］房志勇.房屋建筑构造学［M］.北京:中国建材工业出版社,2003.

［25］舒秋华.房屋建筑学［M］.武汉:武汉理工大学出版社,2003.

［26］张璋.民用建筑设计与构造［M］.北京:科学出版社,2002.

［27］徐哲文.住宅建筑设计［M］.北京:中国计划出版社,2007.

［28］中华人民共和国建设部.GB 50352—2005 民用建筑设计通则［S］.北京:中国建筑工业出版社,2005.

［29］黄双华.房屋结构设计［M］.重庆:重庆大学出版社,2001.

［30］民用建筑工程建筑施工图设计深度图样(09J801).中国建筑标准设计研究院,2008.

［31］陈登鳌.建筑设计资料集1［M］.北京:中国建筑工业出版社,2006.